KB164738

공학의 눈으로 미래를 설계하라

연세대 공대 교수 22명이 들려주는 세상을 바꾸는 미래 기술

공학의 눈으로 미래를 설계하라

연세대학교 공과대학 지음

해냄

함께 공유하고 융합하는 미래를 향하여

홍대식
연세대학교 공과대학장

우리는 기술적·산업적으로 가장 진전되고 변화가 많은 시대를 살아가고 있다. 날마다 새로움을 접해야 하는 지금의 생활이 많은 사람들에게 종종 낯설고 두렵게 느껴질 수도 있겠지만 공학을 연구하고 교육하는 사람으로서는 이러한 변화가 우리의 삶과 한국 사회에 가져올 새로운 기회에 대해 더 기대하게 된다.

과학기술 발전에 있어서 '융합'은 이미 목표가 아닌 현실이 되었다. 사회에 영향을 미치는 많은 기술적 발전이 이미 다양한 분야 간 협력과 네트워크를 통해 이루어진다. 대학의 교육과 연구에도 이러한 흐름을 반영하는 새로운 목표와 방법이 제시 및 실행되고 있다. 그러나 여전히 부족한 점이 많고, 따라서 담대하게 도전하고 새롭게 시작해야 할 일들이 산재해 있다.

기존 전공의 경계를 넘어, 그리고 대학의 벽을 넘어 산업과 지역, 세계의 각 기관들과 상호협력하고 무엇인가 새로운 것을 만들어낸다는 건 결코 쉽지 않다. 이는 단순히 기술과 지식의 한계 때문이 아니라 오히려 서로가 가진 문화적·사회적 규범과 가치의 차이 때문인 듯하다. 그러나 지금의 세계가 직면하고 있는, 그리고 우리가 해결해야 할 많은 사회적·기술적·경제적 문제들은 본질적으로 서로 연결되어 있다는 점에 주목해야 한다. 요즘 인기 있는 4차 산업혁명의 분야, 예를 들어 빅데이터, 인공지능, 블록체인 등을 살펴보더라도 얼마나 많은 문제들이 복합적으로 얽혀 있는지 알 수 있다.

공학은 이러한 종류의 문제들을 사회가 이해하고 받아들일 수 있는 방식으로 정의하고 해결해 나가는 것이 중요하다. 『공학의 눈으로 미래를 설계하라』를 통해 공학이 얼마나 다양한 지식과 가치를 결합하며 발전하고 있는 분야인지, 어떤 문제와 질문들에 도전하고 있는지를 이해하고 함께 공유할 수 있기를 바란다.

개인적인 경험을 돌이켜보면, 공학을 좋아해서 공부하기 시작했던 당시와 지금의 공학 연구 환경에는 상당한 차이가 있다. 그러나 그때나 지금이나 동일한 것은 공학을 공부하고 현실에 구현하는 일이 재미있어야 한다는 점이다. 나는 공과대학에 있으면서 많은 학생을 만났고 또 그 학생들이 성장해 가는 모습을 보아왔다. '공학을 한다'는 것이 결코 쉽지만은 않지만, 어떤 방식으로든 공학의 재미를 느낄 수 있다면 학생들은 훨씬 좋은 모습으로 자신의 길을 개척해 나간다.

이 책을 출판하게 된 계기도 그런 연장선에 있다. 공학에 대해 관심을 갖고 진로를 준비하는 학생들과 청년들, 미래의 기술을 알고 싶은 일반인들, 혹은 다른 분야의 연구 진행 현황이 궁금한 전문가들에게도 이 책이 가볍게 살펴볼 수 있는 자료가 되길 바란다.

평소라면 함께 글을 쓴다는 것을 상상하기 어려운 다양한 전공의 교수들이 출판에 참여했다. 새로운 기술의 세계와 흐름에 대해 많은 사람들이 함께 공감하고 공유할 수 있기를 바라면서 머리를 맞대었다. 그래서 우리는 가급적 전공자가 아니어도 어느 정도 이해할 수 있는 내용을 제시하기 위해 노력했다. 공학을 전공하지 않는 사람들의 입장에서 어떤 지식과 정보를 얻으면 좋을지 생각해 보고자 신경을 쓰기도 했다.

집필에 참여해 주신 많은 교수들께 이 자리를 빌려 감사의 말씀을 드리고자 한다. 특히, 책의 기획부터 검토에 이르기까지 전 과정에서 많은 도움을 주신 한경희 교수를 비롯하여 해냄출판사의 이혜진 편집주간, 김단비 편집자, 그리고 양승요 작가에게도 깊은 감사를 드린다.

2019년 3월

새로운 세대와 함께
공학의 도전을 이어가다

한경희
연세대학교 공학교육혁신센터 교수

처음부터 책을 만들 의도는 아니었다. 2017년 2월에 열린 공과대학 교수 7명의 CBS 〈세상을 바꾸는 시간, 15분〉 강연이 나름대로 괜찮았다는 평가에 힘을 받은 것이 계기가 되었다. 그러나 간단한 원고 몇 편쯤이야 쉽게 작성하고 또 모을 수 있으려니 했던 처음의 기대는 잘못된 것이었음이 드러났다. 그로부터 거의 2년이라는 시간을 지나 출판을 하게 되었으니 말이다.

나는 『공학의 눈으로 미래를 설계하라』에 포함될 원고를 구성하고 검토하는 일을 맡았다. 이 과정에서 나의 역할과 관점은 편집인에서 독자로, 부모로, 학생을 지도할 교육자로 그 사이를 교차하며 바뀌었다. 이것은 내게 특별하고 재미있는 경험이었다. 그래서 이미 호기심을 갖고 책장을 넘기고 있는 분들과 이 책을 어떻게 읽으면 좋을지에 관해 함께 생각을 나누고 싶다.

예전에 한 책을 읽다가 아주 흥미로운 표현을 발견한 적이 있다. '실존적 즐거움(existential pleasure)'이라는 것인데, 이것은 공학을 전공한 미국의 저술가 새뮤얼 플러먼◆이 공학을 하면서 뼛속 깊이 직감하고 마음으로부터 우러나오는 만족감을 표현하기 위해 사용한 것이었다. 학부에서 물리학을 전공한 나로서도 공부할 때 느끼는 뭐라 표현할 수 없는 쾌감이 있었는데, 그런 점에서 이 표현이 무척 와닿았다. 실제로 내가 만난 학교와 현장의 공학 전공자들도 그랬다. 그들 대부분은 자신의 전공에 대해 자부심을 지니고 자신들이 하는 일을 좋아하는 것처럼 보였다. 그러나 사회가 바라보는 공학은 이와 같은 개인들의 마음과는 다소 차이가 있는 것 같다.

공학이 산업 발전에 기여하는 부분에 대해서는 의심의 여지가 없지만 '정치공학'이나 '공돌이'와 같은 용어에서 볼 수 있듯이 '공'은 긍정적이기보다는 부정적 뉘앙스를 담고 있다. 여기에서 공(工)은 경직되어 있고 단순한 논리를 따르며 거칠다는 인상을 준다. 많은 공학 전공자들은 이런 방식의 인식이 선입견에 불과하다며 크게 신경 쓰지 않는다. 또 어떤 이들은 실제로 그런 점이 있다고 인정하면서도 그로 인해 크게 문제 될 것은 없다며 개의치 않는다. 그런데 정말 문제가 되지 않을까?

사회과학 분야의 연구자들은 이러한 인식이 실제로 문제가 된다고 본다. 왜냐하면 공학을 어떻게 인식하는가가 결국 전공을 선택하는

◆ Samuel C. Florman, *The Civilized Engineer*, 1987. 한국에서는 『교양있는 엔지니어』라는 번역서로 출간되었다.

과정에, 그리고 공학을 수행하는 과정에도 영향을 미치기 때문이다.

예를 들어 보자. 지금 우리는 어떻게 진로 지도를 하고 있는가? 학교 수업에서 수학, 과학을 좋아하거나 잘하면, 보다 정확히 말해 해당 과목의 성적이 잘 나오면 이과를 택하고 그렇지 않으면 문과를 선택하는 편이 낫다고 지도하고 있지 않은가? 우리의 그런 생각이 아이들의 미래를 좌우하고 있다. 수학이나 과학 성적이 좋으면 공학을 잘할 것이라는 기대, 혹은 수학이나 과학 성적이 나쁘면 공학을 잘하지 못할 것이라는 확신을 우리는 검증해 본 적이 있는지 진지하게 자문해 볼 필요가 있다.

이뿐만이 아니다. 전공을 선택한 후 갖게 될 직업 진로에 대한 막연한 기대와 인식은 어떤가? 무엇이든 일단 공학을 전공하고 나면 비교적 취업에 유리할 것이라는 기대도 있지만 이와 반대로 기업에 취업하더라도 결국 정년을 채우지 못하고 신기술을 배운 사람들에게 밀리고 말 것이라는 불안 때문에 전공을 지속하는 데에도, 공부하는 데에도 재미를 느끼지 못하는 경우도 있다.

나는 공과대학에서 많은 학생들을 만나면서 그들 중 다수가 자신이 공부하게 될 전공에 대해 잘 모르고 대학에 온다는 사실을 깨달았다. 학생들과 학부모들은 예나 지금이나 막연히 성적에 맞추거나 당시 사회 분위기에 따라 전공을 선택하곤 한다. 그러다 보니 대학에 진학한 학생들 중에는 전공에 적응하지 못해 힘들어 하는 경우가 적지 않다. 나는 모든 학생들이 전공 분야의 직업과 진로로 진출해야 한다고 생각하지는 않는다. 사실 그럴 필요도 없다. 자신의 전공을 바탕으로 다양한 분야의 지식과 경험을 접목시켜 나가는 것은 사회적으로도 의미

있는 과정이기 때문이다.

그러나 문제는 그로 인해 대학 내내 괴로워하는 학생이 있고, 다른 한편으로는 공학을 전공했다면 좋았을 학생을 만나게 되기도 한다는 사실이다. 공학을 전공하는 학생일지라도 의외로 공학을 잘 모르는 경우도 있다. 만약 이들이 공학이 다루는 수많은 영역의 다양한 특성을 이해하게 된다면, 더욱 신나게 공학을 하고 앞으로의 삶을 계획할 수 있을 것이라고 생각할 때가 많다.

우리는 공학에 관해 얼마나 알고 있을까? 공과대학에서 십 년이 넘게 있었기에 나는 공학에 관해 어느 정도는 파악하고 있다고 확신했다. 그러나 그것은 자만이었다. 이 책에 실린 원고들을 검토하면서 마치 새로운 세계가 내 안에 들어오는 듯했다. 저자들이 소개한 각 공학 분야의 지식과 성과 때문만은 아니었다. 오히려 자신의 분야를 대하는 공과대학 교수들의 호기심과 열정, 그들이 질문하고 답변하는 방식이 마치 사회학자들처럼 여겨졌기 때문이다. 그들은 자신들만의 고유한 질문 방식과 개념, 지식, 노하우를 통해 우리를 새로운 세상으로 안내하고 있다.

독자들은 아마도 여러 가지 이유를 가지고 이 책을 읽을 것인데, 우리는 공학으로의 진로를 모색하는 학생들을 위해 원고를 준비했다. 이 책의 저자들은 각자 자신의 영역에서 공학이 무엇에 관심을 갖는지, 어떤 분야를 어떤 방법으로 다루고 있는지, 사회가 던진 질문들에 어떻게 응답하는지, 그리고 각 분야의 미래 과제는 무엇인지를 이해하길 바라면서 글을 써 내려갔다.

그래서 단순히 중·고등학교 때 수학, 과학 성적이 나쁘다고 좌절하지 않기를, 성적 때문에 공학은 갈 길이 아니라며 지레 포기하지 않기를, 그리고 마찬가지로 수학, 과학 성적이 좋다고 공학을 잘할 수 있는 것도 아니라는 것을 이해하길 바란다.

젊은 학생들의 미래가 대기업이나 안정적인 직장 하나로 결정될 일이 아니라는 것을 믿고 조금 더 도전적이 되길 바란다. 수학 문제를 푸는 것과 공학의 문제를 해결하는 것에 큰 차이가 있다는 사실을 체험할 수 있길 바란다. 공학이라는 이름으로 매우 다양한 분야가 존재한다는 것과 각 분야는 서로 영향을 주고받으며 발전하고 있다는 것을 이해하기를 바란다.

그렇기 때문에 공학은 단순하고 경직된 것이기보다는 오히려 복합적이고 유연하며 본질적으로 창의적이라는 사실을 알아주길 바란다. 그 이유는 공학이 사회의 문제를 해결하는 데 관심을 갖고 있기 때문이고 따라서 공학은 사회가 가진 여러 숙제만큼이나 풀어야 할 끝없는 도전에 직면해 있다는 사실을 인식하고 함께해 주길 바란다.

지금부터 나는 이 책의 원고를 작성한 연세대 공과대학 교수들에 관해, 그리고 이들이 들려준 이야기에 대해 간략히 소개하고자 한다.

이 책의 저자들은 첫째, 자신들의 전공 분야를 다룰 때 공학을 넘어 다양한 관점에서 조망하고 다층적으로 이해하고자 한다. 해당 분야의 개념을 어떻게 정의하여 제시하고 있는지를 보면 쉽게 알 수 있다. 웨어러블 바이오 전자소자를 "기계와 생명체를 전자적으로 연결하는 혁신"이라고 소개한 안종현 교수는 "혁신을 가로막는 진짜 장애물은 닫힌 마음"이라며 전자공학의 경계를 훌쩍 넘어선다.

눈으로 본다는 것을 "어떤 대상으로부터 온 빛을 안구가 감지하고 해석한 것"이라고 엄숙하게 소개한 김경식 교수는 곧 나비와 곰, 은개미의 세계로 우리를 안내하여, 본다는 것의 미시적 작동 원리를 설명해 준다. 민동준 교수는 사람의 혈액에 철이 포함되어 있다는 점을 들어 "우리 몸속에 별이 함께 호흡하고 있다"고 기염을 토하는 데 그치지 않고 "풍성한 산소를 품은 붉은 피에서 북극 겨울밤을 아름답게 수놓은 오로라까지, 인간의 생명은 문자 그대로 철이 만들어낸 아름답고 경이로운 우주적 작품"이라며 철 연구자의 면모를 드러내기도 한다.

둘째, 공학 연구자와 엔지니어들은 호기심 가득한 탐험가들이다. 상상이 현실을 이끄는 힘을 갖는다고 생각하는 로봇 연구자, 양현석 교수는 과학기술 발전에 선한 인간의 인문학적 본성을 연결하는 노력을 시작하자고 제안한다. 신소재를 전공한 심우영 교수는 "전혀 새로운 방향성이 상상의 힘으로 드러날 때 공학은 아찔한 혁명적 순간을 맞이한다"며 종이의 특성을 이용하여 실리콘을 대체하는 기술이 아닌 실리콘이 할 수 없는 영역에 도전할 것을 주장한다. 종이라는 전통적 재료조차 첨단 소재로 탈바꿈시키는 인식의 전환을 보여준다.

인간의 몸이 가상현실을 낯설어할 수밖에 없는 이유를 기술적으로 멋지게 설명한 이상훈 교수는 "계량할 수 있다면 개선할 수도 있다는 것이 공학의 진리"라는 확신 속에서도 이 기술이 가져올 사회적·윤리적 이슈를 제기하고 있다. 결국 공학 연구자들의 탐험은 언제나 전공이라는 경계를 넘어서야 하는 것 같다. 나아가 21세기 엔지니어는 윤리학자, 사회학자로서의 운명을 받아들여야 할지 모르겠다.

공학 전공자에게 바라는 사회적 기대 중 가장 중요한 것은 아마도 문제 해결자로서의 역할일 것이다. 엔지니어들은 실제로 현실의 문제를 해결하고 미래의 이슈에 대처하는 데 매우 적극적이다. 그런데 여기에서 우리가 흥미롭게 살펴봐야 할 것은 저자들이 제시하는 솔루션들이 단순히 전공 영역이나 세부적 지식, 기술에 머무르지 않는다는 점이다. 전광민 교수는 자동차산업의 패러다임 전환에도 불구하고 '이동', 즉 자동차에 대한 사람들의 욕구와 욕망을 실현시킬 혁신의 기회에 주목한다. 그는 땅의 지배자로 등극한 자동차산업의 최근 변화를 아우르며 미래 자동차로 자리 잡은 전기자동차와 자율주행 자동차가 해결해야 할 앞으로의 기술적·사회적 과제를 제시하고 있다.

인간의 삶을 담는 그릇으로서 건축의 역사를 소개한 김태연 교수는 4차 산업혁명 시대에는 인간 중심형 기술로 변화되어야 함을 사례를 들어 이해하기 쉽게 설명해 주고 있다. 인간 중심형 건축 기술이 반드시 첨단 기술만을 의미하지 않는다는 점, 그리고 인간 중심형 건축 기술이 성공하기 위해서는 고려해야 할 여러 사회적·문화적 요인들이 존재한다는 점을 역설한다.

한요섭 교수는 컴퓨터로도 결코 해결할 수 없는 문제가 있다는 것을 논리적으로 증명한 튜링의 예를 들면서 계산이론이 해결 가능한 문제와 그렇지 않은 문제를 판단하는 통찰력을 제공해 줄 수 있음을 흥미로운 방식으로 보여준다. 해결 가능한 문제라면 효율적인 해결 방안을 찾지만 그렇지 않다면 다른 방식으로 접근해야 한다는 것이다. 좋은 암호란 해커가 지칠 만큼만 복잡하면 된다는 저자의 메시지에 독자들도 곧 공감하게 될 것이다.

환경문제의 중요성에 관해 의문을 제기하는 사람은 거의 없을 것이다. 그러나 실제로 환경문제를 개선하기 위해 우리가 얼마나 구체적으로 대응하고 있는지를 살펴보면, 그 중요성에 비해 훨씬 소극적이라는 사실을 깨닫게 된다. 강호정 교수는 바로 이 점에 착안한다. 즉, 가치를 실감해야 인간의 마음을 움직일 수 있다는 전제하에 자연생태계의 가치를 계산하고 이를 알리는 일이 중요하다는 점을 강력히 제시한다. 그는 생태경제학에서 연구하는 분야와 사례, 그와 관련하여 진행된 개혁적 조치들을 언급하면서 지금까지 정량화하기 어려울 것이라고 여겨지던 분야에 과학과 공학이 어떻게 효과적으로 개입하여 글로벌 사회문제 해결에 기여할 수 있을지를 설득하고 있다.

끝으로 공학 연구자들, 엔지니어들은 때로는 신념에 가득 찬 웅변가이면서 또한 그들이 바라는 사회의 모습을 설득하는 데에도 탁월한 재능을 지닌 전문가들이다. 세대별 이동통신의 변화를 사회적 변화와 연관지어 설명한 홍대식 교수는 5G 세상의 도래를 환영하면서도 이 모든 변화의 중심에 기술보다는 인간이 위치하고 있음을 역설한다. 기술 발전에 압도된 삶이 아니라 이를 이용해 인간의 삶에 기여할 수 있는 영역을 적극적으로 찾아야 한다는 것이다.

사람, 문화, 가치의 관점에서 도시와 마을, 길의 변화를 추적한 이제선 교수는 소위 뚜벅이들을 위한, 즉 걷는 즐거움이 가득한 도시 공간이 필요함을 강조한다. 물 문제는 모든 세계인이 관심을 갖고 있는 매우 중대한 이슈이다. 박준홍 교수는 공급 중심으로 진행되어 온 물 관리 인프라 사업의 문제점을 고찰하면서 시민들의 의견을 충분히 수렴하는 일의 중요성을 강조한다. 또한 물 관리 데이터의 공유를 통해 투명성이 확보되면서 시민의 불신을 감소시킬 가능성이 커지고 있음에 주목한다. 초연결성을 이용한 시민참여 협치 거버넌스를 구축하는 일이 필요하다는 것이다.

박희준 교수는 우리가 여전히 2차 산업혁명의 틀에 갇혀 4차 산업혁명을 준비하고 있지 않은가라며 진지하게 질문을 던진다. 대학의 예를 들자면, 숫자로 나타나는 각종 순위에 집착하기보다는 대학 본연의 임무인 교육과 연구의 사회적 영향에 주목할 필요가 있다는 주장이다. 마찬가지로 무엇이든 개인 맞춤형 서비스가 가능한 세상이 되고 있지만 보고 싶은 것만 보고 듣고 싶은 것만 듣는 편협함을 경계해야 한다고 강조한다. "때로는 불편함을 걷어내고 거슬리는 것도 보고 들어야 한다"는 것이다.

지금까지 우리는 전공의 경계를 넘어 다양한 관점에서 문제를 정의하고 해결하는 데 관심이 있으며, 때로는 실용적 접근을, 다른 경우에는 탐험가의 관점을 선호하는 공학 연구자들의 면모를 간략히 살펴보았다. 비록 이 책이 모든 분야를 다룬 것은 아니지만 공학에 관해 알고 싶어 하는 이들에게 작은 등불의 역할을 할 수 있기를 모든 저자들은 바라고 있다.

끝으로 책의 구성을 소개하면서 글을 마무리 짓고자 한다.

이 책은 크게 다섯 개의 장으로 구성되었다. 내용으로 명확히 구별되는 것은 아니지만 공통된 주제와 흐름을 바탕으로 분류한 것이다.

1장 '연결의 혁신으로 장벽을 부수다'는 연결의 혁신을 통해 각 영역 간 장벽이 어떻게 사라지고 재편되고 있는지와 관련된 내용의 원고들을 모았다. 2장 '지능에 대한 인간 독점을 깨다'는 지능이라는 소재를 중심으로 이루어지고 있는 최근의 이슈들을 컴퓨터, 기계, 건축 등의 분야에서 소개하였다. 3장 '근본으로 돌아가 뿌리부터 바꾸다'는 과학

지식 및 기술 혁신과 관련된 보다 근본적인 내용이 등장한다. 인간의 인식능력, 메타물질, 유전자, 소재, 에너지와 관련된 최근의 기술적 추세와 관심사를 접할 수 있다.

4장 '다시 생각하고 또 다른 질문을 던지다'는 질문의 전환을 통해 지금까지 익숙했던 것들을 새롭게 바라볼 수 있게 된 분야를 소개하고 있다. 건축, 컴퓨터, 생태계, 신기술이라는 익숙한 개념들에 저자들이 어떤 방식으로 새로운 질문을 던지는지 살펴볼 수 있을 것이다. 끝으로 5장 '오래된 화두에 새로운 방법으로 화답하다'는 오래전부터 탐구되어온 공학의 분야지만 최근 새로운 방식의 솔루션이 활발히 모색되고 있는 분야들을 다뤘다.

이 책의 글들이 여러분의 호기심과 관심에 조금이라도 응답할 수 있기를 간절히 바랄 뿐이다.

2019년 3월

차례

1장 연결의 혁신으로 장벽을 부수다

2장 지능에 대한 인간 독점을 깨다

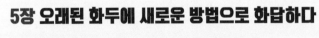

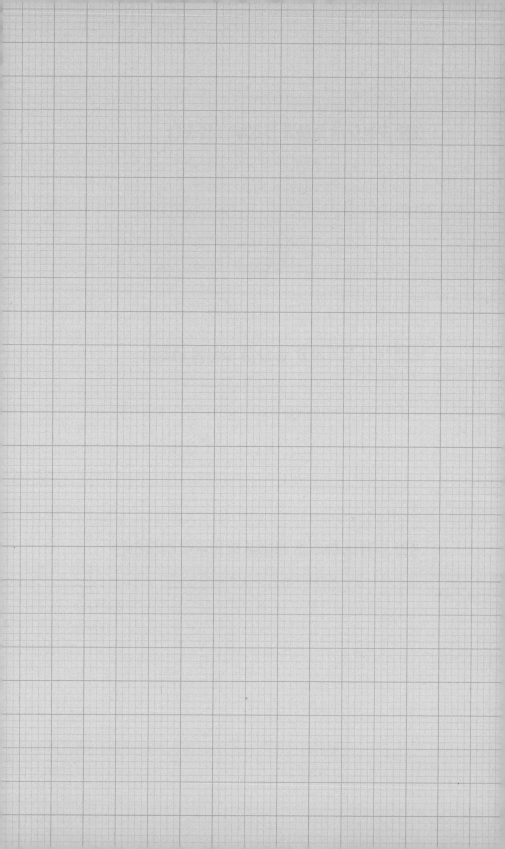

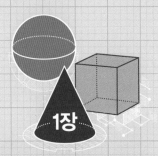

1장

연결의 혁신으로
장벽을 부수다

공학은 실용적인 성과를 지향하지만, 주어진 한계에 안주하는 것을 거부한다. 특히 낯설고 동떨어진 것들 사이를 연결함으로써 예상을 뛰어넘는 성과를 내곤 했다. 공학은 멀리 떨어져 있는 인간과 인간 사이에, 생명체인 인간과 무생물인 기계 사이에, 인간과 변화무쌍한 자연환경 사이에 '정보'가 흐를 수 있게 함으로써 예기치 못한 혁신의 문을 열어젖혔다.

빠르고 안전한 연결,
모바일 혁명의 미래

홍대식
연세대학교 전기전자공학과 교수

지금 내 손에 휴대 전화가 없다면 어떤 일이 일어날까? 클릭 몇 번으로 가능했던 송금을 하기 위해 ATM을 찾으러 다니고, 메모를 하려면 서랍에 넣어두었던 수첩과 연필을 다시 꺼내야 한다. 만약 스마트폰의 길 찾기 기능을 사용할 수 없다면 지도를 들고 다니든지 아니면 사람들에게 일일이 물으면서 길을 찾아야 한다. 사진을 찍거나 음악을 듣기 위해서는 카메라, MP3를 다시 꺼내야 하는 번거로움이 따른다.

휴대 전화와 이동통신 기술의 발전은 지난 30년간 물리적인 공간을 초월하여 사람과 사람, 사람과 사물을 연결해 주는 방식으로 우리의 삶을 변화시켰을 뿐만 아니라 사회·정치·경제의 새로운 패러다임을 불러일으켰다. 2007년 1월 9일에 발표된 애플의 첫 번째 스마트폰인 아이폰은 이러한 이동통신 기술이 가진 사회적·경제적 파급력을 단적으로 보여주었다. 최근 화두가 되고 있는 ICT(Information and Communications Technologies)는 이동통신 기술이 가진 기술 융합의 특성을 잘 보여주고 있다. 즉, 이동통신은 사물 인터넷, 자율주행, 드론, 가상현실처럼 전혀 어울릴 것 같지 않은 다양한 기술과 융합되어 끊임없이 새로운 기술을 창조하고 있으며 새로운 사회 변화를 주도하고 있다.

여기에서는 이동통신의 발전사를 정리하고 이동통신의 발전에 따라 우리의 삶이 어떻게 변화해 왔는지 살펴볼 것이다. 또한 다가올 5세대 이동통신과 4차 산업혁명이 사회에 미칠 영향을 예측하며, 이러한 대격변 속에서 우리가 어떻게 대처해야 할 것인지를 제시해 보고자 한다.

이동통신의 시작, 공간을 초월해 서로가 연결되다

1890년대 말 무선통신의 아버지라 불리는 이탈리아의 물리학자 굴리엘모 마르코니(Guglielmo Marconi)는 2마일가량 떨어진 고정된 송수신기 사이에 무선 신호를 전달하는 실험에 성공했다. 이를 밑거름 삼아 1907년에는 장거리 통신실험에 성공하면서 유럽-미국 간 통신사업이 시작되었고, 1921년에는 미국 디트로이트 경찰의 차량에 전화기가 도입되면서 본격적으로 무선통신에서 이동성이 고려되기 시작하였다. 그러나 당시에는 반드시 교환국이 필요했고 일방적인 통신만 가능했다는 점에서 전화기보다는 무전기에 가까운 서비스였다.

현재 사용되는 이동통신 시스템은 1975년 마틴 쿠퍼(Martin Cooper)

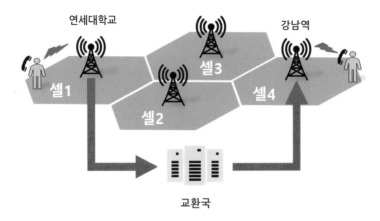

그림 1. 셀룰러 개념을 적용한 이동통신의 기본 구조
각 사용자들은 다른 사용자와 직접 연결되는 것이 아니라 기지국과 연결된다.

를 중심으로 한 미국 모토로라 사의 연구진들이 개발한 셀(cell) 개념을 적용한 무선 이동통신 시스템에서 시작되었다.

셀은 이동통신에서 가장 중요한 개념이다. 우리가 서울 신촌에서 인도 뉴델리에 있는 친구와 통화를 할 때, 내 휴대 전화와 인도의 친구 휴대 전화가 무선으로 직접 연결되는 것이 아니다.

내 휴대 전화는 현재 내가 위치한 장소(셀)에 있는 기지국과 무선으로 연결되고, 내 친구의 휴대 전화 역시 친구와 가까이에 있는 기지국과 무선으로 연결된다. 그리고 이 두 개의 기지국은 모두 유선으로 연결된다. 이때, 나와 가장 가까이에 있는 기지국을 중심으로 하나의 서비스 지역이 만들어지는데, 그 서비스 지역을 '셀'이라고 부른다. 그래서 이동통신 시스템을 셀룰러 시스템이라고 표현하기도 한다.

이동통신에서 중요한 두 번째 기술은 '핸드오버(hand over)' 기술이다. 여러분이 차로 이동하면서 휴대 전화로 통화 중이라면 현재 연결되어 있는 기지국에서 멀어지게 될 것이다. 그렇게 되면 여러분의 휴대 전화는 현재 연결되어 있던 기지국과 연결이 끊어지고 근처의 가까운 기지국과 새롭게 연결된다. 이처럼 기존의 연결이 끊어지고 새로운 기지국과 연결이 되는 과정을 매끄럽게 해결해 주는 기술을 핸드오버 기술이라고 한다.

세 번째로 중요한 것은 한 셀 내에서 여러 명의 사용자가 동시에 휴대 전화를 사용할 때, 그 셀의 한 기지국과 여러 개의 휴대 전화가 동시에 통화할 수 있도록 돕는 기술이다. 이럴 경우, 과거에는 휴대 전화끼리 혼선을 일으켜 거의 통화를 할 수가 없었다. 이 문제를 해결한 것이 '다중접속(multiple access)' 기술이다.

우리에게 친숙한 CDMA(Code Division Multiple Access, 코드분할 다중접속) 기술도 여기에 속한다. 4G LTE에서 사용하는 다중접속 기술은 OFDMA(Orthogonal Frequency Division Multiple Access, 직교 주파수 분할 다중접속 방식) 기술이라고 부른다.

현재의 이동통신 시스템은 앞서 이야기한 셀, 핸드오버, 다중접속 이 세 가지 핵심 기술 위에 수많은 기술들이 더해져 작동되고 있다.

세대 교체를 통해 진화하는 이동통신

이동통신 기술은 1970년대 처음 상용화된 이후, 발전을 거듭해 왔다. 초기의 시스템인 1세대 이동통신을 1G라고 부르고 있는데, 여기에서 G는 영어 Generation(세대)의 첫 글자를 딴 것이다. 이후로 1990년대 중반에 2G 시스템이, 그리고 대략 10년 주기로 3G, 4G 시스템이 개발되었다. 그리고 2020년대에는 5G 이동통신 기술이 사용될 예정이다.

1G 이동통신 시스템이 사용될 때만 해도 지금처럼 이동통신 시스템이 폭넓게 사용되리라고는 상상하지 못했다. 〈순간포착 세상에 이런 일이〉라는 TV 프로그램에서 신기한 것들을 보여주듯이, 그 당시의 이동통신은 신기한 기계 정도로 보일 뿐이었다. 당시 단말기 한 대의 가격은 웬만한 자동차 가격을 훌쩍 넘을 정도로 고가품이었기에 극소수의 상위 계층을 제외하고는 거의 사용할 수 없었다.

게다가 1G 시스템은 아날로그 통신 기술 기반이었기 때문에 신호 품질이 매우 좋지 않아 이용이 불편했다. 충전 기술의 더딘 발전으로 자동차 안에서만 사용할 수 있었기 때문에 주로 '카폰'이라고 불렸다. 그러나 이러한 단점에도 불구하고 1G 이동통신 시스템의 등장은 인류가 이동통신이라는 시스템을 사용할 수 있다는 가능성을 보여준 기념비적 사건이었다.

1G 시스템이 사용되는 시기에는 이동통신이 사회·경제에 끼치는 영향이 그리 크지 않았다. 당시 산업적으로 더 큰 관심을 받은 통신 분야는 위성 통신, 방송 통신, 군사 통신 쪽이었다. 무선통신보다는 오히려 유선 인터넷 통신에 새로운 이슈들이 활발히 개발되기 시작했던 시기이기도 했다.

한편, 1G 이동통신 시스템이 성공적으로 사용되기 시작하면서, 일반인들도 이동통신 시스템을 사용하려는 요구가 생기기 시작했다. 그러나 1G 시스템은 많은 사용자를 수용할 수 있는 시스템이 아니었고 가격도 너무 비싸서 새로운 시스템의 필요성이 대두되었다. 그것이 2G 시스템이 탄생한 배경이다. 따라서 2G 시스템은 이동통신을 대중화한 것이라고 볼 수 있다. 1G가 아날로그 통신 기반의 기술로 만들어진 것에 반해 2G는 디지털 시스템으로 만들어지면서 가격을 낮출 수 있었고, 성능도 크게 향상시킬 수 있었다. 디지털 기반의 2G 이동통신 시스템의 도입으로 이동통신 사용자 수는 폭발적으로 증가했다.

2G 이동통신 시스템에서는 최초로 '문자 서비스'를 시행할 수 있었다. 음성 위주의 통신 방식을 탈피하여 시간과 공간에 구애받지 않고 자유롭게 정보를 주고받을 수 있는 방식이 문자 전송을 시작으로 처음 시도된 것이다. 이렇게 문자를 전송할 수 있게 되면서 광고, 일기 예보, 주식 알림, 뉴스 서비스 등을 이용할 수 있게 되었다.

문자 전송 기능으로 인해 휴대 전화는 단순히 사람 간의 통화 목적이 아닌, 다른 분야와의 융합을 통해 새로운 산업 가치를 창출하는 방향으로 발전되었다. 실제로 2세대 이동통신 시스템이 시작되면서 이동통신은 관련 산업뿐 아니라 다른 분야의 산업에 커다란 변화를 가져오기 시작했다.

2G 이동통신 시스템이 일반 대중의 삶에 깊숙이 들어가자 사람들은 음성 통화보다 문자 전송에 더 익숙해지기 시작했다. 그리고 파일이나 사진 등의 데이터를 더 쉽게 전송하고 보고 들을 수 있는 새로운 시스템을 요구하기 시작했다. 3G 이동통신 시스템은 바로 그러한 사용자의 필요에 의해 개발되었다.

3G 시스템은 초당 2메가비트(2Mbps)의 전송 속도를 갖는 광대역 이동통신 규격을 갖추게 되었다. 우리나라에서는 2세대 시스템에 이어 광대역 CDMA(WCDMA, CDMA2000)를 채택하면서 본격적인 3세대 이동

통신 서비스를 시행하였다. 그 결과, 1999년을 기점으로 모바일 인터넷으로 대표되는 데이터 서비스의 전송량이 기존의 음성 서비스를 추월하게 되었다.

사실 3G 시스템을 처음 사용할 때만 해도 사람들은 "이렇게 빠른 속도를 가진 시스템이 왜 필요해?"라고 종종 이야기하곤 했다. 그런데 이러한 의문점을 단번에 불식시킨 사건이 일어난다. 바로 스마트폰이 등장한 것이다. 스마트폰의 대명사격인 애플의 아이폰과 삼성의 갤럭시폰이 이때 처음 발표되었는데, 시판이 되자마자 3G 시스템의 광대역 전송 시스템은 폭발적으로 사용되기 시작했다. 스마트폰의 등장으로 인해 3G가 보편화된 2007년에는 전 세계 인구의 50퍼센트 가까이가 휴대 전화를 사용하게 되었다. 특히 선진국에서는 인구보다 더 많은 수의 휴대 전화가 사용되었다.

이제 휴대 전화는 단순히 연락을 주고받는 전화기 기능 이상의 융복합 컴퓨터로 진화하기 시작했다. 사람 간의 통화를 목적으로 만들어졌던 휴대 전화는 이미 사람 간 통신이 아니라 컴퓨터 간의 통신 시스템으로 발전했다. 3G 이동통신 시스템이 운영된 지 불과 몇 년 만에 휴대 전화의 개념이 '전화기'에서 '컴퓨터'로 변화한 것이다.

이때부터 우리는 '데이터'라는 단어와 매우 친숙하게 되었다. 그 이전까지는 전문가들만 사용하던 '데이터 속도', 한 달에 사용할 수 있는 '데이터의 양'에 관해 일반인들도 관심을 갖게 되었다. 문자, 채팅, 게임, 증권 정보 서비스와 같은 데이터 서비스가 젊은 층과 비즈니스 층을 중심으로 급격히 확산되면서 새로운 소통 문화가 형성되기도 했다.

이에 발맞춰 단말기 제조업체들은 큰 컬러 화면, 고음질, 고화질 카

메라, 대용량 메모리 등을 갖춘 3세대 전용 휴대 전화를 앞다투어 시
장에 내놓았고, 이동통신 서비스 회사 역시 VOD(Video On Demand),
MOD(Music On Demand), MMS(Multimedia Messaging Service) 등을
비롯해 위치 추적, 모바일 결제, 컴퓨터 제어, 전자상거래 등 다양한 부
가 서비스를 속속 출시했다.

모바일 혁명이 불러온 사회의 변화

통신 기술 관점에서 1G, 2G, 3G 시스템을 개발할 당시에는 개념적으
로 '전화기' 시스템을 개발하는 것이 목적이었다. 그러나 4G 시스템부터
는 이동통신 시스템의 개념이 완전히 바뀌었다. 즉, 처음 개발할 때부터
데이터 통신을 위한 시스템을 목표로 설정한 것이다. 따라서 밑바탕이
되는 통신 기술도 완전히 새로운 기술적 기반을 요구하는 것이었다.

엄청난 양의 데이터를 무선으로 전송할 수 있는 통신 기술이 필요했
기에 이전까지는 하나의 반송파(carrier signal)◆로 데이터를 전송하던
기법에서, 여러 개의 부반송파(sub carrier)에 데이터를 병렬로 전송하
는 OFDMA 시스템을 개발하게 되었다. 이 기술은 무선랜(Wi-Fi)에서

◆ **반송파**: 데이터를 실어 나르는 전파를 말한다. 우리는 흔히 "FM 98.1메가헤르츠 ○○방
송입니다"라는 홍보 멘트를 라디오에서 듣게 된다. 여기서 '98.1메가헤르츠'는 특정 방송
사가 자신의 방송만을 위해 쓰는 기준주파수다. 이 전파에는 증폭 등의 방법으로 변조
되어 데이터를 실은 반송파가 딸려온다.

◆◆ **Gbps**: Giga bit per second의 약자다. 초당 10^9(10억)개의 비트를 전송한다는 것을 의
미한다.

스마트폰 & PC	2018년 삼성 갤럭시 S9+	2018년 LG V30S+	2008년 데스크톱 PC
CPU	삼성 Exynos 9810 최대 클럭 2.7GHz	퀄컴 스냅드래곤 835 최대 클럭 2.45GHz	인텔 코어2 최대 클럭 2.0GHz
RAM	6GB	6GB	2GB
HDD	256GB	256GB	500GB

표 1. 2018년 스마트폰과 2008년 데스크톱 컴퓨터의 성능 비교

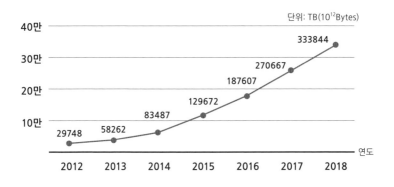

단위: TB(10^{12}Bytes)

그림 2. 대한민국 연도별 무선 데이터 트래픽 변화
(출처: 〈무선 데이터 트래픽 통계 현황〉, 과학기술정보통신부)

사용하는 기술과도 유사하다. 이렇게 4G 이동통신 시스템은 최고 전송속도가 초당 1기가바이트(1Gbps)◆◆로 3G 시스템과 비교할 때, 약 500배의 전송 속도를 가진 시스템이 되었다.

실제로 4G LTE 시스템에서 사용하고 있는 무선기기는 전화기가 아니라 컴퓨터이다. 2018년에 사용되고 있는 휴대 전화의 사양을 살펴보

면 대략 2008년에 사용되던 데스크톱 컴퓨터보다 성능이 뛰어난 것을 알 수 있다.

스마트폰의 등장에 이어 4G 시스템이 운영되면서, 소셜 네트워크 서비스가 본격적으로 등장하고 활성화되기 시작했다. 이로 인해 데이터 사용량이 그야말로 폭발한다. 사실 2G 시스템이 사용될 때까지만 해도, 이동통신 시스템의 사회적·경제적 영향력은 이동통신 기술과 관련된 산업 발전에만 국한되어 있었다. 그러나 3G, 4G 시스템이 사용되기 시작하면서 그 영향력은 이동통신 관련 분야뿐 아니라 인류의 전 산업과 경제에 미치기 시작했다. 특히 데이터와 관련된 산업 분야의 발전은 그야말로 세계의 경제 시장을 흔들어 놓을 정도에 이르렀다.

전 세계적으로 또는 국내에서 최고의 주가를 올리고 있는 회사들 중 대다수가 데이터를 활용한 서비스 회사에 속한다. 구글, 페이스북, 네이버, 카카오 등의 회사가 모두 이 무렵 무섭게 성장했다. 처음에는 작은 소프트웨어 회사로 시작하였으나 모두 이동통신의 발전과 함께 폭발적으로 성장한 것이다.

이런 변화는 전통적인 경영학이 말해 온 가치사슬(value chain)◆의 법칙을 완전히 무너뜨리며, 생산과 유통, 그리고 소비의 경계를 허무는

◆ 가치사슬: 미국의 경영학자인 마이클 포터가 제안한 것으로, 기업의 가치와 역량을 기술, 마케팅, 자금력 등으로 쪼개서 바라보는 대신 하나의 연속된 '사슬'처럼 종합적으로 고려해야 제대로 판단할 수 있다는 개념이다.

◆◆ 가치생태계: 가치사슬의 개념을 개별 기업에 한정하지 않고 업계와 산업의 차원으로 확장하여 어떠한 기술이나 산업의 가치가 (고객까지 포함한) 구성원들이 맺는 상호 의존적인 네트워크를 통해 창출되고 유지·발전된다는 점에 주목한다.

세대	기술	성능*	전 세계 단말 수	주요 서비스
1G (1984년)	아날로그	높은 가격, 낮은 품질	1천만 개 (1990년)	- 음성 통화
2G (1993년)	디지털화	6시간	3억 개 (1998년)	- 음성 통화 - 문자 메시지 등장
3G (2001년)	광대역	9분 40초	33억 개 (2007년)	- 음성 통화/문자 메시지 - 멀티미디어 등장 (사진, 동영상, 영상 통화 등)
4G (2009년)	멀티미디어	30초	72억 개 (2015년)	- 멀티미디어 확대 (실시간 고화질 스트리밍 등) - 온/오프라인 경계 붕괴
5G (2020년)	초고속, 초연결, 초저지연	1초 이내	90억 개 이상 (2020년 기준)	- 새로운 멀티미디어 등장 (가상현실, 증강현실 등) - 기초 인프라망 역할 확대 (4차 산업혁명)

*2시간짜리 일반 화질의 영화 한 편을 다운받는 데 걸리는 시간

표 2. 세대별 이동통신의 기술, 성능, 단말 수 및 주요 서비스

가치생태계(value ecosystem)**를 형성하였다. 4G 시스템이 서비스를 시작하게 되면서 기존의 수직적이고 폐쇄적인 소통 방식에서 벗어나 다양한 참여자들과 협력이 가능한 개방적인 플랫폼으로 변화한 것이다.

경제학자이자 사회학자인 제레미 리프킨(Jeremy Rifkin)은 그의 저서 『소유의 종말』에서 자본주의는 사물 인터넷(IoT, Internet of Things)이라는 혁명적 플랫폼을 통해 공유 경제로 나아가고 있다고 주장했다. 에어비앤비, 우버 등이 이동통신의 연결성이 만든 공유 경제의 대표적인 사례라고 할 수 있겠다.

이러한 역동적인 연결성은 정치에도 큰 변화의 바람을 가져왔다. 그동안 정치에 무관심하던 젊은 계층이 각종 SNS를 통해 정당 소식, 주

요 언론사의 정치 뉴스를 손쉽게 접하면서 정치에 대한 이해와 안목을 넓힐 수 있음은 물론, 적극적으로 의사를 표현함으로써 직접적인 정치 참여가 증가하고 있다.

또한 다양한 교육 콘텐츠들을 통해 언제 어디서나 학습할 수 있는 여건이 만들어지고 서로의 지식과 노하우를 쉽게 공유할 수 있는 생태계가 형성되었다. 이와 같은 교육의 확산은 전례 없는 수많은 데이터와 정보의 생산으로 이어져 누구나 마음만 먹으면 새로운 비즈니스에 도전할 수 있는 환경을 조성했다.

산업 분야에서는 온라인과 오프라인의 경계가 붕괴되면서 이종산업간 융합이 급속도로 진전되고 있다. 정보통신 기술과 의료, 자동차, 제조, 유통산업 분야가 접목함으로써 새로운 산업의 출현이 본격적으로 가시화된 것이다. 특히, 제조산업에서는 3D 프린팅과 사물 인터넷의 결합을 통해 기존의 대량생산 방식에서 맞춤형 생산으로의 변화가 일어나고 있다.

눈앞으로 다가온 5G 시스템과 변화할 미래사회 모습

2018년 2월, 평창에서 동계 올림픽이 열렸다. 전 세계 사람들은 멋진 겨울 경기들을 즐겼다. 그러나 다른 한편에서 이동통신 관련 종사자들은 전투에 가까운, 또 다른 경기를 치르고 있었다. 우리나라는 평창 올림픽 무대를 시험대로 삼아 세계 최초로 5G 이동통신 시스템을 실제 구축하여 관련 기술을 선보였던 것이다.

이를 통하여 우리는 현재 진행되고 있는 5G 이동통신 국제표준에 한국의 기술이 많이 채택되기를 기대하고 있다. 대표적인 이동통신 표준 기관인 3GPP(3rd Generation Partnership Project)가 현재 5G 이동통신 기술에 대한 1차 표준 단계인 phase1을 진행하였다. 이후 5G 표준 단계인 phase2는 2020년 3월에 완성 및 상용화를 목표로 표준화를 진행할 예정이다.

2020년 완성 예정인 5G 이동통신 표준은 초고속, 초저지연, 초연결이라는 세 가지를 목표로 하고 있다. 우선 '초고속'은 데이터 전송 속도를 더 높이는 것이다. 즉, 4G LTE 시스템보다 대략 20배 정도 더 빠른 속도로 통신할 수 있도록 하는 것이다. 이 정도 속도면 대략 두 시간 정도의 고화질 영화를 1초면 다운받을 수 있게 된다.

다음은 '초저지연' 기술이다. 어떤 자동차의 앞 범퍼에 물체를 인식하는 센서가 부착되어 있다고 생각해 보자. 센서에는 물체를 인식해 브레이크 시스템에 전송한 뒤 브레이크를 밟는 시스템이 구축되어 있다.

이 자동차가 고속도로에서 시속 100킬로미터로 달리던 중 갑자기 다른 차가 끼어들어 브레이크를 밟는 과정을 상상해 보자. 이동통신 기술을 이용해서 브레이크 시스템을 만든다고 가정했을 때, 4G의 경우 평균 지연 시간이 약 0.1초로, 차량 감지 후에 2.7미터를 진행하고 나서 브레이크를 밟기 시작한다. 그러나 5G의 경우 예상 평균 지연 시간은 약 0.003초로, 고작 8.3센티미터 전진 후부터 브레이크를 밟기 시작한다. 즉, 4G와 5G의 브레이크 작동 거리는 무려 2미터 정도의 차이가 발생하게 된다.

실제 사람의 경우는 눈으로 인식하고 브레이크를 밟기까지 평균 1초가 걸린다고 한다. 그렇다면 차가 대략 38미터 진행한 다음 브레이크를 밟는 것이다. 고속도로에서 안전거리를 100미터 정도 유지하라고 하는 것은 바로 이런 이유 때문이다. 그러나 초저지연 통신을 사용하면 자율 주행 자동차의 사고 확률을 급격하게 줄어들게 된다. 이렇게 지연 시간을 줄이는 것은 앞으로 구현될 자율주행 자동차, 공장 자동화, 로봇기술, 원격 수술 등에 꼭 필요한 기술이다.

다음으로 '초연결'이다. 약 2025년이 되면 지구상에 존재하는 대략 1000억 개의 물건들이 인터넷을 통해서 서로 연결될 것으로 예측하고 있다. 그리고 스마트 홈, 스마트 시티 등을 구축하고 공장 자동화가 구현되면, 2030년이 되기 전에 1조 개 이상의 물건들이 서로 연결될 것으로 보고 있다. 현재 세계의 인구는 대략 70억 명이다. 따라서 5G는 70억 개의 휴대 전화를 연결하는 시스템이 아니라, 1조 개의 물건을 연결하는 시스템으로 만들어지고 있다.

다시 말하면, 이제 이동통신은 사람이 만들어낸 데이터를 전송하는 시스템을 넘어 물건들(Things)이 만들어내는 데이터를 주고받는 통신 시스템으로 구축되고 있는 것이다. 우리 주변에서 자주 거론되고 있는 사물 인터넷도 바로 이런 관점에서 볼 수 있다.

앞으로 이동통신 기술은 4차 산업혁명 분야의 핵심 인프라로서 역할을 하게 될 것이다. 4차 산업혁명은 2016년 1월 스위스 다보스에서 열린 세계경제포럼에서 처음 언급되었다. 포럼에서는 세계 각국의 정치, 경제 지도자들이 모여 초연결과 초지능을 특징으로 하는 4차 산업혁명에 대해 논의하였다. 여기에서 초연결과 초지능이란 사람과 사물, 사물과 사물을 연결하고 수집된 빅데이터를 바탕으로 인공지능을 이용한 사물 간의 제어가 가능하게 되는 상황을 의미한다.

구글에서 서비스하는 '구글 포토'에서는 AI가 스스로 인물, 장소, 목적에 따라 사진을 다양하게 분류한다. 이러한 기술의 발전은 하루에 약 12억 장의 이미지가 스마트폰을 통해서 만들어지고 클라우드 스토리지에 업로드되면서 방대한 양의 데이터가 누적되었기 때문에 가능해진 것이다.

또 다른 사례로는, 반도체 공장의 경우 각종 센서들을 이용하여 온도와 압력, 플라스마 파워와 밀도 등의 데이터를 수집하여 인터넷 혹은 인트라넷에 연결된 슈퍼컴퓨터에 전송한다. 이를 전송받은 컴퓨터는 데이터를 분석하여 예상되는 반도체 박막의 두께, 전기적 특성 등을 예측할 수 있고, 이러한 정보를 다시 피드백함으로써 공장의 생산성을 높일 수 있다.

이처럼 인공지능의 발달로 자동화뿐 아니라 공장 및 상점의 무인화가 급속히 진행될 것으로 예상되는 가운데, 이동통신 기술의 초연결성을 통해 이를 효율적으로 관리, 감독할 수 있는 시스템이 운용될 것이다.

5G 세상의 핵심은 기술이 아니라 인간이다

4G 시스템이 서비스되는 것만으로도 전 세계 70억 인구가 연결되고, 10억 개가 넘는 물건이 연결됨으로써 삶의 형태가 급격히 바뀌었다. 혹자는 이를 디지털화(Digitalization) 과정이라고 부른다.

그렇다면 5G가 구현되는 세상은 어떻게 변화할 것인가? 아마도 100억 개 이상의 휴대 전화가 사용될 것이고, 1조 개 이상의 물건들이 서로 연결될 것이다. 그것도 훨씬 좋은 성능으로 말이다. 4G 시대의 데이터는 주로 사람이 만들어냈다. 그러나 5G 시대에는 기계가 만들어내는 데이터양이 사람이 만들어내는 것보다 훨씬 많아질 전망이다.

4G 시대에 사람이 만들어내는 데이터만으로도 혁명적인 사회 변화가 생겼는데, 5G 시대에는 예측하기 어려울 정도로 빠른 변화가 있을 것이다. 이런 변화 속에서 우리가 해야 할 일은 무엇일까? 그 답을 여기에서 모두 제시하기는 어렵겠지만 최소한 현대 기술의 데이터 처리 속도와 양에 압도될 필요는 없다고 이야기하고 싶다.

사회학자인 막스 베버(Max Weber)는 기술이 발전해 계산 가능성과 예측 가능성이 증가함에 따라 사회가 점점 더 합리화되어 급기야는 '쇠 우리(iron cage)'◆와 같은 사회로 변할지 모른다고 예측했다. 이러한 예측으로 인해 그는 꽤 우울하고 힘겨웠을 것이다. 실제로 요즈음 기술과 사회 발전 속도를 보면, 그런 예측이 맞는 것 아닌가라는 생각이 들 정도이다. 그러나 실제로 우리가 사는 세계는 그렇게 단순하지는 않은 것 같다.

기술 발전의 폭과 깊이가 변화하는 만큼 우리가 살아갈 세상과 삶의 방향 그리고 가능성이 새롭게 열리는 것이 아닐까? 나 역시 ICT 분야의 전문가이지만 모든 분야를 잘 아는 것도, 잘할 수 있는 것도 아니다. 그

◆ 막스 베버의 '쇠 우리': 프로테스탄트의 윤리와 자본주의 발달의 상관관계를 연구한 독일의 사회학자 막스 베버가 제안한 개념이다. 현대 사회가 이윤의 추구라는 목적에 부합하게끔 돌아갈 뿐 어떻게 살아갈지, 무엇을 위해 살아야 하는지 등의 인간적인 가치에는 무관심한 상황을 비유한 것이다.

렇다고 내가 잘할 수 있는, 그리고 관심을 가지고 있는 분야를 버리고 새로운 분야의 전문가가 되기 위해 노력하지는 않을 생각이다. 오히려 발전하고 있는 ICT 기술을 활용하여 나의 관심 분야를 확대하고 사회에 기여할 수 있는 영역을 넓힐 생각이다. 이런 측면에서 4차 산업혁명의 핵심 주제는 기술이 아니라 '인간'이어야 한다.

기술 발전에 압도되어 숨 막히는 삶을 살아갈 필요는 없다. 다른 종류의 사회적·도덕적 상상이 가능하다. 발전된 이동통신 기술을 활용해 삶의 질을 높일 수 있는 방법이 있을까? 가난하다는 이유로 질병과 교육, 복지의 사각지대에 놓인 사람들을 도울 수 있을까? 나는 앞으로의 시대에는 이러한 윤리성이 가장 중요한 덕목으로 자리 잡을 것으로 생각한다. 지금까지 사람이 하던 많은 일들을 이제 기계나 컴퓨터, 인공지능이 대신하게 될 가능성이 크다. 그렇기 때문에 컴퓨터와 인공지능과 함께 살아갈 세상에 대한 새로운 삶의 기획이 이루어져야 한다.

공학을 공부하고 활용하려는 젊은 후배들에게 이 질문을 하면서 글을 마무리하고자 한다. 당신은 사랑하는 사람들과 어떤 모습의 사회에서 살고 싶은가? 어떤 삶을 상상하고 있는가? 기술이 있다면, 더 잘할 수 있는 일은 무엇인가? 그리고 지금 배우고 있거나 선택하려는 '공학'이 그와 같은 일을 실현하는 데 어떤 역할을 하는가?

그에 관해 확신이 있다면, 당신은 이미 준비된 것이다. 이동통신의 세계에 온 것을 환영한다.

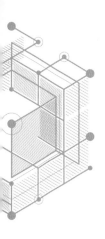

장벽을 넘어
인체와 기계가 직접 통신하다

안종현
연세대학교 전기전자공학과 교수

전자공학은 19세기 중반부터 급격히 발달하여 꽃을 피운 전자기학, 상대성이론, 양자역학 등 현대 물리학의 기반 위에서 태동하였다. 1864년 제임스 맥스웰(James Maxwell)은 이론 연구를 통해 전파의 존재를 밝혀냈으며 24년 후 하인리히 헤르츠(Heinrich Hertz)는 실험을 통해 전파의 특성을 증명해냈다. 오늘날의 무선통신 기기들은 두 명의 천재 과학자 덕분에 탄생했다고 해도 과언이 아니다.

뉴턴이 만유인력의 법칙을 발견한 1666년에 이어 과학사에서 두 번째 '기적의 해'로 불리는 1905년은 전자공학의 발달사에서도 결정적인 순간이라고 불러야 마땅하다. 바로 아인슈타인이 특수상대성이론과 광양자가설 등 현대 물리학의 발전에 결정적 영향을 끼친 중요한 논문을 발표한 해이기 때문이다.

특수상대성이론은 광속 불변의 원리를 바탕으로 뉴턴 고전역학의 절대적인 시공간 개념을 깨뜨리고, 기존에 모순된 것처럼 보였던 역학과 전자기학을 통일된 체계로 설명해냈다. 광양자가설은 빛이 광자(photon)라는 에너지의 단위로 이루어져 있고 불연속적인 입자처럼 운동한다는 것을 밝혀냈으며, 아인슈타인의 또 다른 중요 발견인 광전 효과를 뒷받침하며 오늘날 CCD 카메라, 이미지 센서, 포토다이오드 등 다양한 광센서를 개발하는 데 기초 개념이 되었다.

상대성이론과 함께 현대 물리학의 기초를 이루는 양자역학은 독일의 이론 물리학자인 막스 플랑크(Max Planck)의 양자가설을 계기로 하여 슈뢰딩거, 하이젠베르크, 디랙 등에 의해 20세기 중반 이루어진 학문이다. 원자, 전자, 소립자와 같이 고전역학으로는 설명할 수 없는 미시(微視)세계의 현상을 다루는 물리학의 분야이다. 반도체도 바로 이 양자역학이 있었기에 그 원리가 이해될 수 있었고 다양한 전자소자로 활용될 수 있었다.

전자공학은 이러한 현대 물리학의 발전을 토대로 트랜지스터, 다이오드와 같은 다양한 전자소자와 전력을 이용하는 구동장치, 그리고 유무선통신 기술들을 개발하기 위한 공학의 한 분야로 태동하고 발전해 왔다. 그동안 전자공학은 '기계를 더 작게, 에너지를 더 조금 소모하게, 동작을 더 빠르게'라는 모토를 가지고 기술 혁신을 거치며 20~30년마다 새로운 전자기기의 개발로 우리 사회를 크게 변화시켰다.

전자공학은 앞으로도 미래사회를 이끌어갈 것이고 우리는 이러한 혁명적 변화에 대비해야만 한다. 4차 산업혁명기에 접어든 오늘날의 전자공학은 신소재, 기계, 도시공학, 생명 등 다른 공학 분야와의 유기적인 협력 속에 온 세상을 전자기적 상호 관계로 완벽하게 연결한다는 위대한 비전을 실현하기 위해 혁신을 거듭하고 있다.

전자공학의 역사는 하드웨어의 연결과 융합의 여정이다

전자공학의 역사는 '축소', '연결'이라는 두 단어로 요약할 수 있다. 우리가 살아가는 세상을 지배하는 힘은 뉴턴이 발견한 중력과 근현대의 많은 물리학자들이 규명한 전자의 힘이다. 전자공학은 모든 물질을 구성하는 원자 속에 있는 전자가 발휘하는 힘을 실용적으로 이용하는 방법을 개선하고 개발해 왔다. 덕분에 세상 모든 하드웨어를 더 작게 축소하고 그것들을 연결해 올 수 있었다.

전자공학이 가장 먼저 연결한 것은 강력하고 똑똑한 계산기, 컴퓨터이다. 1946년에 개발된 세계 최초의 컴퓨터 '에니악(ENIAC)'은 지금의 반도체 기술이 없어 유리진공관을 전선으로 연결하여 만들었다. 덕분에 무게가 무려 20톤이나 되었고 어지간한 소도시가 쓸 만큼 막대한 전력을 소모했다.

이후, 크기도 크고 자주 고장나는 문제가 있는 유리진공관을 대체하기 위해 미국 벨연구소의 연구원 세 명이 고체 반도체로 이루어진 트랜지스터를 개발하면서 이 덩치 큰 컴퓨터는 20년 만에 냉장고만한 중대형 컴퓨터로 발전할 수 있었다.

성능 좋은 범용 컴퓨터의 등장은 인류 사회를 아날로그 시대에서 디지털 시대로 이끌며 19세기 증기기관의 발명이 가져온 사회 발전 그 이상의 변화를 이루었다. 기관과 기업을 위한 전문가용 고가의 컴퓨터는 또 다른 20년의 발전을 거쳐 일반 개인도 편리하게 사용할 수 있는 개인용 컴퓨터와 노트북, 그리고 지금의 스마트폰으로까지 발전했다.

그 과정에서 전자공학은 눈부신 능력을 발휘하며 통신을 담당하는 작은 칩, 전력을 덜 소모하면서도 더 많은 작업을 수행할 수 있는 CPU(중앙처리장치)와 기억장치를 개발하여 '전산기기'들을 연결했다.

전자공학의 혁신은 컴퓨터를 넘어 일반 기계들까지 인터넷과 모바일, 네트워크로 연결하고 있다. 대표적인 분야가 바로 자동차이다. 기름을 태워 피스톤을 움직여서 바퀴를 돌리는 디젤·가솔린 엔진 방식의 기계식 자동차가 전기와 모터를 사용하는 전기자동차로 바뀌어가고 있다. 자동차의 개념이 카메라처럼 아날로그 기계식에서 디지털 전자식으로 바뀌어가고 있는 것이다.

앞으로 몇 년 뒤면 자동차가 기계제품이 아닌 전자제품으로 인식되는 시기가 곧 올 것이다. 이미 현대기아자동차, BMW 등 기존 자동차 업체들과 삼성전자, LG전자, 구글, 테슬라와 같은 IT 기업들이 미래 자동차 기술의 패권을 차지하기 위하여 치열한 경쟁을 벌이고 있다.

전화라는 단순한 통화 수단에 컴퓨터와 인터넷이 결합되어 오디오, 카메라, 게임기뿐만 아니라 언제 어디서나 친구들과 소통을 가능케 하는 만능 제품이 된 것처럼, 운송 수단인 자동차가 이제 컴퓨터와 인터넷이 결합되어 다양한 기능을 수행하는 인공지능 기반의 자율주행, 전기자동차로 탈바꿈하면서 앞으로 10~20년간 우리 사회에 큰 변화를 가져올 것이다.

　스마트 모바일, 사물 인터넷 기술들은 우리 주변의 단순 기능을 수행하던 다양한 상품과 물건들을 인터넷에 연결시켜 향상된 기능을 수행할 수 있도록 만들어 일상생활에 편리함을 가져다 줄 것이다. 즉 우리 주변 물건들에게 '생명력'을 불어넣어줄 수 있는 기술들이다.

　예를 들면 스마트폰을 통해 가전제품들을 외부에서 자유롭게 조작할 수 있고 집안 내부의 상황도 확인할 수 있다. 이러한 서비스는 이미 일부 제공되기 시작했다. 그러나 몇 년 뒤에는 지금처럼 사용자의 명령에 의해 단순 작동되는 수준을 넘어서 인공지능과 결합하여 사용자의 사용 패턴과 습관, 취향 등을 스스로 파악하고 판단해 편의를 제공할 것이다.

　상상해 보자. 아침 출근길에 날씨에 맞추어 옷도 골라주고 하루 일과를 정리하여 보고해 주는 옷장, 주부들에게 필요한 식재료를 통보해 주고 자동으로 주문해 주는 냉장고, 집안 청소뿐만 아니라 반려견 밥도 챙겨주는 가정용 로봇들이 우리의 삶을 편리하게 이끌어줄 것이다.

　달걀에서 살충제 성분이 검출되어 큰 사회적 문제를 일으켰던 사건을 기억하는가? 바로 이런 경우에도 사물 인터넷 기술을 이용하면 문제를 쉽게 해결할 수 있다. 각 산란장의 닭들에게 센서를 설치하여 닭들의 건강 상태와 생산된 계란의 신선도 등을 소비자들이 스마트폰을 통해 실시간으로 파악할 수 있어 안심하고 달걀을 구매할 수 있는 것이다.

　더할 나위 없이 작게 축소된 칩들 사이로 무한히 자유롭게 전자를 흐르도록 만든 전자공학 덕분에 말이다.

생명과 무생명을 전자기력으로 연결하다

이런 변화 속에 새롭게 등장한 분야가 있다. 바로 필자의 연구 분야이기도 한 웨어러블, 바이오 전자소자이다. 이것은 기계와 생명체를 전자기적으로 연결하는 혁신이라고 할 수 있다. 전자는 우리 몸 곳곳에도 흘러다닌다. 음성이나 심장박동을 전자 신호로 바꾸는 것도 어렵지 않다.

전자공학은 이처럼 우리 피부 혹은 내부 기관으로부터 다양한 생체 신호를 수집·파악해 그 정보를 네트워크에 전달하여 우리의 건강 상태를 유지하고, 때론 시스템의 기계적 제어까지 가능하게 해주는 전자소자를 만들어내고 있다.

웨어러블 전자소자하면 일반적으로 손목에 차는 시계가 가장 먼저 떠오를 것이다. 그러나 지금 시중에서 판매되고 있는 스마트 시계들은 사실 웨어러블 전자소자의 아주 초보적인 기능들을 담은 시제품에 불과하다. 온도, 유해가스, 미세먼지, 자외선 지수 등 사람에게 영향을 줄 수 있는 외부 환경의 변화를 감지하고, 사람 몸에서 나오는 심전도, 근전도, 혈당과 같은 다양한 생체신호들을 감지할 수 있는 반도체 센서와 이러한 정보를 사용자에게 전달할 수 있는 통신 전자소자들을 피부에 부착할 수 있도록 아주 얇고 말랑말랑한 형태로 (마치 밴드처럼) 제작하면 다양한 기능의 웨어러블 전자소자를 구현할 수 있다.

특히, 다양한 웨어러블 전자소자를 스마트 모바일 시스템과 연결하게 되면 새로운 원격 의료 진료 시스템을 구축할 수 있어 사용자에게 큰 편리함을 줄 수 있다. 예를 들어, 가슴에 부착된 웨어러블 센서가 부정맥 환자의 심전도를 지속적으로 체크하다가 이상 신호가 감지되면 곧 바로 스마트폰을 통해 의료기관에 위급 신호를 보내 생명을 구할 수도 있을 것이다. 손가락에 부착된 센서가 땀에 포함된 혈당량을 측정하여, 피를 뽑지 않고도 중증 당뇨환자의 상태를 실시간 관찰할 수도 있다. 병원에 입원하지 않고도 여러 명의 의료진이 사용자 곁에서 늘 진찰해 주는 것과 같은 기능을 수행하게 되는 것이다.

웨어러블 전자소자는 피부뿐만 아니라, 우리 몸속의 장기에까지 설치 가능하여 의학 분야에 새로운 패러다임을 불러올 바이오 전자소자로 발전하고 있다. 최근 발표된 두 가지 혁신적 연구결과는 난공불락의 요새처럼 여겨졌던 뇌와 척수까지도 연결할 수 있음을 보여준다.

우선 뇌에 부착해 무선으로 데이터를 송신할 수 있는 센서가 개발되었다. 머리에 심한 외상을 입은 환자의 경우 뇌출혈이 발생할 수 있기 때문에 이를 방지하기 위해 뇌수술로 대뇌피질에 뇌압을 감지하는 센서를 부착하게 된다. 이럴 경우 외부로 복잡한 전선들을 연결해야 하고, 일정 기간 후 센서를 빼내기 위해 수술을 다시 받아야 하는 어려움이 있다. 이러한 불편함 때문에 많은 환자들이 이 수술을 꺼려왔다.

그런데 지난 2016년 대뇌피질에 부착된 상태에서 무선으로 신호를 보낼 수 있어 복잡한 외부 전선이 필요 없고, 역할을 다한 후에 몸속에서 녹아 흡수될 수 있는 뇌압센서가 개발되었다. 아직은 쥐를 통한 실험 단계이지만 조만간 사람에게도 적용되어 외상성 뇌출혈 환자의 치료에 획기적인 진전을 가져올 것으로 예상된다.

우리에게 큰 희망을 주고 있는 다른 예도 있다. 지난 2017년 유럽의 연구 그룹에서 하반신 척수마비 환자를 전자공학을 활용하여 치료하는 새로운 방법을 제시한 것이다. 그들은 척수가 손상되어 걸을 수 없는 원숭이의 뇌와 척수 말단 다리의 근육 신경에 각기 다른 기능의 전자 칩을 부착하였다. 작동 원리는 그야말로 전자공학적이다. 원숭이가 걷는 생각을 하면 뇌에 부착된 바이오칩이 그 신호를 감지하여 척수를 거치지 않고 바로 다리 근육을 움직이는 신경에 부착된 칩에다 무선으로 신호를 보내 다리 근육이 움직이도록 자극하는 것이다.

연구 초기에는 실현되기 어렵고 무모한 기술이라고 말이 많았지만, 연구진들이 집념을 갖고 오랜 기간 연구를 거듭한 끝에 실제 동물실험에서 하반신이 마비된 원숭이를 걷게 하는 데 성공하여 세계를 놀라게 하였다. 인간과 비슷한 원숭이에게서 성공한 실험이기 때문에 사람에게도 적용 가능할 날이 조만간 올 것이다.

연구 초기에 엉뚱하고 불가능하다고 비난받았던 기술들이 뒤에 우리 사회에 엄청난 변화를 가져왔던 예는 이전에도 많았다. 질병 치료에 일대 혁신을 가져온 최초의 항생제인 페니실린의 개발은 1928년 영국 런던에서 세균학자 알렉산더 플레밍에 의해 우연히 시작되었다.

그는 휴가를 떠나면서 상처를 감염시키는 포도상구균 배양접시를 실험대 위에 깜빡하고 그대로 두고 갔는데, 돌아와서 푸른곰팡이에 오염된 포도상구균이 죽어 있는 것을 발견한 것이다. 푸른곰팡이 내 특정 물질이 포도상구균을 없애 버린다는 것을 발견한 플레밍은 그 물질에 '페니실린'이라는 이름을 붙였다. 많은 과학자들의 노력 끝에 페니실린은 제2차 세계대전 이후 본격적으로 활용되어 지금까지도 수많은 질병 치료에 쓰이고 있다.

전자 기술을 이용한 생물과의 직접적인 소통은 앞으로 그것만큼 위대한 업적으로 발전해 갈 것이다.

혁신의 빛과 그림자

현재 많은 전문가들은 인공지능 기반의 자동차 시스템, 스마트 모바일, 사물 인터넷, 웨어러블, 바이오 전자소자 등의 5가지 분야를 우리 미래사회를 이끌 대표적 전자산업 분야로 생각하고 있다. 우리나라의 대표적 IT, 자동차 기업들과 해외 유명 기업들이 이미 이 다섯 가지 미래 기술을 선점하기 위해 엄청난 투자와 노력을 기울이고 있다.

앞서 소개했듯이 전자공학은 지금까지 우리가 통상적으로 생각하던 전통적 개념을 넘어서서 혁신을 통해 우리 생활 곳곳으로 인간 생활의 윤택함을 더해 주면서 다양한 분야와 융합·발전해 가고 있다.

물론 이러한 혁신 경쟁에서는 그것을 선도하는 업체와 국가, 반대로 몰락하는 업체들과 국가들이 있게 마련이다. 우리가 성공과 몰락의 이유를 완벽하게 알 수는 없다. 그러나 중요한 단서를 던져주는 '코닥'과 같은 기업의 사례를 알아둘 필요가 있다.

아날로그 카메라용 필름을 생산하던 이 거대 기업이 왜 100년간의 명성이 무색하게 갑자기 몰락한 것일까? 사실 코닥은 1975년에 세계 최초로 디지털 카메라 기술을 개발한 혁신 선도 기업이었다. 디지털 카메라가 향후 아날로그 필름 시장 전체를 바꿔놓을 것이라고 누구보다 먼저 예견했지만, 오히려 필름 시장의 붕괴를 우려한 경영진이 디지털 카메라의 상용화를 중단시키며 사업 개편의 기회를 스스로 날려버렸다. 기존 시장의 안정성과 수익성에 안주한 경영진들의 닫힌 마음이 결국 혁신의 기회를 저버린 것이다. 2012년 코닥은 후발주자였던 혁신 IT 기업들과의 경쟁에 뒤처져 결국 파산신청을 하고 말았다.

미래를 제대로 준비하지 않는다면 현재 우리나라를 대표하는 기업들도 지금의 위상을 금세 잃어버릴 수 있다는 것을 보여주는 사례이다. 우리나라의 전자산업은 지금 중국의 거센 도전을 받고 있다. 앞으로 다가올 혁신을 철저히 준비하지 않는다면 대한민국의 전자산업 분야는 어쩌면 그 위상을 잃고 암흑기를 맞이할 수도 있다.

4차 산업혁명의 시대, 변혁의 시대가 곧 도래할 것을 알면서도 현재에 안주하고 안정적인 것만을 추구하며 변화와 혁신에 닫힌 마음을 갖는다면 우리나라 기업들도 코닥과 같은 운명을 맞이하게 될 것이다.

혁신을 가로막는 진짜 장애물은 '닫힌 마음'이다

혁신을 위해 가장 중요한 것은 창의적인 인재 양성이다. 많은 창의적 인재들이 있었기에 지금의 강대국인 미국이 만들어질 수 있었다는 것은 여러분도 잘 아는 사실일 것이다. 반도체 트랜지스터를 개발하여 실리콘밸리를 탄생시키고 미국의 전자산업을 일으킨 벨연구소 연구원들, 스마트폰으로 세계 최고의 기업 애플을 탄생시킨 스티브 잡스, 세계 최대 온라인 쇼핑몰인 아마존 창업자 제프 베조스, 전기자동차의 새 시대를 이끌고 있는 테슬라 창업자 앨런 머스크. 이런 창의적 인재들이 계속 배출되고 있기에 미국의 경제가 끊임없이 발전하고 있는 것 아닐까.

창의적 인재 양성과 관련하여 필자의 부끄러운 경험을 털어놓고자 한다. 몇 년 전 초등학교 6학년이던 딸아이가 화성 탐사를 다룬 영화 〈마션〉에서 화성에 남겨진 탐사 요원을 구출하기 위해 발사된 우주선이 공중에서 폭발하는 장면을 보았다. 그리고 며칠을 고민해서 폭발하지 않는 새로운 우주선을 만들 수 있다면서 본인이 만든 우주선 설계도 하나를 보여주었다.

우주선 밑에는 액체 연료를 사용하는 로켓을 대신하여 크기가 70미터가 넘는 거대한 스프링이 놓여 있었다. 구체적이고 정확한 크기를 나타내는 수치도 있고 꽤 그럴싸하게 보였다(비록, SPRING에 N자가 빠졌지만). 딸은 미심쩍은 눈으로 설계도를 살펴보는 필자에게 힘주어 설명했다.

"아빠, 이 로켓은 액체 연료와 산소를 사용하지 않고 스프링을 사용하기 때문에 폭발하지도 않고 재사용할 수 있는 장점이 있어요."

이 설명을 들은 필자는 과연 어떻게 대답했을까. '내가 이래 봬도 공대 교수인데……'라고 생각하면서, 알고 있는 과학 지식을 총동원해서 이 로켓이 왜 우주로 갈 수 없는지를 설명했다. 순간 딸아이 얼굴에 실망이 번져갔다.

그런 딸아이를 보고 나의 기분은 어땠을까. 미안했을까? 아니다. '봤지, 아빠가 이 정도야……' 지식 자랑을 할 수 있었던 나는 은근히 뿌듯했다. 그런데 이 일이 있고 며칠 뒤에 불현듯 예전에 읽었던 글 하나가 머릿속을 스치고 지나가며 나를 당황하게 만들었다.

현재 미국에서는 스티브 잡스 사후에 미국의 혁신을 이끌 기업가로 앨런 머스크와 제프 베조스를 꼽고 있다. 이 두 기업가는 공통점이 있는데, 본업 외에 자신들의 어릴 적 꿈을 실현하기 위해 우주 발사체 회사를 창업했다는 것이다. 바로 스페이스X 사와 블루오리진 사이다. 뛰어난 사업가들이기에 꿈 실현뿐만 아니라, 사업적 성공 가능성도 충분히 준비했다. 두 회사의 사업 아이디어는 로켓을 한 번 쓰고 버림으로 인해 일회 수백억 원에 달하는 로켓 발사 비용을 로켓 재사용 기술을 통해 획기적으로 낮추어 우주여행을 대중화하겠다는 것이다. 사업 초기만 해도 황당하고 엉뚱한 계획이라는 비판적 시각이 많았지만, 지금은 상당히 성공적으로 여겨지고 있다.

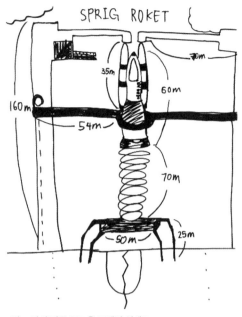

그림 1. 딸이 만든 구조용 로켓의 설계도

여기서 '로켓을 재사용해 우주 개발 비용을 절감하겠다'는 말이 필자의 머릿속을 스친 것이다. 다소 엉뚱해 보이는 스프링 로켓이지만, 딸이 말했던 '로켓 재사용'이란 아이디어는 천재적 사업가들의 생각과 같았다.

순간 무척 부끄러웠다. 학생들을 바른 길로 이끌어야 할 공대 교수라는 사람이 자기 딸한테조차 기존 지식의 틀에 얽매여 창의적 발상을 가로막고 있으니 학생들에게 얼마나 올바른 가르침을 주고 있나 반성했다.

필자뿐만 아니라 우리나라의 많은 교사들, 학부모들이 좋은 고등학교, 좋은 대학에 아이들이 입학해야 성공할 수 있다는 미명 아래 창의적 사고를 가로막는 암기식, 주입식 교육에 얽매여 있지 않은가.

얼마 전에 한국을 방문한 저명한 경제학자가 "한국의 젊은 학생들은 미래의 꿈이 도전적 기업가, 과학자, 발명가가 아닌, 안정적인 공무원이 되는 것이라는 이야기를 들었다. 이것 하나로 나는 한국 경제의 미래가 그리 밝지 않음을 느꼈다"라고 소감을 밝힌 바가 있다. 부끄러운 현실이지만, 나 또한 백 번 공감한다.

바둑 황제로 불리던 조훈현 9단은 이런 말을 했다.

"시키는 대로만 해서는 절대 최고가 될 수 없다."

우리 아이들, 젊은 세대들이 기존의 틀을 깨트리게 하지 않으면 절대 우리나라의 발전을 일으킬 창의적 혁신을 이루어낼 수 없다. 다소 황당하고 논리에 맞지 않더라도 스스로 부딪히고 깨달으면서 발전해 갈 수 있도록 격려해 주고, 실패하더라도 다시 일어설 수 있도록 도와주워야 우리의 미래를 이끌어갈 창의적 인재를 양성해낼 수 있지 않을까.

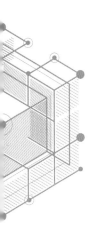

정확하고 신속하게 치료하는 세상, 스마트 헬스케어

정형일
연세대학교 생명공학과 교수

우리는 몸이 아프거나 통증이 느껴질 때 종종 병원에 간다. 집이나 학교 근처 등 자신의 증상에 따라 맞는 병원을 찾아가고, 의사의 진단을 받아서 약국에서 처방을 받고, 며칠 동안 시간에 맞추어 약을 복용하는 과정을 반복한다. 주기적으로 받는 종합검진이 아닌 이상, 대개의 경우 통증을 느끼거나 몸 상태가 좋지 못하다는 것을 느끼고 난 이후에 병원에 가서 치료를 받게 된다.

너무나 당연하다고 생각하는가? 혹시 무슨 문제가 있다고 생각해 본 적은 없는가? 이렇게 많은 사람들이 당연하다고 여기는 것에 대해 의문을 가지고, 문제가 있으면 그것을 해결하여 사람들이 더 편리하고 더 건강하게 살아갈 수 있도록 연구하는 사람들이 바로 생명공학자들이다.

위에서 제시한 상황에서 어떤 문제가 있는지 생각해 보자. '혹시 내가 몸이 안 좋다고 느꼈을 때 병이 너무 많이 진행되어 치료시기를 놓치는 것은 아닐까?' '내게 응급 상황이 발생했을 때 주위에 누가 없으면 어떻게 하지?' 누구나 한 번쯤은 이러한 문제에 대해 걱정했을 수 있다. 현재 당연하다고 생각하는 치료 방법이 절대적이지 않다는 반증이다.

만약 병에 걸렸다는 것을 인지하기 전에 병이 있으니 병원에 가는 것이 좋겠다고 누가 말해주면 어떨? 더 나아가 그 상황에서 자동으로 약이 우리 몸에 들어가서 치료할 수 있거나 혹은 내가 어떻게 할 수 없는 응급 상황이 발생했을 때 신고하지 않고도 구급차가 와서 나를 구해 준다면?

이러한 세상이라면 정말 병에 대해 큰 걱정 없이 안심하고 살아갈 수 있을 것이다. 언제 어디서나 나의 건강 상태를 점검해 주고, 질병을 발견했을 때는 이에 따른 맞춤 치료를 해주는 것이다.

이러한 일들을 실현하고자, 생명공학자들은 끊임없이 연구한다. 그리고 미래에는 일명 '스마트 헬스케어(Smart Health Care)'로 불리는 기술들이 이것을 해낼 수 있을 것으로 기대된다. 그럼 과거와 비교하여 스마트 헬스케어가 어떠한 새로운 일을 할 수 있을지 진단(diagnosis)과 치료(therapy)로 나누어서 알아보자.

생명공학 기술을 이용해 질병을 진단하다

환자의 병을 진단하기 위해서는 환자의 증상 호소나, 주기적인 검진이 항상 선행되어야 한다. 건강을 항상 걱정하는 환자라면 작은 증상에도 바로 병원에 와서 검진을 받지만, 보통의 사람들은 대수롭지 않게 생각하고, 약국에서 약을 사먹는 정도로 가볍게 넘어가는 경우가 많다. 이 과정에서 대개의 경우 별문제 없이 지나가지만, 만약 심각한 질병이라면 병을 더 키우게 되어 치료시기를 놓칠 수도 있다.

종이에 붙은 불은 바로 끌 수 있지만 불이 건물로 번지면 걷잡을 수 없는 것처럼, 조기에 병을 정확히 진단하지 못하면 돈이 더 많이 들 뿐만 아니라 심각한 경우 생명에도 지장을 일으킬 수 있다. 정확한 진단을 통해 충분히 고칠 수 있는 병을 잘못 진단한다면 해당 질병을 치료하는 약이 아니라 전혀 관계없는 약을 처방하게 될 것이다.

최근의 뉴스에 따르면 뇌성마비 판정을 받고 13년을 걷지 못하고 누워 지냈던 환자가 알고 보니 세가와병◆이었으며, 약을 바꿔 복용한 지 일주일 만에 일어나 두 발로 걸을 수 있었다고 한다. 이는 환자의 질병을 정확히 진단하는 것이 치료 못지않게 중요할 수 있다는 사실을 말해 주는 것이다. 이렇게 중요한 진단을 쉽게 해낼 수 있다면 좋겠지만 실제로 환자의 질병을 족집게처럼 집어내는 것은 결코 쉽지 않다. 환자들의 질환을 40퍼센트만이라도 정확히 잡아낼 수 있다면 '명의'라 불릴 정도로 질병의 정확한 진단은 현재에도 많은 한계를 가지고 있다.

생명공학은 생명체가 가진 특성을 이용해 사람이 가지고 있는 문제를 해결하거나 우리 사회에 필요한 유용한 물질을 생산하는 기술로 정

◆ 세가와병: 신경 전달 물질의 합성에 관여하는 효소의 이상으로 도파민 호르몬이 제대로 분비되지 않으면서 발병한다. 다리가 꼬이면서 점차 걷지 못하는 것이 주요 증상이기 때문에 뇌성마비로 오진하는 경우가 잦다.

의된다. 질병이란 건강한 상태가 아니라 우리 몸에 이상이 있는 상태를 말한다. 우리 몸은 신기하게도 정상의 상태가 아닌 경우에는 이상이 있다는 신호를 보내게 되는데 병의 상태에 따라 이 신호의 크기가 달라진다. 병이 심각하지 않거나 초기인 경우에는 이상 신호는 있으나 우리 몸이 느끼지는 못하게 되는 것이다.

이러한 특성을 활용해 생명공학자는 질병을 진단할 수 있는 기술을 개발할 수 있다. 특히, 질병 초기에 우리 몸이 느끼지 못하는 신호를 어떻게 하면 알아낼 수 있을까 하는 문제에 대해 고민하면서 이러한 미약한 질병의 신호를 알아내기 위해 생명공학을 기반으로 나노 기술, 의학 기술 등 여러 가지 다양한 기술이 결합한 융합 기술을 개발하고 있다.

그렇다면 어떠한 기술들이 이러한 질병 신호를 알아내는지 살펴보자. 먼저 진단용 마이크로칩을 이용한 유비쿼터스 헬스케어 기술을 한 예로 들 수 있다. 마이크로칩이란 정상 상태와 다른 질병 상태에서 우리 몸이 보내는 미약한 신호를 검출하여 우리가 알 수 있는 신호로 전환시킬 수 있는 마이크로시스템이며, 이러한 것을 언제 어디서나 시간과 장소에 구애받지 않고 실현할 수 있게 하는 것이 유비쿼터스 기술이다.

체온, 혈압, 혈당 등의 생체신호는 현재 간단한 의료기기로 집에서도 측정할 수 있지만, 계속해서 신호를 측정할 수 없어 유비쿼터스 헬스케어 기술이라고 할 수 없다. 이러한 간단한 생체신호가 아니라 암과 같은 심각한 질병 신호는 복잡한 의료 진단 장비를 사용해야 하므로 유비쿼터스 헬스케어를 실현하기가 더 어렵다.

미래의 유비쿼터스 헬스케어 진단에서는 간단한 생체신호뿐만 아니

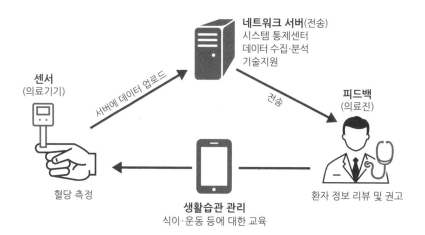

네트워크 서버(전송)
시스템 통제센터
데이터 수집·분석
기술지원

센서
(의료기기)

서버에 데이터 업로드

전송

피드백
(의료진)

혈당 측정

생활습관 관리
식이·운동 등에 대한 교육

환자 정보 리뷰 및 권고

그림 1. 유비쿼터스 헬스케어 개념도

라 심각한 질병을 나타내는 생체신호도 시간 및 장소에 제한받지 않고 언제 어디서나 진단할 수 있게 되어야 한다. 먼저 초기 질병 상태의 미약한 생체신호를 쉽게 검출할 수 있는 마이크로칩 기술 개발이 필요하다. 이 개발을 위해서는 어떠한 생체분자가 질병의 지표 물질인지 알아내는 생명공학 기술과, 생체분자의 미세한 양을 우리가 감지할 수 있게 하는 센서를 장착한 마이크로칩 기술의 융합이 핵심이라 할 수 있다. 이러한 시스템이 시간과 공간의 제약 없이 작동하도록 하는 것이 유비쿼터스 헬스케어 기술이다.

현재 질병에 대한 생명공학적인 연구가 큰 진전을 보이고 있고, 생체신호를 검출하는 센서 기술의 비약적인 발전으로 인해 미래에는 두 기술이 융합해 진정한 의미의 유비쿼터스 헬스케어가 우리 앞에 실현될 것으로 전망된다.

원하는 약물을 원하는 부위에 전달한다

약은 다양한 방법으로 우리의 몸에 투여된다. 그중 가장 많이 사용하는 방법은 입을 통해서 약을 먹는 경구 투여 방식과, 약을 직접 우리 몸에 주사하는 주사 방식이 있다.

경구 투여는 환자가 편리하게 입을 통해 약을 투여할 수 있지만, 단백질 의약품 등 쉽게 분해되는 약물의 경우 소화 기관에 의해 약이 분해되기 때문에 치료의 효율성이 크게 떨어지게 된다. 주사를 이용한 약물 전달은 빠르고 효율적인 치료가 가능하다는 장점이 있지만, 환자가 통증을 느끼고 금속 바늘에 대한 공포가 생긴다는 단점이 있다.

또한 두 가지 경우 모두, 약물이 우리 몸에 투여된 뒤에 질병이 있는 부분 외에 건강한 세포에도 전달되는 단점이 있다. 즉, 약물이 우리 몸 전체에 퍼지게 되므로 질병이 있는 곳의 세포뿐만 아니라 정상적인 건강한 세포도 약에 노출되기 때문에 여러 가지 부작용이 생기게 된다. 특히, 항암제의 경우 암세포뿐만 아니라 정상적인 모낭, 골수세포와 같이 빨리 자라는 세포에 영향을 주기 때문에 많은 환자들이 부작용으로 큰 고통을 받게 되는 것이다.

그렇다면 이러한 약물 부작용을 최소화하는 방법은 무엇일까? 상식적으로 생각해 보면 정상이 아닌, 즉 이상이 있는 세포에만 선택적으로 약을 전달하면 되는 것이다. 그러나 이는 생각처럼 간단한 문제가 아니다. 약에 눈이 달려 있는 것이 아니므로 정상 세포를 피하고 이상이 있는 세포에만 약을 전달하는 것이 쉽지 않은 것이다. 미래사회에는 기존 약물 전달 방식을 획기적으로 바꾸면서 약물이 필요한 이상 세포에만

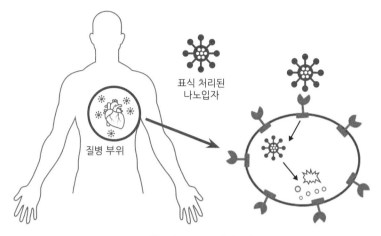

표식 처리된
나노입자

질병 부위

그림 2. 스마트 약물 전달 모식도

전달될 수 있는 스마트한 약물 전달 방법이 개발될 것이다. 스마트 약물 전달을 통해 원하는 약물을 원하는 부위에 전달하면 앞에서 이야기한 여러 가지 부작용을 극복할 수 있을 것이다.

원하는 부위에 약물을 전달한 후에는 원하는 시간에 약물이 세포에 전달될 수 있도록 조절하는 기술 또한 필요하다. 즉, 스마트한 약물 전달은 원하는 약물을 원하는 질병 부위에 전달하고, 필요한 시간에 필요한 만큼 정밀하게 방출하여 치료 효과를 높이고 약물의 부작용을 최소화하는 것이다.

약물 전달에 접목시킬 '스마트'한 기술을 사용하기 위해서는 약물이 원하는 위치에 선택적으로 축적될 수 있게 하는 기술이 필요하다. 대표적인 스마트 약물 전달을 이용한 질병 치료 방법으로 나노입자(nanoparticle) 기술을 꼽을 수 있다. 나노입자는 약물을 나노 크기의 입자 안에 가두어 약물을 전달하는 캐리어 역할을 하는 입자를 말한다.

문제는 어떻게 표적 부위에만 정확하게 약물을 포함한 나노입자를 전달할 수 있게 하느냐이다. 이는 약물에 표식을 붙여 질병 부위를 찾아가게 함으로써 가능하다. 즉, 질병 부위의 세포와 특이적으로 결합하는 항체와 같은 물질을 나노입자에 코팅함으로써 약물을 포함한 나노입자가 질병 부위를 찾아가게 하는 것이다. 이를 약물 타깃팅이라 한다. 항체가 '표식'의 역할을 해서 질병 부위에만 존재하는 세포의 수용체와 결합하게 되며, 이를 통해 약물을 탑재한 나노입자들이 질병 부위에만 달라붙게 하는 것이다.

이를 항암제에 응용할 경우 암세포에만 선택적으로 약물이 작용하게 할 수 있으며, 정상 세포는 약물에 노출되지 않으므로 항암제에 대한 부작용을 크게 줄일 수 있다. 암세포에만 전달된다면 기존에 사용되었던 약물의 양을 크게 줄일 수 있으므로 적은 양으로도 큰 효과를 낼 수 있게 된다.

약물 타깃팅 기술 못지않게 나노입자 안에 있는 약물이 원하는 시간에 나노입자로부터 방출되게 하는 기술 또한 중요하다. 이를 위해 자극 반응성(stimuli-responsive)◆ 및 폴리머◆◆ 등을 이용한 약물 전달 시스템이 연구되고 있다.

자극 반응성에 의한 폴리머 약물 전달 시스템이란 pH, 산화 환원 반응, 효소, 온도, 빛, 자성 등을 이용하여 특정 시점 및 장소에서 약물이 나노입자로부터 방출되게 하는 시스템을 말한다. 일정한 자극 또는 환경요

◆ **자극 반응성:** 신생물에게 자극이 왔을 때 어떻게 대처하거나 반응하는지, 반응하는 데 시간이 얼마나 걸리는지 등을 총괄하는 말.

◆◆ **폴리머:** 다수의 비슷한 화합물을 반복적으로 구성하는 고분자 화합물.

건이 갖추어졌을 때 약물이 퍼지는 구조를 갖고 있으므로 표적 부위에 정해진 시간, 정해진 양만큼 약물을 투여할 수 있다.

이러한 약물 방출을 조정하기 위해서는 건강한 일반 세포와 질병이 있는 세포의 특성을 정확히 파악해야 한다. 항암 치료의 경우 일반 세포와는 다른 암세포의 특성, 예를 들면 암세포는 일반 세포보다 온도가 높다는 점을 이용하여 높은 온도에서 구조가 변하는 폴리머를 사용해 암세포에서만 특이적으로 나노입자 안에 있는 약물이 방출되게 할 수 있다.

스마트 약물 전달 시스템은 밝은 전망을 갖고 있지만, 실용화되기 위해서는 여전히 넘어서야 할 관문들이 많다. 현재의 약물 전달 기술은 암세포에 특이적인 나노입자를 사용하더라도 실제 암세포뿐만 아니라 다른 정상 세포에도 상당한 약물이 전달되는 한계점이 있다. 이러한 한계를 극복하기 위해서는 생명공학에서 암세포에 대한 더 많은 정보를 얻어야 한다.

원하는 위치에 약을 전달하는 기술이 성공할 경우 그 파급효과는 새로운 약물을 개발하는 것 이상으로 매우 크므로 도전정신을 가지고 문제를 해결한다면 머지않은 미래에 스마트 약물 전달이 실현될 수 있을 것으로 기대된다.

통증 없이 효과적인 약물 치료가 가능할까?

약물 전달에서 약물의 효능을 높이는 것도 중요하지만 환자가 쉽게 약물을 투여할 수 있도록 하는 환자 편의성 또한 매우 중요하다. 앞에서 말했듯이 주사를 통해 약물을 전달하는 경우 주사에 의한 통증 때문에 약물 투여를 꺼리게 되어서 약물의 효과를 반감시킬 수 있다. 실제로 전 인구의 10퍼센트 정도가 주삿바늘에 대한 공포를 가지고 있다고 한다. 이런 문제를 해결하기 위해서는 약물을 전달할 때 주사에 의한 통증을 최소화하는 방법이 필요하다.

주사 약물의 경우 경구 투여로 약물을 투여할 수 없어 차선책으로 주사를 사용하는 것이 대부분이다. 예를 들어 경구로 투여하면 위 등에서 위산에 의해 약물의 활성이 변성되는 바이오의약품의 경우 주사로 전달할 수밖에 없다.

통증을 줄이기 위해 경구가 아니라 피부에 도포하여 전달하는 경피 약물 전달 방법도 생각해 볼 수 있으나 대부분의 바이오의약품은 크기가 커서 피부장벽이 존재하는 피부를 통해서는 약물을 전달하기가 매우 어렵다. 예를 들어 인슐린의 경우 주사로 투여하는 것을 생각하면 이해하기 쉬울 것이다.

환자의 통증을 최소화하는 약물 전달은 또 다른 의미에서의 스마트 약물 전달이다. 이를 위해 최근에는 기존의 바늘보다 훨씬 작고, 금속뿐만 아니라 다양한 폴리머를 이용해 만드는 미세 바늘이라고 할 수 있는 '마이크로니들 패치'가 개발되고 있다. 마이크로니들은 수백 마이크로미터 크기의 매우 작은 바늘 모양 구조체를 이용해 피부를 통하여 약물을 전달하게 된다. 마이크로니들은 소재, 모양 및 제작 방법에 따라 다양한 종류로 분류될 수 있지만, 공통적인 목적은 통증 없이 편리하고 효율적인 약물 전달을 실현하는 것이다.

특히 생분해성 마이크로니들은 약물과 함께 우리 몸 안에서 녹아 분

기존 주삿바늘과 생분해성
마이크로니들 크기 비교

생분해성 마이크로니들 패치

약물을 탑재한
생분해성 마이크로니들

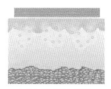

생분해성 마이크로니들
피부 적용

생분해성 마이크로니들
용해

피부 내 약물 전달

그림 3. 생분해성 마이크로니들과 이를 이용한 약물 전달 모식도

해되고 그 과정에서 함께 혼합되어 있는 약물이 피부로 전달되도록 만들어졌다.

생분해성 마이크로니들은 확실히 약물을 전달하는 기존 주사의 장점과 통증을 최소화하는 기존 바르는 약의 장점들만을 융합한 형태의 스마트한 약물 전달 시스템이라 할 수 있다. 이미 질병 치료 및 화장품 분야에서 광범위하게 사용되고 있으며, 미래 부가가치가 매우 높은 스마트 약물 전달 수단으로 각광받고 있다. 또한 통증이 없고 환자 스스로 약물을 투여할 수 있으므로 유비쿼터스 약물 전달 시스템에도 응용될 수 있다. 즉, 병원에 가지 않고 언제 어디서든 약물을 투입할 수 있게 되는 것이다.

머지않은 미래에는 유비쿼터스 질병진단과 약물 전달이 소형화된 마이크로 시스템에서 실현될 것이다. 시간과 장소에 구애받지 않고 원하는 시간과 장소에서 질병을 진단하고 약물을 전달하는 시기가 도래한다면 서두에서 말한 대로 병에 걸렸다는 것을 느끼기도 전에 약이 우리 몸에 들어가서 치료할 수 있는 스마트한 유비쿼터스 헬스케어가 가능해지는 것이다.

미래를 준비하는 생명공학자의 자세

생명공학은 생물학을 기본으로 하여 이를 실용적으로 적용하는 방법을 연구하는 학문이다. 오늘날에는 생명공학 분야를 인류가 직면하고 있는 질병 문제, 식량 문제, 에너지 문제를 해결할 수 있는 핵심 학문으로 생각하고 있으므로 세계적인 기업들을 비롯해 국가적으로도 바이오산업에 관심을 갖고 많은 투자를 하고 있다.

생명공학자는 생물학적 지식을 이용하여 과학과 산업의 교두보 역할을 할 수 있어야 한다. 생명공학은 제약, 의료기기, 농업, 친환경 에너지, 바이오식품, 바이오화장품, 신소재(바이오소재), 생물화학공정과 같은 분야에서 주로 응용될 수 있는 학문이다. 생명체에 대한 이해를 바탕으로 응용하는 학문 분야이므로 과학과 산업의 접목을 두려워하거나 거부하지 않고 이를 융합하여 발전시켜야 한다는 것이다.

생명공학 기술의 발전이 인류의 복지 향상에 기여하기 위해서는 의료, 공정, 식품, 화장품 등의 여러 산업 분야와의 접목이 필요하다. 시대의 흐름 역시 기초과학의 연구에만 머물러 있기보다는 산업 분야에의 적극적인 적용을 요구하는 방향으로 흘러가고 있기 때문에, 생명공학자 역시 시대의 흐름에 맞추어 이러한 점들을 숙지하고 연구에 적용해야 할 것이다.

생명공학이 국가 산업에 미치는 영향력이 앞으로 점점 더 커질 것으로 전망된다. 앞으로 다가오는 미래에는 생명공학 분야에서 선도적인 역할을 하는 국가가 세계 산업을 선도할 수 있을 것이다. 그렇기에 전 세계가 생명공학 분야에서 사활을 걸고 있다. 국가 미래 발전을 위해서뿐만 아니라 더 건강하고 행복한 인류의 삶을 위해서 도전하고 매진한다면 스마트한 유비쿼터스 헬스케어 사회가 성큼 다가올 것이다.

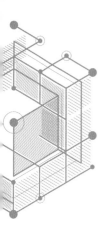

사물 인터넷으로
'재난'을 제어하다

정상섭
연세대학교 건설환경공학과 교수

2015년 12월 12일, 프랑스 파리에서 열린 제21차 기후변화협약 당사국총회(COP21)에서는 1997년의 교토의정서[*] 이후 각국의 노력에도 불구하고 드러난 한계점을 극복하기 위하여 파리기후협정이 체결되었다. 18여 년 만에 이루어진 이 협약에는 교토의정서 1차 공약 기간의 38개국보다 훨씬 많은 195개국이 의무적으로 온실가스 감축 활동에 참여한다.

이 협정은 그냥 체결된 것이 아니다. 기후변화에 대한 국제사회의 위기의식은 심각하다. 기후변화에 관한 정부간협의체(IPCC)에서 발행한 「제5차 기후변화 평가 종합보고서」(2014)에 따르면, 현재의 추세가 유지될 경우 21세기 말 지구 평균기온은 3.7도, 그리고 한반도의 평균기온은 최대 6도까지 상승한다. 해수면 역시 2080~2100년 즈음에는 63센티미터나 상승하여 세계 주거 가능 면적의 5퍼센트가 침수될 것으로 예상한다.

사실 우리나라도 급격한 기온 상승으로 인해 몇 년째 잦은 폭염과 극한강우, 극한한파에 시달리고 있다. 기상청 공시자료에 따르면 2015년부터 연간 기온 상승폭은 0.9도 정도로 파악되는데, 이것이 유지된다면 앞으로 우리는 더 극심한 피해를 당할지도 모른다. 파리협정은 막연한 협약이 아니라 반드시 실천해야 할 생존 전략인 셈이다.

이런 이유로 필자는 파리협정을 공학과 실용의 각도에서 바라볼 필요가 있지 않나 생각한다. 흔히 파리협정 하면 산업화 대비 지구의 평균기온 상승 수준을 2도로 유지하고 1.5도까지 제한한다는 '장기 목표'를 떠올린다. 그러나 이 협정은 복잡하고 장기적인 산업과 생활의 변화가 필요한 온실가스 감축 못지않게, 단기 과제로서 '기후변화에 대한 적응'을 강조한다.

기후변화에 대한 적응이란, 간단히 말해 첨단기술을 활용하여 위기를 실시간으로 감지하고 기후변화의 파괴성을 최소화하게끔 사회의 인프라를 개선하며 피해를 빠르게 복구하는 체제를 구축하는 것이다. 가령 과거에는 거대한 댐을 지어 홍수를 예방하자는 관점이었다면 이제

◆ **교토의정서**: 지구온난화의 규제 및 방지를 위해 마련한 기후변화협약의 구체적 이행 방안이다. 이 의정서를 인준한 국가는 이산화탄소를 포함한 여섯 종류의 온실가스의 배출을 감축해야 한다. 배출량을 줄이지 않는 국가에 대해서는 비관세 장벽을 적용하게 된다. 1997년 12월 11일 일본 교토에서 채택되었으며 2005년 2월 16일 발효되었다. 정식 명칭은 '기후변화에 관한 국제 연합 규약의 교토 의정서(Kyoto Protocol to the United Nations Framework Convention on Climate Change)'이다.

는 국지성 폭우의 기미를 미리 감지하고, 쏟아진 폭우는 피해를 덜 입히고 빨리 빠져나가도록 하자는 것이다.

아직 기후변화에 적응하지 못한 대한민국

우리나라는 2015년 파리협정에서 2030년 온실가스 발생량에서 37퍼센트를 감축하기로 하였다. 현재까지 우리나라의 기후는 사계절을 모두 가지고 있는 온대기후 지역으로 정의내려져 왔다. 그러나 최근 100년간 6대 도시 평균기온이 1.5도 상승하고 최근 40년간 주변 바다 온도가 0.9도 상승하는 등 급격한 변화가 나타나고 있으므로, 온대기후에서 아열대기후로 변하고 있다고 해도 과언이 아니다.

최근에는 동남아시아 지역에만 발생하던 스콜(소나기)이 발생하는 등 급격한 변화가 진행되고 있다. 이러한 기후변화는 생태계에도 영향을 끼치게 된다. 연평균 기온이 1도만 올라도 바다에서 수확되는 어종이 크게 달라지거나 심지어 멸종되는 어종이 생기는 등 환경 및 생태계의 변화가 예고되어 있다.

그러나 안타깝게도 우리나라의 기후변화에 대한 적응 수준은 매우 낮은 편이다. 2010년 한국환경정책평가연구원(KEI), 국가기후변화적응센터, 동아일보 미래전략연구소의 공동 조사결과에 따르면 우리나라의 기후변화에 관한 안전성과 적응력 지수(VRI)는 OECD 국가 34개국에서 2개국을 제외한 32개국 중 23위이다(《동아일보》, 2011).

질병관리본부에 따르면 2018년 여름에도 전례 없던 기록적인 폭염에 의해 3,500명 이상의 온열질환자가 발생하였고, 이 중 40여 명이 사망하였다고 한다.

전국 대부분 지역에 폭염경보가 발효되었으며, 자동기상관측장비(ASOS)를 기준으로 36.8도까지 기온이 상승한 날에 광화문광장에서 근무를 하던 의경이 쓰러져 병원으로 이송되었던 일도 있었다. 이처럼 기후변화에 충분히 대응하지 못하게 될 경우 실외 근무가 불가피한 근로자들에겐 치명적인 일이 될 수 있다.

이뿐만 아니라 노인, 장애우 등 경제활동에서 소외되어 소득의 10퍼센트 이상을 전기요금과 난방비 등 에너지 관련 지출에 사용하는 '에너지 빈곤층'의 경우, 2명 중 1명 비율로 극심한 폭염과 한파로 인하여 건강 이상을 겪은 것으로 파악되었다. 에너지시민연대가 실시한 전국 11개 지역의 취약 계층 521가구에 대한 현장방문 조사결과 절반 이상이 폭염으로 어지러움과 두통을 경험했다고 답했다.

2011년 7월에는 서울 우면산에서 대규모 산사태와 토석류가 발생하여 도로를 휩쓸고 주거지역을 매몰시켰다. 총 31개 유역에서 150건의 산사태와 33개 토석류가 발생했고, 이로 인해 30가구가 매몰되고 116가구가 침수되는 등 큰 재산 피해가 있었을 뿐만 아니라 토석류에 휩쓸려서 16명의 사망자가 발생했다.

우면산 산사태 발생의 가장 큰 원인은 그 당시 무려 16시간 동안 내렸던 300밀리미터의 비와 산사태 발생시각에 집중된 시간당 100밀리미터의 '집중호우'였다. 우리나라는 1년에 평균적으로 1,000~1,500밀리미터의 강우가 내리는 것을 감안하면 당시 비의 양이 얼마나 많았는지 짐작할 수 있을 것이다. 집중호우는 슈퍼태풍, 연안침식 등과 같이 기후변화에 의해 증가하고 있는 대표적인 현상이고, 이 사건으로부터 우리나라의 기후변화에 대한 적응 수준이 얼마나 부족한지 절실하게 느꼈다.

일본 도쿄도의 경우 극심한 강우에 따른 홍수 피해를 경감시키기 위해, 건물의 '내홍수화(Flood Proofing)'를 적극적으로 시행하고 있다. 가령 메구로강에 적용한 다목적 조정지의 경우, 지하공간에 우수 조정지를 설치하여 예상 침수위를 초과하는 강우가 내리는 경우에도 침수가 발생하지 않도록 하고 있다. 이 외에도 칸다강에는 지하 우수 조절지를 설치하여 긍정적인 효과를 보았다.

1993년과 2004년에 일본에 발생한 태풍11호와 태풍22호에서 강우량(강우 강도)은 각각 288밀리미터(시간당 47밀리미터)와 284밀리미터(시간당 57밀리미터)였으며, 이때 침수 가옥은 각각 3,117호와 7호로 최종 집계되었다. 2004년 발생한 태풍22호는 이전에 발생하였던 태풍11호와 강우량에 큰 변화가 없었고 강우 강도는 더 크게 나타났으나 지하 우수 조정지 설치 전과 비교하여 침수 가옥이 급격히 감소해 이 적응 대책이 긍정적이었음을 알 수 있다.

한국은 2018년 8월, 총 128밀리미터의 비가 강릉과 속초에 내려 사회기반 시설물에 대한 침수 피해를 입었다. 침수 피해가 심각한 곳에서는 5미터까지 물이 차올랐다. 피해 현황으로는 13가구가 침수 피해를 입었으며 KTX강릉역의 대합실 바닥이 침수되고, 노상 주차된 차량의 바퀴가 잠길 정도였다. 경제적 피해로는 공공시설 약 43억 원, 사유재산 17억 원으로 약 60억 원의 피해를 입었다.

앞선 일본의 사례와 비교하면, 강우에 대한 적응 대책과 그 명확한 효과가 선례를 통해 도출되었음에도 불구하고, 짧지 않은 시간 동안 여전히 우리나라는 제자리걸음을 하고 있었다는 사실을 알 수 있다.

어떻게 기후변화에 적응할 수 있는가?

'기후변화 적응'은 기후변화의 패러다임을 인정하고 이에 능동적으로 대처한다는 것을 의미한다. 전 세계적으로 기후변화에 따른 충격을 완화하기 위해 많은 노력을 하고 있지만, 기후변화는 현재 진행형이며 앞으로 더욱 가속화될 것이기 때문에 우리의 생명과 재산을 보호하기 위한 대책도 기후변화에 맞춰 변화를 모색해야 한다.

기존의 기후변화를 완화시키기 위한 대응 기술은 기후변화를 예측하고 원인을 분석하여 기후변화가 가속화되는 것을 막는 것이 목적이었다. 반면, 기후변화 적응 기술은 중·장기적 기후변화 영향 및 취약성 평가를 바탕으로 예상되는 피해를 감소시키는 데 목적이 있다. 이처럼 기후변화에 대한 취약성을 감소시키기 위해서는 기후변화의 규모를 완화시키고 기후변화에 노출 정도를 감소시키는 적응 과정을 통해 기후변화에 대한 회복력과 탄력성을 길러야 한다([그림 1] 참조).

대표적인 대응 기술에는 신재생 대체에너지 개발과 같은 온실가스 감축 기술이 있고, 적응 기술에는 기후변화 적응형 신소재 및 재료 개발, 태풍·폭풍해일·산사태와 같은 재난을 예측하고 피해를 최소화하는 기술이 있다.

기후변화를 예측하고 그 영향을 분석하는 많은 연구결과에 따르면 기후변화는 이미 많은 부분이 진행되었다고 한다. 그럼에도 불구하고

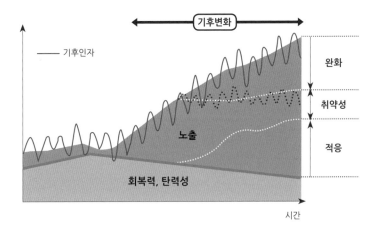

그림 1. 기후변화 완화와 적응을 통한 취약성 감소

1900년대 초반과 비교했을 때, 현재 풍수해와 같은 자연재해에 의한 사망자의 수는 현저하게 감소한 것이 사실이다. 우리는 그 이유를 기후변화에 계속해서 적응해 왔기 때문이라고 생각한다.

대표적인 예로 네덜란드의 방파제를 꼽을 수 있다. 네덜란드는 지면이 해수면보다 낮기 때문에 기후변화에 따른 지구온난화에 의한 해수면 상승에 엄청난 피해를 볼 수밖에 없는 상황이었다. 그러나 오래전부터 해수면이 조금씩 높아질 때마다 방조제와 방파제를 설치하여 대비해 왔으며, 많은 인명과 재산을 바다로부터 지켜낼 수 있었다.

네덜란드가 홍수와 해일에 철저히 대비하게 된 것은 1953년 북해에서 몰아닥친 폭풍해일로 엄청난 피해를 입었기 때문이었다. 당시의 피해는 재난을 넘어선 재앙에 가까웠다. 북부와 남부의 섬과 해안선 지역 136,500헥타르가 물에 잠겼으며, 기존에 만들어진 바닷가 제방 중 162킬로미터가 붕괴되었고 1,800여 명이 숨지고 75만 명의 이재민이 발생했다. 네덜란드는 이 사건을 겪은 이후에 해수면 상승에 대비하여 방파제와 방조제의 꾸준한 보수·보강을 추진하게 되었다.

또한 최근 들어서 네덜란드는 전 세계적 이슈인 기후변화 적응의 개념을 적극적으로 수용하여, 홍수 관리에 대하여 새로운 패러다임을 제시하고 있다. 제방을 쌓고 수문을 만들어 홍수 피해를 방지하는 과거의 방식을 넘어 홍수와 더불어 살아가는 '적응'의 개념을 전개해 나가고 있다.

특히 이를 위해 하천의 공간 확보를 통해 홍수 발생 시의 배수 기능 강화에 주력하고 있다. 하천 주변에서 물의 흐름을 방해하는 장애물을 제거하고, 둑으로 되어 있던 철로를 물 흐름이 원활한 교량형으로 바꾸고, 홍수 발생 시 더 큰 피해를 막기 위해 운하 인근의 농지와 공장 부지를 일시적 범람 공간으로 활용하였다.

또한 조기 예·경보 시스템의 도입, 침수 예방 지역에 대한 개발 제한 대책도 검토하는 등 홍수에 대해 억제 방법만을 강구하였던 과거와 달리, 홍수와 더불어 살아갈 수 있는 전략을 마련하고 있다.

재해 예방 기술에 사물 인터넷을 접목하다

1984년 일본의 산리쿠 해안지역에는 설계 당시 촌장이었던 와무라 유키에의 제안으로, 과거 1896년과 1933년에 발생하였던 쓰나미 피해 사례를 충분히 반영한 매우 높은 방조제가 시공되었다. 그 방조제와 수문은 계획 당시 너무 높다는 비판을 받았다. 반면 같은 현의 미야코 시의 경우 충분한 높이의 방조제를 설치하지 않았다. 과거 선조들이 두 차례 쓰나미로 인해 극심한 피해를 입고, 후손들을 위해 당시 쓰나미 발생 범위에 "여기보다 아래에는 집을 짓지 말라"는 비석을 세웠음에도 말이다.

그런데 2011년 3월, 이 지역 인근에 약 14미터 규모의 쓰나미가 덮쳤다. 높이 15.5미터가 넘는 방조제와 수문을 갖추었던 산리쿠 지역의 경우, 마을 사람 전부가 무사히 살아남을 수 있었다. 반면 10미터의 방조제로 만족했던 미야코 시는 수백 명의 사망자와 행방불명자가 발생했다. 후손들을 위한 선조들의 사전 경보를 무시한 대가를 치른 셈이다.

이처럼 과거의 경보 시스템의 경우, 중·장기적으로는 앞선 일본의 사례와 같이 실제 재난 피해 사례를 통해 경험적으로 얻은 기록에 의존하였고, 실시간 상황에서는 재해 발생 시점에 육안으로 관찰한 내용을 육성 혹은 지역방송을 통해(사이렌 등) 전파할 수밖에 없었다. 이런 시스템 아래서는 극심한 재난이 발생하게 되면, 충분한 대응 및 적응 방안을 구축하고 적용할 수 있는 방법이나 시간적 여유가 없기 때문에 규모가 작은 재난에도 큰 피해가 야기될 수밖에 없다.

최근에는 기후변화와 도시화 및 산업화 같은 문제들로 인하여 재해의 발생 빈도 및 피해 규모가 급증하고 있다. 그러나 재난 안전관리와 관련하여 국내의 재해 관리 기술은 아직 진행 중에 있으며, 재해 평가와 모니터링 기술은 지속적인 발전이 요구되고 있다. 재해를 예측하는 데에는 한계가 있기 때문에 재해에 의한 피해를 방지하기 위해서는 실시간으로 재해의 발생을 감지하고 감지된 정보를 즉각적으로 전달할 수 있는 모니터링 기술이 매우 중요하다. 이러한 모니터링 기술은 측정 대상에 따라 재해 예측의 정확도를 높이는 데에도 활용할 수 있다.

특히, 풍수해와 같은 기후변화에 의한 재해 관련 모니터링 기술은 대상 지역이 매우 광범위하고 환경 조건이 매우 열악한 곳이 대부분이기 때문에 고효율의 자율작동 기술이 필수적이다. 그러나 기존의 모니터링 기술은 사람이 직접 개입하는 수동적 방식, 고가 분석기 사용, 단순 데이터 수집·표출 수준의 단선적·개별적 관리 방식에 머물러 있는 것이 현실이다.

보다 신속하고 효율적인 모니터링을 위해서는 실시간, 자율적, 저비용·고효율 지향의 획기적 개선이 필요한 상황이며, 사물 인터넷 기반의 모니터링 기술은 이를 해결하기 위한 매우 적절하면서도 검증된 방법이다.

미세전자제어 기술을 이용한 사물 인터넷 기술은 이미 여러 분야에서 활용되고 있으며, 재난·재해 관리 분야에서도 많은 시도가 이루어지고 있다. 미국 지질연구소에서는 캘리포니아 전체 지역에 걸쳐 약 300여 개의 센서를 설치하여 지진을 감지하도록 활용하고 있으며, 일본에서는 쓰나미를 감지하기 위해 바다에 떠 있는 부유체에 GPS를 설치하였다. 우리나라에서도 사물 인터넷 기술을 활용한 재해 예방 기술에 대한 연구와 시도가 진행 중에 있다.

대표적인 사례로 앞서 언급했던 우면산 산사태와 같은 피해를 방지하기 위한 산사태 모니터링 기술을 들 수 있다. 기존에는 도심지에 인접한 비탈면(특히 인공비탈면)에 대한 안정성 평가와 모니터링에 대부분의 관심이 집중되어 있었다. 그러나 자연산지에서 대규모로 발생한 산사태 및 토석류로 인한 피해를 겪으면서, 공간적으로 산지 또는 유역단위의 면적을 감시해야 하고 전력이나 데이터를 주고받을 수 있는 전선을 연결할 수 없는 지역에서 모니터링을 해야 하는 과제에 직면하였다.

이를 위해 사물 인터넷 기술 중 무선센서네트워크(WSN, Wireless Sensor Network) 기반의 공학적 이론을 접목한 새로운 개념의 산사태 모니터링 기술이 개발되어 실제 현장에 적용하려는 시도가 이루어지고 있다. WSN 모니터링 시스템은 여러 개의 노드(sensor node, repeat node)와 베이스 스테이션(base station)으로 구성되어 있으며, 각 노드는 센서와 데이터 수집 장치, 그리고 통신 모듈로 구성된다.

베이스 스테이션은 통신 모듈과 외부 네트워크 인터페이스로 구성되어 각 노드에서 수집된 데이터를 전달받아 관리자에게 전달하는 역할을 담당한다. 산사태의 예측을 위해서는 강우량, 토양의 함수비, 모관흡수력 등을 측정해야 하며, 이를 측정하기 위한 센서들이 각 노드에 연결된다. 또한 산사태의 발생을 직접적으로 감지하기 위해 경사계가 설

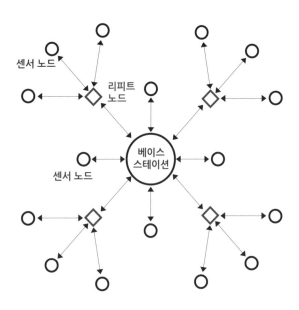

그림 2. 메시 타입의 무선센서네트워크

치되어 실시간으로 산사태 발생 유무를 확인할 수 있도록 구성된다.

무선센서네트워크는 통신 방식에 따라 스타(star) 타입과 메시(mesh) 타입으로 구분할 수 있으며, 산지의 복잡한 지형과 공간적 규모에 따라 중계노드를 활용하여 노드와 노드 사이의 통신이 가능한 메시 타입이 적절한 방법으로 적용되고 있다([그림 2] 참조). 이 기술은 2016년도에 서울 산지 3개 지역 및 삼척-속초 간 고속도로 사면 1개 지역에 설치되어 시범 운영 중에 있다.

 사물 인터넷이란?

사물 인터넷이란 말 그대로 사물이 인터넷에 연결되어 그 정보를 활용하여 사물 본연의 기능을 더 충실히 행하도록 하는 기능이다. 최근 미세전자제어 기술(MEMS, Micro Electro Mechanical Systems) 기반의 초소형 저전력 프로세서 및 센서와 지능형 무선네트워크 등이 등장하고 빅데이터 분석 기술이 발전함에 따라, 산업용 사물 인터넷에 대한 관심이 점차 고조되고 있다.

이 기술들을 사용할 수 있게 되면서 통신과 전기 인프라를 사용할 수 있는 위치뿐만 아니라 '사물(thing)'의 상태, 위치, 식별 등에 관해서 유용한 정보를 모을 수 있는 곳이면 어느 곳이든 다양한 유형의 센서들을 설치할 수 있게 되었다. 이를 활용한 대표적인 사례로는 스마트 워치, 스마트 보일러, 스마트키 등이 있다.

이처럼 센서를 사용해서 기계, 펌프 파이프라인, 열차 같은 사물을 특정할 수 있게 한다는 개념은 산업 분야에서 새로운 것은 아니며, 이미 정유 플랜트에서부터 제조 라인에 이르기까지 다양한 용도의 센서 및 네트워크가 사용되어 왔다.

변화에 적응하고, 새로운 것을 받아들이다

신 기후체제에서는 모든 당사국이 국가 적응계획을 수립 및 이행하여 이에 대한 적응 보고서를 제출할 의무를 부여받고 있다. 이러한 기류에서 공학이 이끌어갈 미래의 모습은 변화에 적응하고, 새로운 것을 받아들여서 우리의 삶의 터전을 지키는 핵심 기술을 개발하고 적용해 나가는 것이다.

우리는 지금 1차, 2차, 3차 산업혁명을 거쳐 4차 산업혁명의 시대에 살고 있다. 4차 산업혁명은 기본적으로 사물 인터넷을 기반으로 제조업과 정보통신 기술(ICT)을 융합하여 생산기기와 생산품 사이의 상호 소통체계를 구축하고 작업 경쟁력을 제고하는 차세대 산업혁명을 일컫는 말이다.

이 기술은 비단 제조업에만 국한되지 않고 사회 전반에 걸쳐 활용되고 있으며, 미래를 변화시킬 핵심 기술로 평가받고 있다. 스마트폰과 태블릿 PC를 이용한 기기 간 인터넷의 연결과 개별 기기를 자율적으로 제어할 수 있는 사이버 물리 시스템의 도입이 이를 가능하게 하였다. 모든 사물은 이제 각각의 인터넷 주소를 가지고 무선 인터넷을 통해 서로 대화한다.

이러한 새로운 변화와 함께 인공지능, 무인공장의 등장과 같은 미래에 대한 논란도 뜨거워지고 있다. 이미 미국에서는 세계 최초로 상업 분야에 무인 운행 시스템이 적용되기도 했다. 이러한 변화는 점점 더 많은 분야에서 나타날 것이고 이를 능동적으로 활용했을 때, 우리는 변화하는 미래를 이끌어갈 수 있을 것이다.

인류의 역사를 되돌아보면, 인간의 삶, 환경 그리고 사회는 계속해서 바뀌어 왔으며, 우리는 그에 적응하고 발전해 왔다. 그중에는 혁명이라 불리는 큰 발전도 있었고, 이러한 혁명들은 많은 문제를 해결함과 동시에 또 다른 변혁을 가져왔다. 지금 일어나고 있는 기후변화와 4차 산업혁명에 의한 변화의 기류 또한 이러한 큰 흐름 속에 있다고 볼 수 있다.

전 세계에 걸친 변화라는 복잡한 현상을 정확하게 이해하기 위해서는 여러 분야의 학문적 연구를 통한 융·복합적 접근이 필요하며, 이를 바탕으로 다양한 문제에 대한 합리적인 해결책을 제시해야 한다. 공학이 꿈꾸는 더 나은 미래는 우리에게 불어닥친 기후변화라는 새로운 변화와 우리가 만들어낸 4차 산업혁명이라는 발전에 어떻게 대처하고 활용하는지에 따라 결정될 것이다.

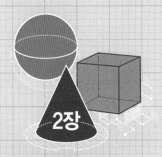

지능에 대한
인간 독점을 깨다

공학은 세상 만물에 생각하는 힘을 이식하고 있다. 인간만이 이성을 통해 세상을 인식하고 분석하고 변혁할 수 있다는 편견은 이제 낡은 시대의 가치관으로 기억될 것이다. 우리는 공학이 바꾼 세상 속에서 예전과는 다른 방식으로 일하고 살아가게 될 것이다. 컴퓨터와 로봇, 자동차, 심지어 건축물도 단순한 도구를 넘어 진정한 인간의 동반자가 될지도 모른다.

사람보다 똑똑한 바보,
인공지능 이해하기

김선주
연세대학교 컴퓨터과학과 교수

사람은 본능적으로 낯선 것에 대해 경계심을 품는다. 그것이 강력한 힘을 갖고 있다면 더더욱 그럴 수밖에 없다. 수십만 년 동안 진화하면서 그런 경계심을 품지 않았다면 생존할 수 없었을 것이다. 인공지능에 대해 사람들이 호기심을 보이다가도 약간의 정보나 잘못된 소문만으로 경계하거나 공포를 느끼게 되는 것은 당연하다. 그러나 인공지능이 그렇게 대단한 것인가? 꼭 그렇지만은 않다. 의외로 허술하고 바보 같은 구석이 많다.

우리가 접해본 인공지능 알파고는 세계 최강의 바둑기사인 이세돌마저 완패시켰고, 이제는 적수가 없어 바둑을 그만둬버릴 만큼 강력하다. 그런데 이 인공지능은 원리적으로는 '고양이'조차 구별하기 힘들어 한다.

믿어지지 않겠지만 사실이다. 인간의 경우에는 걸음마를 겨우 배운 아이도 그림이나 동영상으로 한 번만 고양이를 인식하게 되면 만나는 고양이마다 손가락으로 가리키며 "고양이!"라고 신나게 외칠 것이다. 그러나 인공지능이라는 컴퓨터 프로그램은 그럴 수 없다.

'컴퓨터 프로그램'은 컴퓨터가 수행해야 할 일들을 요리 레시피를 쓰듯이 하나하나 상세하게 알려주는 알고리즘을 C++, Java와 같은 프로그래밍 언어◆로 구현한 것이다. 인공지능도 하나하나 알려준 대로 알고리즘을 수행한다. 고양이 사진을 '고양이'라고 인식시키려면, 머리끝부터 발끝까지 하나하나 생김새를 자세하게 설명하는 알고리즘을 설계해야 한다. 그렇게 애를 써서 가르쳤는데, 품종이 다른 고양이만 보여줘도 '고양이'를 알아보지 못한다.

인간에겐 쉬운 일이 인공지능에겐 어려운 이유

인간이라면 아무리 어린아이라도 다양한 자세와 종류의 고양이 사진을 보고, 그것이 고양이라는 것을 쉽게 알아챌 수 있다. 그러나 앞서 말했듯이 이것은 인공지능에게는 힘든 일이다. 대체 이렇게 '바보 같은' 인공지능이 어떻게 이세돌 9단을 이겼단 말인가? 세계 최고의 바둑기사도

◆ **프로그래밍 언어**: 프로그램이란 인간이 컴퓨터에게 내리는 명령들이며, 프로그래밍 언어는 그러한 명령문을 작성하는 언어이다. 디지털 컴퓨터는 전원이 끊겨졌다는 의미의 '0'과 전원이 연결됐다는 의미의 '1'만을 알아듣는다. 그것을 일일이 사람이 지정해 준다면 컴퓨터의 사용은 사실상 불가능하다. 따라서 이러한 명령을 신속하고 편리하게 작성할 수 있게끔 설계된 일종의 '번역 장치'라고 이해할 수도 있다.

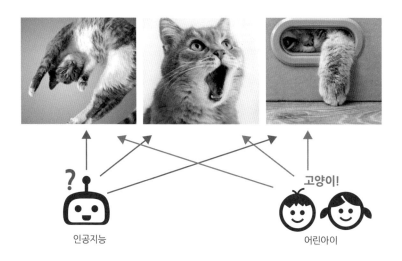

그림 1. 고양이를 인식하는 알고리즘 설계의 어려움. 사진 속 고양이들은 자세부터 입 모양, 심지어 주변 환경까지 모두 다르다. 이토록 다양한 형태를 갖는 고양이를 몇 가지 규칙으로 단순화시켜 설명하기 어렵다. © shutterstock

이기는 놀라운 능력을 가지고 고양이 하나 알아보는 것이 어려운가?

그것은 컴퓨터 프로그램인 인공지능이 인간과는 전혀 다른 방식으로 영상을 인식하기 때문이다. 가령 다양한 고양이의 모습을 담은 디지털 사진들은 모두 0과 255의 사이의 숫자들을 갖는 픽셀(pixel)의 조합이라고 할 수 있다. 우리가 흔히 1메가픽셀 이미지라고 표현하는 것은 사진이 총 백만 개의 픽셀로 만들어졌다는 이야기이다. 컴퓨터는 결국 사진을 이렇게 수많은 숫자들로 볼 뿐이고, 컴퓨터는 그 수많은 숫자들로부터 사물을 인식해야 한다. 회계 장부처럼 숫자 하나가 달라지면 컴퓨터에겐 완전히 다른 것으로 인식된다.

각 사물은 가지각색의 형태를 띠고 있고, 카메라의 위치나 조명 등에 따라서 한 가지 사물을 표현하는 픽셀들의 조합은 거의 무한대에 가깝다. 그

조합들은 각각의 고양이 사진을 같은 고양이라고 도저히 인정할 수 없다. 회계 장부로 치면 완전히 다른 회사이거나 다른 재무 상태인 것이다.

인공지능은 우리 인간이 이해할 수 없을 만큼 고지식하다. 이런 특성 때문에 영상인식을 알고리즘화시키는 것은 매우 어려운 일이라 할 수 있다. 엄청나게 똑똑한 회계사가 어느 날 갑자기 피카소 같은 천재 화가가 될 수 없는 것처럼 말이다. 그러나 컴퓨터공학은 오랜 노력 끝에 인공지능에게 고양이 구별법을 가르치는 데 성공했다. 아주 갑작스럽게 성공한 것 같지만 하드웨어와 소프트웨어 두 분야에서 각고의 노력이 투여됐기 때문에 가능한 일이었다.

인공지능이 갑작스럽게 똑똑해진 세 가지 이유

시각지능 기술은 카메라로 촬영된 사진을 분석하여 촬영된 장면에 대한 기하학적·광학적인 이해(촬영된 사물은 카메라로부터 얼마나 떨어져 있으며, 어떤 모양과 색을 갖고 있는가?)를 바탕으로 사진 속의 장면 및 사물을 인식하는 기술이다.

'백문이불여일견(百聞而不如一見)', 'Seeing is Believing.'이라는 속담이 동서양을 막론하고 존재하듯이 인간지능에서 시각이 차지하는 부분은 절대적이라 할 수 있다. 마찬가지로 인공지능에서도 시각지능이 차지하는 부분은 매우 크다고 할 수 있겠다.

그런데 앞서 말했다시피 영상 인식은 쉬운 일이 아니다. 영상을 인식하는 인공지능의 원리는 20세기 중반부터 이론적으로 제시가 되었지만 지금처럼 실용화되기까지는 오랜 시간이 걸려야 했다. 인공지능이 학습을 하는 데 필요한 데이터가 부족했고 하드웨어의 성능도 따라주지 못했기 때문이다.

우선 시각지능 기술의 급격한 발전에는 하드웨어, 특히 '시각 효과'에 특화된 그래픽카드 기술의 발전이 결정적이었다.

인공지능이 이미지를 인식하는 것은, '하나의 이미지를 작게 쪼개서 인식하고, 인식 결과를 다시 조합하는' 과정을 여러 번에 걸쳐서 빠르게 반복학습하는 과정으로 이해할 수 있다. 이 단순한 과업은 복잡한 CPU보다는 단순한 작업을 여러 개의 코어가 한꺼번에 수행하는 GPU를 쓰는 것이 훨씬 효율적일 수밖에 없다.

또한 인공지능을 학습시키기 위해서는 대량의 학습 데이터가 필요하다. 한 마리의 고양이를 제대로 인식하려고 해도, 다양한 모습으로 다양한 상황에 놓인 대상을 일일이 따져가며 공부를 해야만 하기 때문에 인간과 비교할 수 없을 만큼 많은 사진 데이터를 분석하고 학습해야 한다. PC 통신과 인터넷의 활성화, 그리고 스마트폰의 보편화에 따른 모바일 혁명은 사진과 영상 데이터의 '빅뱅'을 가져왔다고 해도 과언이 아니다.

다만 학습 데이터는 입력 x에 해당하는 해답 y를 동시에 제공해야만 한다. 가령 고양이 사진을 학습 데이터로 컴퓨터에 제공한다면, 모습이 조금만 달라져도 일일이 고양이라고 답을 알려줘야 한다. 이렇게 모든 입력에 대한 출력값을 제공하는 학습 방식을 지도학습(supervised learning)이라고 부른다.

하드웨어와 학습 데이터 면에서 큰 발전이 있었던 것과 달리 딥러닝 기술은 1950년에 소개되었던 인공신경망(뉴럴네트워크) 기술과 원리적으로는 크게 달라지지 않았다. 뉴럴네트워크를 활용한 물체 인식의 예를 들어보자. 우선 물체 인식을 위한 학습 데이터를 수집해야 한다. 앞서 설명한 바와 같이 단순히 많은 데이터를 모으는 과정이 아니라, 모든 사진에 대해서 그 사진에 담겨 있는 물체를 답으로 사람이 일일이 표기(labeling)해 주어야 한다. 거듭 말하지만 컴퓨터는 회계 장부처럼 고지식하고 정직하다. 가르치면 가르친 대로 받아들인다.

학습 데이터가 수집된 후에는 학습을 시켜야 하는데, 인공지능 네트워크의 복잡도와 데이터의 양에 따라 학습시간이 많게는 몇 주 혹은 몇 달이 걸릴 수도 있다. 수사 드라마나 첩보 영화처럼 영상을 인식하고 포착하는 단계에 이르려면 상상을 초월하는 인간의 노력이 들어가야 한다. 이런 고생스런(인간의 입장에서) 학습이 끝나면 인공지능을 구동하는 뉴럴네트워크는 이제 물체 인식을 할 준비가 되었고, 새로운 사진이 입력되면 인식 결과를 출력하게 된다. 현재 딥러닝을 사용한 물체 인식은 97퍼센트 정도의 인식률을 보이고 있다.

최대한 작게 쪼개고, 더 많은 단계에 걸쳐 계산한다

딥러닝 기술이 시각지능 분야에서 가장 많이 활용되고 발전될 수 있었던 것은 영상에 특화된 합성곱신경망(CNN, Convolutional Neural Network) 기술 때문이다. CNN에서는 합성곱(convolution)이라는 영상처리의 가장 기본적인 연산자가 사용되며, 계층적 구조를 따라 특징점이 학습이 된다.

보다 쉽고 직관적인 이해를 위해 영화나 드라마에서 쉽게 접할 수 있

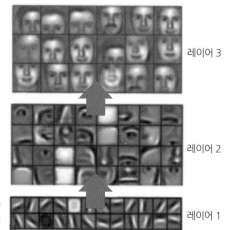

레이어 3

레이어 2

그림 2. 합성곱신경망의 계층적 학습의 예
(출처: H. Lee et al., "Convolutional Deep Belief
Networks for Scalable Unsupervised Learning
of Hierarchical Representations", 2009)

레이어 1

던 얼굴 인식을 예로 들어보자. 얼굴 인식을 위한 CNN은 얼굴 영상을 구성할 때 ① 기본이 되는 엣지 특징들(그림의 가장 기본이 되는 직선 구조들)이 가장 하위 계층에서 만들어지고, ② 그 다음 계층에서는 엣지들이 모여 얼굴의 부분 특징을 만들어내고, ③ 결국 최상위 층에서는 이런 특징점들이 모여 하나의 얼굴을 구성하게 된다.

CNN 기술은 1990년대에 우편번호 인식을 위해 처음 개발되었다. 우편번호는 복잡한 주소를 살피지 않고도 번호만 보고 서울시, 서대문구, 연세대학교 정도로 우편물을 분류할 수 있게끔 해준다. 그런데 컴퓨터에 우편번호를 직접 입력하지 않고 종이봉투나 상자에 인쇄되어 있거나 사람이 쓴 번호를 컴퓨터가 인식해서 자동으로 분류할 수 있다면 물류 비용과 시간을 대폭 절약할 수 있다. 문자는 그림과 비교할 수 없이 단순하다. 그럼에도 그것을 컴퓨터가 자동으로 인식하는 데는 적잖은 노력이 필요했다. 그래서 그로부터 무려 20년 후 강력한 병렬처리 능력을 갖고 있는 GPU가 등장하고 대용량의 빅데이터 수집이 가능해진 2010년 대에 들어서야 사진을 정확히 인식하는 수준에 오를 수 있게 됐다.

일단 본궤도에 오른 CNN 기반의 딥러닝 기술은 이제 영상 내의 사물을 인식하는 기능을 넘어서서 더 다양한 시각지능 문제에 활용되고 있다.

특히 흥미로운 기술은 시각과 언어 지능의 융합 기술이다. 영상 안에 있는 물체들만 인식하는 것이 아니라 영상을 이해하여 이를 언어로 묘사하는 기술(image captioning), 주어진 사진에 대한 질문에 답변을 하는 기술(visual question & answering) 등이 최근 들어 개발되기 시작했다.

이러한 언어와의 융합 기술과 더불어 영상을 생성하는 딥러닝 기법들도 나오기 시작했다. 생성적 적대 신경망(GAN, Generative Adversarial Network)이라고 불리는 생성네트워크는 인식과정과는 반대로, '고양이'라는 입력에 대한 사진을 만들거나 주어진 문장에 맞는 사진들을 만들어내는 구조를 갖고 있다.

인간의 신경망을 함수로 표현하다

알파고의 등장 이후, '딥러닝'이라는 단어는 대부분의 사람들이 한 번쯤은 들어봤을 정도로 익숙한 단어가 되었다. 앞서 이야기했듯이 딥러닝 기술은 이미 오래전에 개발되어 사용되었던 뉴럴네트워크, 즉 신경망 기술의 최신판이라고 할 수 있다. 인간의 신경구조를 모방한 이 기술은 이미 1950년대에 퍼셉트론(Perceptron)이라는 이름으로 소개되었고, 그 이후 오랫동안 기술이 발전되어 지금의 딥러닝에 이르게 되었다.

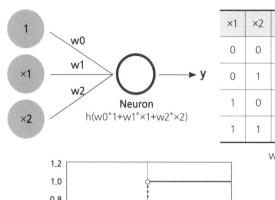

×1	×2	Y
0	0	h(-30*1+20*0+20*0)=0
0	1	h(-30*1+20*0+20*1)=0
1	0	h(-30*1+20*1+20*0)=0
1	1	h(-30*1+20*1+20*1)=1

w0=-30, w1=20, w2=20

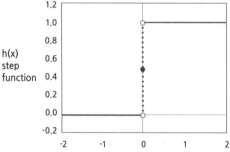

그림 3. 뉴럴네트워크 예제(AND 함수)

신경망 기술은 수학적으로 주어진 입력(input: x)과 출력(output: y) 간의 관계를 설명하는 하나의 큰 함수라고 설명할 수 있다(y=f(x)).

인공신경망은 인간의 신경세포와 비슷한 형태를 갖고 있으며, [그림 3]에서 보듯이 입력이 각각 선을 따라 가중치(w, weight) 값에 곱해지고 하나의 뉴런(Neuron)에 모여 합해지게 된다. 모두 합해진 값은 활성화(activation) 함수 h( )를 통과하여 최종 출력값인 y로 계산된다.

AND 함수의 예에서는 가중치 값이 [그림 3]의 우측 표 하단에 있는 값들(w0=-30, w1=20, w2=20)로 정해지면, 표에서와 같이 예제의 신경망 구조는 AND 함수의 역할을 하게 된다.

이렇게 단순화된 신경망 구조는 더욱 복잡한 네트워크 구조의 기본이 되며, 이러한 복잡한 구조들은 더욱 복잡한 함수들을 모델링하게 된다. 층이 많아진 네트워크 구조를 우리는 딥뉴럴네트워크, 즉 딥러닝이라 부른다.

딥러닝 기술은 아직도 인간의 꼼꼼한 지도가 필요하다

인공지능 기술, 특히 시각지능 기술은 딥러닝 기술로 인해 아주 짧은 시간 동안 엄청난 발전을 하고 있다. 풀리지 않을 것만 같았던 문제들이 풀리기 시작했고, 많은 기술들의 성능이 대폭 향상되었다. 그러나 이러한 딥러닝은 완성된 기술이 아니며 여전히 풀어야 할 문제들이 많이 남아 있다.

앞서 설명한 대로, 지금의 딥러닝 방식은 대부분 지도학습을 따른다. 100만 장의 학습 영상이 존재한다면 모든 사진에 대해서 어떤 사물에 대한 사진인지를 표기해 주는 라벨링 작업이 필요하다.

강아지 하나를 정확히 인식하기 위해서도 수학적으로 매우 복잡한 과정을 거쳐야 하고, 그를 위해 사람이 일일이 데이터를 준비하는 거추장스러운 준비 과정이 필수적이라는 것이다. 이는 수많은 사람들의 노력이 필요한 부분으로, 실제로 현재 인식에 사용되고 있는 이미지넷(ImageNet) 데이터셋의 경우 데이터를 준비하는 기간만 3년이 걸렸다고 한다.

이러한 본질적인 문제를 풀기 위해서는 최소한의 라벨링된 데이터를 쓰거나, 전혀 라벨링되어 있지 않은 데이터를 사용하여 학습하는 준지도학습이나 비지도학습 기술이 더욱 발전해야 할 것이다. 이러한 기술들이 본격적으로 개발되면 지금과는 또 다른 차원의 인공지능 기술들이 선보일 것으로 예상해 본다.

현재까지의 딥러닝 기술들은 주로 한 장의 사진을 이해하기 위한 기술 위주로 발전했다. 시각지능의 목표인 '사람처럼 시각 정보를 이해한다는 것'은 결국 비디오 영상을 처리·분석·이해할 수 있어야 한다는 것을 의미한다. 그러나 비디오 이해에 대한 딥러닝 기술은 여전히 초기 단계이다. 이에 따라 비디오 데이터에 적합한 딥러닝 기술들에 대한 활발한 연구가 시작되었으며, 머지않은 미래에 비디오도 잘 이해할 수 있는 인공지능 기술이 나올 것으로 기대된다.

인공지능 시대, 상상을 현실로 만들다

컴퓨터과학의 노벨상과도 같은 튜링상(Turing Award)을 수상하였고, 초창기 컴퓨터과학을 이끌었던 대표 학자인 프레더릭 브룩스(Frederick Brooks) 교수는 "컴퓨터 프로그래머는 시인처럼 상상력을 발휘하는 일을 하게 되며, 자기가 상상하며 생각하는 그 어떠한 것도 컴퓨터 프로그램을 통해서 구현할 수 있다"라고 말했다.

대부분의 공학이 물리나 화학적 기초에 기반하여 발전하였고, 물리적 법칙에 벗어나는 일을 하기는 힘들지만, 컴퓨터과학은 다르다. 우리가 알고 있는 과학적 상식에 벗어나더라도 얼마든지 우리가 상상하는 세상을 만들어낼 수 있다. 지금은 너무나 당연시 여겨지는 페이스북, 인스타그램과 같은 SNS들도 결국은 '인터넷이라는 공간에서 사람들과 소통할 수 없을까'라는 상상에서 시작되었고, 우리는 이제 예전과는 전혀 다른 방식으로 사람들과 소통하고 있다.

기존의 제조업 기반의 산업과 비교하여 이미 소프트웨어 기반의 IT 산업의 가치가 훨씬 높아졌으며, 4차 산업혁명 시대에 이러한 트렌드는 더욱 확고해질 것이다. 나는 이러한 소프트웨어의 가치는 단지 산업에서만 머무르는 것이 아니라 우리의 삶 전체에 영향을 끼칠 것이며, 지금과는 또 다른 세상을 만들 것이라는 믿음을 굳게 갖고 있다. 페이스북 창립자인 마크 저커버그가 이야기했듯이, 우리가 지금 영어나 다른 언어들을 공부하는 것처럼 모든 사람들이 프로그램 언어를 공부하는 시대가 곧 올 것이다.

소프트웨어 기술 중에서도 특히 '인공지능'은 현재 전 세계적인 열풍이 불고 있고, 국내에서는 알파고 등장 이후 그 관심이 더 뜨겁다. 인공지능에 대한 관심이 많아지면서 사람들이 가장 궁금해하는 것이 있다. 과연 인간을 뛰어넘는 지능을 갖는 인공지능이 탄생할까? 인공지능 기술이 진화하면서 우리의 직업은 다 없어지지 않을까?

이러한 우려에 대한 필자의 생각은 다음과 같다. 앞으로 하드웨어가 발전하고 더욱 다양한 딥러닝 알고리즘이 개발되면, 지금보다 더 많은 문제들이 더욱 정확하게 해결될 것이다. 여기에는 의심의 여지가 없어 보인다. 그러나 아무리 뛰어난 AI 시스템이라 할지라도 그 시스템은 결국 우리 인간의 창조물이자 인간이 코딩한 프로그램이라는 것을 기억해야 한다.

또한 인공지능 기술을 더욱 발전시키는 중심에는 컴퓨터과학이 있고, 컴퓨터과학의 미래는 매우 밝다. 1차, 2차 산업혁명 시대의 사람들은 기계가 사람을 대체해서 직업이 없어지는 것을 걱정했지만 결국 새로운 형태의 일이 만들어졌던 것처럼, 앞으로 다가올 AI 시대에도 지금과는 전혀 다른 형태의 새로운 일들이 생겨날 것이다.

로봇과 협업하는
인간의 미래를 상상하다

양현석
연세대학교 기계공학과 교수

로봇은 어린아이부터 어른에 이르기까지 모두에게 익숙한 단어이다. 누구나 마음속에 '로봇' 하면 떠오르는 이미지가 있을 것이다. 그만큼 로봇은 누구에게나 친숙하다. 필자와 비슷한 연배 이상의 사람들은 어린 시절 TV에서 보았던 〈우주소년 아톰〉을 떠올리기도 하고, 영화 〈아이언맨〉 또는 〈터미네이터〉 시리즈의 로봇을 염두에 두거나, 현재 상용화되어 사용 중인 수술용 로봇 '다빈치' 혹은 일반 가정용 청소로봇을 생각할 수도 있겠다.

로봇에 대한 우리의 이해도 역시 각자의 마음속에 있는 이미지와 상상력에 따라 매우 다양할 것이다. 그런데 근자에 화두가 되고 있는 4차 산업혁명 및 AI 시대에 본격적으로 진입한다면 로봇 또한 첨단화, 일상화되면서 우리의 삶에 부정적이든 긍정적이든 적지 않은 변화를 초래할 것이다. 즉 로봇을 제대로 이해하고 활용할 수 있느냐가 한 사회의 역량을 결정하는 주요 변수가 될지도 모른다.

오늘의 우리는 과거의 계단을 밟고 현재 이곳에 올라섰다. 미래를 제대로 이해하고 싶다면 과거와 오늘의 연결고리를 잘 살펴야 한다는 말이다. 우리가 대체로 이해하고 있는 로봇은 언제 태동하였고 어떻게 발전하여 왔을까? 본 글은 우리 앞에 성큼 다가온 로봇의 여정을 살펴보려 한다.

상상 속 로봇의 태동과 생각의 발전

'로봇(Robot)'이라는 단어는 1920년 체코슬로바키아의 극작가 카렐 차페크(Karel Čapek)의 희곡 〈로섬의 만능 로봇(*Rossum's Universal Robots*)〉에서 처음 사용되었다고 알려졌으며, '강제 노동자'라는 뜻을 가진 체코어 robota에서 비롯되었다.

희곡의 줄거리는 로봇이 인간을 대신하여 많은 노동을 하다가 결국 인간에게 대항한다는 내용이다. 실제로 가장 기본적인 형태의 로봇이 만들어지기 수십 년 전에 인간의 노동을 대신하는 인간을 닮은 로봇의 배급과 진화, 기계의 반란, 그리고 로봇에 영혼이 존재할 수 있는지에 대한 철학적인 문제 등을 다루었다는 점에서 당시에 매우 획기적이었다는 평가가 많다.

카렐 차페크보다 늦게 러시아에서 출생하여 미국에서 대학교수 및 소설가로 활동한 아이작 아시모프(Isaak Asimov)는 『아이 로봇(*I, Robot*)』이라는 소설을 1950년대부터 시리즈로 출간하였다. 그는 많은 로

그림 1. 연극 〈로섬의 만능 로봇〉에서 묘사된 로봇들의 반란

봇 관련 SF소설을 세상에 내놓았다. 그가 소설에서 제안한 '로봇 공학의 3원칙'◆은 비록 소설 속의 내용이지만, 오늘날까지도 로봇과학자들에게 많은 영향을 끼치고 있으며 앞으로도 그러할 것으로 보인다.

만화를 포함한 애니메이션과 방송 및 영화는 발달 초기에 해당하는 1950년대부터 오늘날에 이르기까지 일반 대중이 로봇에 대한 상상의 나래를 펼칠 수 있도록 큰 역할을 해왔다. 일본에서 1960년대에 큰 인기리에 방영한 〈우주소년 아톰〉은 2003년에 다시 제작 방영되기도 하였으며, 1980년대 이후 〈건담〉이나 〈기동경찰 패트레이버〉 등이 큰 인기를 끌

◆ 로봇 공학의 3원칙: 첫째, 로봇은 인간에게 해를 입혀서는 안 된다. 그리고 위험에 처한 인간을 모른 척해서도 안 된다. 둘째, 첫째 원칙에 위배되지 않는 한, 로봇은 인간의 명령에 복종해야 한다. 셋째, 첫째 원칙과 둘째 원칙에 위배되지 않는 한, 로봇은 로봇 자신을 지켜야 한다.

었다. 여기에 맞서 미국도 그동안 많은 로봇 영화들을 선보였다. 〈터미네이터〉, 〈트랜스포머〉 및 〈스타워즈〉 시리즈의 R2D2 혹은 C3PO 등이 있다.

70년 전부터 오늘에 이르기까지 무수히 많은 공상 속 로봇들은 물리적으로는 인간이 범접하기 어려울 정도의 능력을 가지고 있거나 적어도 인간과 유사한 신체적 능력을 가지고 있다. 반면에 지적·감성적 능력은 천차만별로 다르다.

예를 들어 아톰은 신체적 능력은 어마어마하지만 "나는 왜 인간과 다른가"와 같은 소외감을 느끼며 외로워한다. 그럼에도 인간을 위해 악당들과 대결하는 선한 로봇이다. 반면에 〈터미네이터〉에 등장하는 로봇은 인간 말살에 온 힘을 다하는 것으로 묘사된다. 이는 인간의 지적 능력을 뛰어넘을 것으로 예견되는 인공지능의 미래와 함께 인간의 과학적, 정신적 더 나아가 감성적 향방을 생각하게 되는 화두를 제공하고 있다.

'로봇 팔'의 도입으로 산업이 발전하다

로봇에 대한 상상이 비교적 이른 20세기 초반에 나타난 것과 달리 실제로 인간을 대신하여 일을 하는 산업용 로봇은 1961년이 돼서야 생산 현장에 등장했다. 1959년에 조지 디볼(George Devol)과 조셉 엥겔버거(Joseph Engelberger)가 개발하여 미국의 자동차회사 GM에 납품한 '유니메이트(Unimate)'라는 로봇은 공장에서 뜨거운 주조물인 자동차 부속품을 물에 집어넣어 냉각시키는 업무를 수행했다.

최근의 유연한 로봇 팔과 비교하자면 기초적인 수준에, 무게도 거의

2톤에 달했지만 로봇 팔 유니메이트는 장착된 자기 드럼(하드디스크의 원조)에 저장된 명령을 정확하게 수행할 수 있었고, 명령 세트를 수정하면 다른 작업도 수행할 수 있는 명실상부한 만능 로봇이자 이후에 등장한 무수한 산업용 로봇의 원조였다. 일본도 1967년에 가와사키 중공업이 이 유니메이트의 라이선스를 받아 생산하면서 로봇산업 대열에 합류했고, 지금은 세계 최고의 지위를 점하고 있다.

산업용 로봇 팔은 인간이 할 수 있는 작업보다 훨씬 정교하게 아무 불평 없이 쉬지 않고 작업할 수 있다는 장점으로 인해 과학기술이나 산업계에서는 각광을 받고 성장하여 왔다. 그러나 인간의 노동력을 대신함으로써 인간은 일자리를 잃을 수밖에 없고 인간의 노동시장과 경제력에 큰 타격이 된다는 부정적인 걱정이 초창기부터 존재하였다. 이러한 우려에도 산업용 로봇은 이후로도 꾸준히 성장했으며 인간의 노동력을 대거 대체하였다.

산업용 로봇과 별개로 근자에 화두가 되며 발전하고 있는 서비스 로봇은 인간형 로봇, 의료 로봇, 군사·탐사·농업용 로봇 등 많은 종류가 있다. 이들 로봇은 세부적인 차이를 제외한다면 거의 대부분 인간의 골격에 해당하는 프레임, 근육에 해당하는 모터, 시각·청각·촉각·후각 등에 해당하는 카메라·마이크와 스피커·촉각 센서, 신경계에 해당하는 통신, 그리고 사람의 두뇌에 해당하는 제어를 포함한 컴퓨터와 인공지능 등으로 구성된다.

초창기 산업용 로봇이 출현한 이후 한동안은 기대했던 것보다 로봇의 발전 속도가 느리고 적용 분야가 적었다. 몇십 년 동안 로봇 팔 유니메이트의 패러다임을 벗어나지 못했다고 해도 과언이 아니다. 영화나 소설, 애니메이션 속에 묘사된 고도한 로봇처럼 현실의 로봇이 빠르게 진화하지 못한 이유는, 공학이 해결해야 할 현실적 난제들이 산적해 있었기 때문이다.

로봇은 기계공학, 전자공학, 컴퓨터과학, 재료공학 등 많은 공학 및 과학기술의 복합체이다. 모터, 센서, 통신, 컴퓨터, 지능 등의 발전은 대중의 기대와 상상만큼 빠르게 진행되기보다는 여러 분야에서 이리저리 횡보를 거듭하며 개발·응용됐다. 그러다 21세기에 들어서면서 여러 분야의 성과들이 로봇공학으로 다시금 융합되고 급속한 발전기에 접어들었다.

최근 들어 유튜브 등의 인터넷 미디어를 통해 대중들에게 다종다양한 로봇의 개발과정이나 활용 양태가 알려지고 있다. 그러나 아직도 현장의 대세는 유니메이트 류의 산업용 로봇이 차지하고 있다. 앞으로 서비스 로봇으로 통칭되는 분야의 발전 속도에 따라 향후 어느 쪽이 더 커질지는 두고 봐야 알 것 같다. 다만 산업현장뿐만 아니라 일상적 관점에서 인간에게 도움을 줄 것으로 기대되는 여러 가지 로봇 서비스의 출현은 하나의 분명한 흐름을 형성할 것이다. 특히 인공지능과 결합된 로봇을 눈여겨봐야 할 것으로 짐작된다.

인공지능 시대와 로봇의 미래

만화가 이정문 화백은 1965년에 그린 〈서기 2000년대의 생활의 이모저모〉라는 한 컷의 만화에서 놀랍도록 정확한 수준으로 지금의 생활상을 예측했다. 태양열을 이용한 집, 모바일 화상통화, 전자신문, 전기자

그림 2. 이정문 화백의
〈서기 2000년대의 생활의
이모저모〉
왼쪽 중간의 로켓 옆에
청소하는 로봇이 보이고
우측으로 화상통화가 묘
사되어 있다. 그 사이에
는 국제공항 환승 통로
에 많이 설치된 움직이는
도로도 그려져 있다.

©이정문

동차, 원격 진료 및 원격 학습, 청소를 대신해 주는 로봇 등 그림에 묘사
한 것들은 오늘날 거의 모두 실현되었다고 해도 과언이 아니다.

그 당시는 인터넷의 원형이 미국의 군사 연구소에서 갓 개발되기 시
작했고 모바일은 개념조차 존재하지 않았으며, 각 가정에 유선 전화의
보급도 보편화되어 있지 않은 상황이었다. 이런저런 제약을 따져 생각
하면 이 화백의 미래 예측은 실로 놀랍다.

이정문 화백의 이 같은 예측에서 볼 수 있듯이 상상은 늘 현실을 앞
서 간다. 로봇에 대한 개념이 인간사회에 문학을 통해 제시된 지 100년

이 돼서야 우리는 로봇 시대의 본격적인 개막을 실감하고 있다. 실제 산업용 로봇은 그로부터 40년이 지난 1961년에야 현장에 자리를 잡았고, 과학기술의 발전이 이어지고 21세기에 들어서야 정보통신 기술과 인공지능과 로봇이 결합하면서 차페크가 상상했던 수준이 현실화될 가능성도 생겨났다. 로봇이 반란을 일으킬지는 알 수 없지만, 로봇의 역할이 인간 생활 전반에 걸쳐 지대하게 커질 것은 분명해 보인다.

미래를 정확하게 예측하기는 어렵겠지만, 필자가 생각하는 로봇산업의 발전 방향은 인공지능, 빅데이터, 사물 인터넷을 골자로 하는 사이버 공간과 우리가 살고 있는 물리적 공간이 '연결(connected)'되는 것이다. 두 공간은 별개로 움직여왔지만 기술의 발전은 두 공간의 간극을 메꿔왔고, 로봇산업은 두 공간이 연결점으로 부상할 것이다.

물론 오랫동안 전 세계 각국들이 로봇을 개발해 왔지만 아직까지 뉴스의 톱기사로 연일 오르내릴 만한 작품은 없다. 여기서 '알파고'로 유명해진 인공지능을 같이 생각해 보면 이해에 도움이 되겠다. 인공지능은 1950년대부터 본격적으로 논의·연구되어 왔고 이론적으로 상당한 발전을 해왔으며 앞으로도 한층 더 발전할 것으로 예상된다.

그런데 오랜 기간 연구되어 왔던 인공지능이 근래에 비로소 이슈가 된 것은 ICT로 대변되는 반도체, 정보통신 기술의 획기적인 발전을 바탕으로 한 초고성능 슈퍼컴퓨터, 빅데이터, 사물 인터넷 등이 최근에 이르러 인공지능의 발전을 강력히 뒷받침하고 있기 때문이다. 로봇도 마찬가지다.

1961년 최초의 산업용 로봇 유니메이트 이래로 모터, 카메라를 비롯한 각종 센서, 제어 아키텍처 및 인공지능 알고리즘 등의 꾸준한 발전에 힘입어 오늘날 다양한 로봇들이 많은 응용 범위로 확장되며 연구 개발되고 있다. 앞으로 로봇이 더욱 발전하기 위해서는 보다 더 강력한 배터리, 모터, 센서, 소재 기술 등의 개발뿐만 아니라 인공지능, 빅데이터, 사물 인터넷 등을 능동적으로 활용하여 인간과 시장의 수요에 대처할 수 있어야 한다.

로봇의 정의를 '움직이는 하드웨어 실체를 갖는 것'으로 국한하여 본다면, (드론을 포함하여) 로봇은 자율주행 자동차와 더불어 사이버와 연결된 물리적 기계의 대표적 산물이 된다. 즉 비약적 발전을 거듭하고 있는 (인공지능을 필두로 한) 사이버 기술들이 물리적 로봇과 '연결'되어 빠르게 발전할 것으로 보인다.

이미 지난 여러 해 동안 구글, 아마존 등 글로벌 IT 기업이 제조기업의 영역(자율주행, 로봇, 드론 등)으로 진출해 온 과정과 토요타, 삼성, 소니 등 글로벌 제조기업이 IT 기업 영역(인공지능, 빅데이터 등)으로 확장하고자 하는 노력에서 보듯이, 조만간 새롭고 획기적인 로봇이 일반인에게 다가가는 상품으로 출현하리라 본다.

국방 로봇, 의료 로봇 등 몇 개 분야의 로봇은 이미 성과를 거두고 있고 앞으로는 더욱 발전해 나갈 것이다. 예를 들어 가까운 미래의 전투는 로봇들이 인간을 대신하고, 로봇(또는 전문가 시스템)이 알아서 환자에게 진료·진단·치료·수술을 해줄 수도 있다는 예측이 가능하다.

로봇과 함께 살아갈 미래를 준비하라

2017년에 국제로봇협회(IFR, International Federation of Robotics)는 세계 로봇 시장의 현황에 대한 흥미로운 데이터를 발표했다. 세계 로봇 공급량의 74퍼센트를 소화하는 5대 시장을 발표한 것인데, 1위는 여전히 글로벌 제조공장이라 할 중국이고 대한민국은 일본과 비등한 3위이다.

산업 현장에 대량으로 채용된 로봇들 덕분이겠지만, 한국은 이미 로봇의 나라라고 해도 과언이 아니다. 로봇은 미래가 아니라 바로 우리의 현실인 것이다. 현재 많은 기술들의 비약적인 발전으로 말미암아, 미래 인류의 생활이 크게 바뀔 것이라고들 이야기한다. 예를 들어 전화기와 PC를 합친 개념으로 탄생한 스마트폰이 통신 방식 및 인공지능의 발전으로 인간 생활에 더 혁명적인 영향을 끼치게 될 것이라는 예측이 나온다. 실제로 스마트폰이 생활을 더 편하고 풍성하게 해주고 많은 새로운 종류의 직업 혹은 시장을 열어주고 있다. 그러나 우리는 과연 그 다양한 스마트폰의 기능들을 얼마나 제대로 활용하고 있을까?

이런 관점에서 스마트폰 못지않게 우리 인류의 보편적 생활 패턴을 바꾸고 영향을 줄 로봇은 얼마나 제대로 활용할 수 있을까? 아니 로봇으로 바뀔 수 있는 삶에 대한 아이디어나 상상력을 개발하고 있기는 할까? 인간보다 물리적 능력이 뛰어나고 지적 능력은 인간에 버금가는 (혹은 뛰어넘는) 인간형 로봇의 시대가 오면 스마트폰처럼 개개인이 (인간형) 로봇을 하나씩 가지게 될 수도 있겠다. 산업 로봇, 군사 로봇, 의료 로봇 등의 보편화는 말할 것도 없다.

인간과는 전혀 다르지만 인간과 흡사한 능력을 가진 로봇이 인류에 미칠 순기능과 역기능 또한 심각하게 고려하며 개발되어야 할 것이다. 과연 우리는 그런 점에서 준비가 되어 있을까?

오래전에 산업용 로봇이 처음 출현하였을 때 단순하고 고된 인간의 노동을 대체한다는 면은 각광받았지만 인간의 노동시장을 빼앗아 간다는 우려도 공존하였다는 것을 앞서 설명하였다.

다빈치 로봇과 같은 수술용 로봇은 숙련된 명의들 못지않게 더 어렵고 정교한 수술을 대신함으로써 인간의 수명 연장에 공헌하고 있지만, 그로 인해 수술과 관련된 의사들의 직업적 입지가 점점 줄어든다는 우려도 있다. 미국에서 주도하고 있는 각종 국방 로봇들은 전투로 인한 인간 피해를 대신하고 군인이 하기 어려운 일을 맡는다는 장점이 있지만, 먼 거리에서 조종하여 살상의 임무를 수행한다는 점에서 인간 존엄성 문제를 우려하는 목소리가 크기도 하다.

로봇이 보편화된 사회가 도래하면 과연 개인의 정신, 인간관계, 사회구조의 변화를 포함한 모든 영역에서 어떠한 변화가 일어날지는 예측하기 어렵다. 많은 SF영화들, 가령 〈웨스트월드〉, 〈아이, 로봇〉, 〈엑스 마키나〉, 〈터미네이터〉, 〈아이언맨〉, 〈트랜스포머〉 등은 미래에 로봇이나 인공지능 컴퓨터가 인류에게 도움이 되는지 아니면 해가 되는지에 대한 궁금증을 자극한다. 그것들은 흥밋거리로만 여긴다면 우리는 결국 또 뒤처질 수밖에 없다.

상상은 현실을 이끄는 힘이다. 글머리에 적은 바와 같이 로봇에 대한 상상은 무려 100년 전에 나타났다. 극작가 카렐 차페크가 〈로섬의 만능 로봇〉에서 보여준 미래 로봇과 인간과의 상호 협조와 갈등의 문제를 보다 현실적으로 고민해야 한다. 핵분열의 발견이 원자력 발전과 핵폭탄의 양면성을 가지듯이, 미래의 로봇에서 같은 종류의 문제에 대해 고찰해볼 필요가 있다. 이를 대비하기 위해 지금부터 우리는 과학기술의 발전에 선한 인간의 인문학적 본성을 '연결'하는 노력을 시작해야 하지 않을까?

산업 시대의 상징,
자동차는 어떻게 진화할 것인가?

전광민
연세대학교 기계공학과 교수

자동차는 엔진과 엔진 토크를 조절하여 바퀴에 전달하는 변속기(트랜스미션), 방향을 바꾸는 조향장치와 차량의 속도를 낮추거나 차를 멈추게 하는 브레이크, 차체의 충격과 진동을 조정하는 현가장치 및 차체로 구성된 이동장치라고 할 수 있다. 그런데 이 단순한 이동장치는 현대의 문명과 자본주의 경제를 움직이는 핵심 요소가 되었다.

과거에 인류의 가장 기본적인 욕구는 의식주였으나 이제는 이동의 욕구와 정보통신의 욕구가 추가되었다. 이동의 욕구를 만족시키는 자동차가 없는 생활은 상상할 수 있는가? 출퇴근과 등교는 물론이고 여행 등 우리 한국인이 자동차를 써서 이동하는 시간만 하루에 1시간 반에 이른다. 거기다 트럭 같은 상용차를 이용한 화물이동이 없이는 택배도 불가능하다. 비행기나 기차, 오토바이와 같은 다른 이동수단이 자동차를 대체할 수 있을까?

자동차는 예전만큼 선망의 대상이 아니어도 여전히 누구나 가지고 싶어 하는 필수품에 가깝다. 자동차의 대중 소유 시대가 열린 것은 미국의 헨리 포드라는 위대한 기업가 덕분이다. 19세기 말 유럽에서 막 자동차가 개발되고 생산이 시작될 무렵만 해도 자동차는 기껏해야 마차의 신기한 대용물이었고 운송 능력 면에서도 기차나 기선에는 비할 수 없었다. 그러나 컨베이어벨트 대량생산 시스템, 고임금 등 포드의 일대 혁신으로 누구나 자동차를 소유할 있는 시대가 열리면서 땅의 '지배자'로 등극했다.

그러나 자동차를 생산하는 것은 그렇게 쉽지 않아서 미국, 독일, 일본, 프랑스, 이탈리아 등 전통의 기술 선진국들이 사실상 주도하고 있다. 독일은 벤츠, BMW, 아우디 등 고급차에서 단연 세계를 선도하였고 일본은 석유 값이 급등한 1970년대에 연비가 좋은 차를 앞세워 자동차 분야에서 성장하였다. 거대한 내수시장과 저렴한 노동력을 모두 갖춘 중국이 마지막 후발주자로 급부상한 것을 제외한다면, 한국이 자동차 생산의 주요 구성원이라는 것이 특이할 정도다.

한국의 자동차산업은 1950년대 시발차(始發車)를 시작으로 일본, 미국의 자동차를 조립하는 수준에 머물다가 현대자동차가 일본의 미쓰비시, 기아자동차는 일본 마쯔다로부터 기술 도입을 하며 성장했다. 현대는 1970년대 중반에 독자 모델인 포니를 개발했으며, 1980년대에 내연기관을 개발하기 시작해 기술적으로 독립한 이후 지금은 세계 최고에 근접하는 기술 수준에 도달하였다.

조만간 세계의 자동차 생산은 연간 1억 대에 달할 것으로 예상된다. 여전히 독일, 일본, 미국 등이 기술개발을 주도하고 있고 한국은 그 다음 수준이다. 그러나 생산량에서는 중국이 조만간 3천만 대에 이를 만큼 급부상하고 있고 인도의 성장도 가파르다.

1억 대의 자동차를 생산하고, 판매하고, 사용하고, 폐기-재활용하기 위해 얼마나 많은 사람과 자원이 움직일지 상상하기도 힘들다. 몇몇 업체가 독점 중인 내연기관과 변속기 기술을 제외한다 해도 3만 개 이상에 달하는 온갖 부품들, 자동차의 차체를 만드는 데 들어가는 강판, 연료인 석유와 천연가스의 흐름은 어떤가? 자동차가 움직이는 도로의 건설과 유지, 운전면허, 영업대리점 등등.

자동차는 단순한 이동수단이 아니라 현대 문명과 자본주의 경제를 지배하는 핵심 요소이다. 우리 경제에서도 총 생산량의 약 4퍼센트와 수출의 약 13퍼센트를 차지하고 있다. 그래서 자동차의 생산과 소비에서 어떠한 변화가 일어난다면 말 그대로 '충격'이 클 수밖에 없다.

격랑에 휘말려 들어가고 있는 세계의 자동차산업

자동차의 생산은 전 세계적으로 1년에 8천만 대 이상이다. 몇 년 안에는 1억 대 생산을 달성할 것이다. 3만 개 이상의 부품으로 구성되는 자동차를 생산하기 위해서는 완성차 업체만이 아니라 부품 업체들도 많이 필요하고 여기에 고용되는 인력이 상당하다.

원재료인 철강, 플라스틱, 고무 산업도 긴밀하게 관련되어 있으며 생산시설에 투입되는 로봇산업도 밀접하게 연결되어 있다.

자동차를 생산한 후 이를 판매하고 서비스하는 산업, 자동차 보험 산업, 자동차 연료의 생산과 이송 및 판매 산업(주요소 등)과 같이 자동차 관련 산업은 매우 다양하고 종사하는 인원도 많다. 자동차산업은 고용 효과가 가장 큰 산업 중 하나이다.

그렇기에 선진국에서는 대부분 자동차산업을 장려하고 어떻게 해서든지 자국 내에 유지하려고 애쓴다. 미국에서는 GM과 크라이슬러가 부도 났을 때 오바마 정부가 공적 자금을 투입하여 다시 기업을 살려냈으며 트럼프 행정부에서도 거의 강제적으로 미국 내에서 자동차 생산을 하도록 완성차 업체들을 압박하고 있다.

그러나 현재 자동차산업은 변화를 요구받고 있다. 국가 경제 측면에서도 중요하고 개인의 생활에서도 필수적인 자동차산업의 발달에는 긍정적인 면만 있는 것이 아니라 심각한 문제들 또한 동시다발적으로 발생하고 있기 때문이다. 예를 들면 휘발유나 경유의 소비에 의한 석유자원의 감소, 이산화탄소 배출에 의한 지구온난화와 대기오염, 금속자원이나 귀금속자원의 감소 문제가 일어나며, 자동차 사고로 인한 인명 피해 및 교통 체증도 골칫거리이다.

내연기관이 동력원인 자동차는 어떤 원리로 작동될까? 모두 알다시피 휘발유나 경유를 연소하여 연료의 화학 에너지를 동력으로 바꾸어 바퀴를 움직인다. 이 연소과정에서 배출되는 유해물질들이 있는데 대표적인 것이 바로 이산화질소와 입자들이다.

연소가 일어날 때 압력만이 아니라 온도도 높아지는데 이때 연소실 안의 질소와 산소가 반응하여 질소산화물이 만들어진다. 이는 자동차에서 배출된 후 대부분 이산화질소가 되는데 직접적으로 인체에 해로울 뿐만이 아니라 산성비의 원인이 되기도 하며 이차 반응을 통해 오존 등을 생성하기도 한다. 또 연료와 공기의 혼합이 잘되지 않는 경우 내연기관에서 '검댕이'라고도 부르는 입자들이 배출되기도 한다.

실제로 2015년에 터진 폭스바겐 디젤 스캔들◆의 여파로 디젤 자동차에 대한 신뢰가 떨어지고 판매가 급감하였다. 이로 인해 유럽이나 국내에서 디젤 자동차 비중이 감소하자 토요타는 하이브리드 차량의 판매가 증가하는 반사이익을 누리기도 했다. 이 사건은 디젤 자동차에서 질소산화물을 제대로 줄이지 않고 편법을 쓴 폭스바겐에 의해 일어났지만 디젤 자동차가 실제 도로주행에서 질소산화물을 많이 배출한다는 것은 이미 알려진 사실이어서 앞으로는 배기 규제에 실도로주행 시험을 포함하게 된다.

한편, 화석연료가 탈 때 지구온난화 물질인 이산화탄소의 배출은 피할 수 없으므로 지구온난화를 방지하기 위해서는 탄소가 없는 연료(수소)를 태우거나 엔진의 효율을 높여 이산화탄소를 적게 배출하도록 해야 한다. 다른 면으로는 자동차를 만들 때 소비되는 자원을 재활용하는 것도 중요하다. 철 같은 금속 성분과 냉매, 타이어 등을 재생하여 환경오염도 방지하고 자원 고갈을 막는 것도 중요하다.

◆ **폭스바겐 디젤 스캔들**: 2015년 9월 폭스바겐 AG 그룹의 디젤 배기가스 조작을 둘러싼 일련의 스캔들이다. 폭스바겐의 디젤 엔진에서 디젤 배기가스가 기준치의 40배나 발생한다는 사실이 밝혀졌다. 또한 주행시험으로 판단될 때만 저감 장치를 작동시켜 환경기준을 충족하도록 엔진 제어 장치를 프로그래밍했다는 사실이 드러났다. 같은 그룹 산하의 자동차 브랜드 '아우디'에서도 조작이 일어난 것으로 밝혀져 파장이 일었다.

자동차를 개발하는 엔지니어들과 정부에서 안전, 연비, 환경, 교통을 관장하는 정책 결정자들은 이런 문제들을 풀기 위해 적극적으로 노력하고 있다. 최근의 큰 동향은 전동화와 자율주행 자동차로의 변화이다.

자동차로 인한 도시의 대기오염과 지구온난화 방지를 위해 자동차 생산을 주도하는 미국, 유럽, 일본, 한국, 중국 정부의 지원도 강화되고 있다.

전기동력 자동차가 환경오염의 해법이 될 수 있을까?

전기동력 자동차는 전기동력을 사용하는 정도에 따라 마일드 하이브리드, 풀 하이브리드, 플러그인 하이브리드, 주행거리 연장(range extended), 배터리 전기차로 나눌 수 있다.

마일드 하이브리드는 48볼트 배터리와 작은 전기 모터를 이용하여 감속할 때 생기는 차량의 운동 에너지를 전기로 변환해 연비를 개선하고, 가속할 때 전기 모터로 약간의 도움을 줄 수 있다. 풀 하이브리드는 토요타의 프리우스가 1997년에 시작한 것이 최초인데 내연기관과 전기 모터를 조합하는 방식이다. 플러그인 하이브리드는 외부에서 전기를 충전할 수 있는 장치이며 한 번 충전으로 50킬로미터 정도 주행할 수 있어 출퇴근에는 전기동력만으로 구동할 수 있다.

주행거리 연장 전기자동차는 배터리만으로는 주행거리가 충분하지 않기 때문에 추가로 내연기관을 장착하여 전기를 생산함으로써 주행거리를 늘린 전기자동차이다. 배터리 전기자동차는 배터리에 충전된 전기 에너지만으로 주행하는 자동차이다. 점차 주행거리가 늘어나고 있어 1회 충전에 300킬로미터 정도를 주행할 수 있는 차량들이 양산되고 있다.

전기동력 자동차는 기존의 내연기관 자동차에 필요했던 내연기관과 변속기가 없어 상대적으로 부품 수도 적고 제어 면에서도 덜 복잡하기 때문에 새로운 회사들이 자동차산업에 진출하기 쉽다. 기존의 완성차 업체들도 전기동력 자동차에 많은 관심을 보이고 투자를 하는 상황에서 배터리 전기자동차만으로 승부를 건 테슬라는 상당히 독특한 업체이다. 모델S라는 고급형 전기자동차에 평생 무료충전이라는 조건을 달아 시장 진출에 성공하였고 최근 대량생산 모델인 모델3 생산을 시작하여 이미 미국 시장에서 회사 가치가 기존의 GM이나 포드를 넘어서고 있다.

현대기아차는 아이오닉 시리즈를 개발하였다. 같은 플랫폼에 풀 하이브리드, 플러그인 하이브리드, 배터리 전기자동차를 같이 올릴 수 있는 구조이다. 28킬로와트시짜리 리튬이온 폴리머 배터리를 이용하고 주행거리는 191킬로미터이며 전기 모터 출력은 88킬로와트이다.

노르웨이가 2025년에 내연기관 자동차를 금지하기로 합의하였고 프랑스와 영국이 파리기후변화 준수 계획의 일환으로 2040년에 가솔린 엔진과 디젤 엔진을 사용하는 내연기관 자동차 판매를 금지하겠다고 발표하였다. 독일도 주요 도시인 슈투트가르트, 뮌헨, 함부르크 등이 오래된 경유 자동차의 시내 진입을 막겠다고 하는 등 내연기관 자동차 금지에 한발 다가서고 있다.

중국의 저장 지리 홀딩스 그룹(Zhejiang Geely Holding Group)이 소

유한 볼보도 2019년부터 모든 차량에 전기 모터를 장착하겠다고 선언하였다. 테슬라처럼 전기자동차에 특화된 회사가 아닌 완성차 업체가 이 같은 방침을 발표한 것은 처음인데, 물론 당분간은 마일드 하이브리드 같은 내연기관을 장착한 차량을 생산하고 판매하지만 앞으로는 새로운 내연기관 개발을 멈추고 순수 전기자동차 생산회사로 변할 것으로 보인다.

블룸버그 뉴 에너지 파이낸스의 조사에 의하면 대형 석유 업체들도 전기자동차의 시장점유율을 과거보다 높게 예측하고 있다. 엑슨모빌은 2040년에 전기자동차가 1억 대 정도 운행될 것으로 예측했다(OPEC은 6,600만 대). 네덜란드 금융투자 업체인 ING는 2035년에 전기자동차가 유럽 시장을 모두 차지할 것이라고 예측했다.

실제로 다가올 미래에는 전기차 시대로 완전히 변하게 될 것인가? 배터리 전기자동차가 내연기관 자동차와 경쟁하려면 전기자동차가 가진 문제점을 해결해야 한다. 전기자동차의 문제점은 다음과 같다.

첫째, 고가의 배터리 때문에 가격이 비싸고, 둘째, 충전 시간이 길며, 셋째, 주행거리가 짧아 운전자들에게 불안감을 준다. 지금은 각국 정부에서 전기자동차에 대해 1,000만 원에서 2,000만 원의 보조금을 지원하기 때문에 판매되고 있지만 2020년경부터 이 지원은 급격히 줄어들 가능성이 있어서 내연기관 자동차와 경쟁하려면 배터리 가격이 상당히 낮아져야 한다.

다행히 컨설팅 회사인 맥킨지에 의하면 2014년 킬로와트시당 540달러 하던 가격이 2020년에는 100달러 정도로 떨어진다고 하니 소형 승용차에 30킬로와트시 배터리를 장착하는 경우 3,000달러 정도이므로

그림 1. 현대자동차에서 만든 전기자동차인 아이오닉(위)과 웨이모의 자율주행 자동차(아래). 아이오닉이 2018년 11월 뉴질랜드의 한 충전소에서 전기 충전을 하고 있다. (위)©FoxPix1/Shutterstock.com (아래)©Sundry Photography/ Shutterstock.com

어느 정도는 경제성을 갖출 것이라고 예측할 수 있다. 그러나 리튬이온 배터리에 쓰이는 리튬과 코발트의 가격이 이미 급속히 상승하고 있어 배터리 가격의 하락을 방해할 수 있다.

충전 시간은 급속 충전의 경우 30분 정도에 가능하나 그 시간마저도 기다리기에는 너무 길다. 주행거리도 배터리 용량을 늘리면 길어지나, 가격이 비싸지고 차가 무거워지는 단점이 있다. 그리고 사용한 배터리를 재활용해야 하는 숙제도 남아 있다.

게다가 전기자동차가 지금과 같이 빠르게 보급되면 그 전기를 생산하기 위해 발전소가 더 세워져야 할 가능성도 있다. 일단 운전할 때 배기로 배출되는 오염물질과 이산화탄소가 없기 때문에 친환경 자동차로 알려져 있으나 전기를 생산할 때 배출하는 오염물질과 이산화탄소를 고려하면 경우에 따라서는 효과적인 친환경 방안이 아닐 수도 있어 전기자동차로의 완전한 전환은 많은 시간이 걸릴 것이다.

자율주행 자동차 속에 숨겨진 많은 기회들

자동차 사고로 인한 사망과 부상을 줄이기 위해 자동차 스스로가 상황을 판단하고 대처하는 기술이 빠르게 발전하고 있다. 이미 사각지대 탐지나 차선이탈 경고는 일반화되어 있다. 앞차와의 거리를 측정하여 너무 가까워지는 경우 운전자에게 경고음을 보내고 그래도 반응하지 않으면 강제로 제동하는 기술인 자동긴급제동장치, 고속도로나 시내 주행 시 앞차와의 거리를 유지하며 달릴 수 있는 크루즈 컨트롤 등 첨단 운전자 지원 시스템(ADAS, Advanced Driver Assistance Systems)이 여러 차량에 적용되고 있다.

이 기술이 점점 발달하면 최종적으로는 미국의 자동차기술자협회(SAE, Society of Automotive Engineers)에서 정의한 자율주행 5단계 중 최종 5단계에 해당하는, 운전자가 전혀 운전에 관여하지 않고 자동차가 알아서 안전하게 목적지까지 데려다 주는 단계에 도달할 것이다. 이미 구글이 SAE 5단계 차량을 실제 도로상에서 테스트하고 있으며, 개발 자회사인 웨이모(Waymo)를 분사하여 실용화하려고 노력하고 있다. 현재는 피아트 크라이슬러 사의 미니밴 100대를 시험하고 있는데 500대를 더 투입할 예정이다.

인텔도 자율주행차 개발에 뛰어 들었는데 SAE 4단계 자율주행차 100대를 생산하여 미국, 이스라엘, 유럽 등에서 실도로주행 테스트를 진행할 계획이다. 이를 위해 인텔은 자율주행차 소프트웨어 개발 업체인 모빌아이(Mobileye)를 153억 달러에 인수하였으며 현재 BMW, 델파이, 에릭슨, HERE와 함께 플랫폼을 개발하고 있다. 피아트 크라이슬러도 참여할 의사를 밝혔다.

HERE는 자율주행에서 핵심적인 역할을 하는 디지털 지도 서비스 기업으로, BMW, 아우디, 다이믈러, 중국의 텐센트연합, 인텔이 주주로 소유하고 있다. 이 회사는 거의 실시간으로 자동차, 신호등, 대중교통 수단, 스마트폰으로부터 수많은 데이터를 받아 이를 가공해 역시 거의 실시간으로 도로상황과 지도 정보를 제공하는 서비스를 목표로 하고 있다. 최근에는 AI 컴퓨팅 분야의 세계적인 기업인 엔비디아와 모빌아이가 협력해 자율주행차량 운행에 사용할 수 있는 고화질 실시간 지도(HD Live Map) 개발을 가속화하려는 계획을 발표했다.

이와 같이 IT 업체와 반도체 업체들이 자율주행차 개발에 적극적으로 참여하는 이유는 자율주행을 위해서는 차량에서의 카메라와 라이다(LiDAR, Light Detection and Ranging), 레이더와 다른 센서를 통한 주위상황 측정만이 아니라 차량에서의 컴퓨팅, 인공지능, 연결성, 그리고 클라우드 기술 등이 중요하기 때문이다.

자율주행 자동차는 90분마다 약 4테라바이트의 데이터를 만들고 대부분 차에서 이 데이터를 순간적으로 분석한다. 주요 데이터는 데이터센터에 보내져 지도를 업데이트하거나 데이터 모델을 개선하는 데 쓰이게 된다. 이 정보를 습득하고 처리하는 주도권을 갖는 회사가 미래 자율주행차 산업에서 우위를 점유할 수 있다.

자율주행차 기술은 2020년 초반에 어느 정도 실용화되고 2030년에는 일반화될 것으로 예상된다. 예전에 구글은 시각장애인이 자율주행 자동차를 이용해 세탁소도 가고 햄버거도 사러 가는 영상을 공개했다. 운전을 할 수 없는 사람들도 자유롭게 이동할 수 있게 된다는 비전을 제시한 것이다.

그러나 이 정도의 자율주행차 개발을 위해서는 기존의 완성차 업체, 부품 업체, IT 업체, 장비 업체, 소프트웨어 업체들과 각국 정부의 도로 관리 기관이 함께 노력해야 하며 정부의 관련법 정비와 보험 업체 등의 대응이 필요하다.

새로운 동력원인 수소가 가져올 변화들

미래의 가장 바람직한 자동차 동력은 무엇일까? 자연에 부담을 주지 않고 지속가능한 방법은 없을까? 한 가지 대안은, 태양 에너지나 풍력 같은 친환경 에너지를 이용하여 전기를 만들고 이 전기로 물을 분해하여 수소를 생산한 뒤에 이 수소로 자동차 연료전지를 만들어 사용하는 것이다.

연료전지란 연료를 연소시키지 않고 촉매를 이용하여 연료로부터 전자를 분리해 전기를 만들어내는 것이다. 연료전지 자동차에서는 보통 수소를 연료로 사용하는데 수소가 +로 대전된 수소이온와 전자로 나뉜다. 전자는 회로를 통해 기전력을 발생시키고 수소이온은 전해질을 통해 이동하여 산소와 반응해 물이 된다. 그러므로 배출물은 오로지 물뿐이다.

그러나 수소의 생산, 수송, 충전에는 풀어야 할 숙제가 많다. 아직은 수소를 전기 분해하여 생산하는 것에 비용이 많이 들기 때문에 화석연료인 천연가스를 반응시켜 수소를 분리하는 방식이 현실적이다. 그러나 이 방법을 통한 생산과정에서는 이산화탄소가 발생한다. 대량의 수소가 풍력이나 태양 전지를 이용한 전기 분해처럼 친환경적으로 생산될 수 있어야 기존의 원유에 대한 수요가 감소할 것이다.

생산한 수소를 공급하는 것도 큰 숙제인데 액체 상태의 수소나 기체 상태의 수소를 공급하는 두 가지 방법이 고려된다. 액체 상태의 수소는 저온을 유지할 수 있는 수소공급 차량을 이용하는 방법이 현실적이고, 기체 상태의 수소는 미래에 지금의 도시가스처럼 지하에 묻은 전용관을 통해 공급할 수 있다.

원활한 공급을 위한 충전소의 확보도 이루어져야 한다. 부지 확보가 어렵고 안전 또한 고려해야 하기 때문에 관련 법규를 정비할 필요가 있다. 충전소에서 연료전지 자동차에 이 수소를 700기압 정도의 압력으로 공급한다.

연료전지 자동차는 수소를 얼마나 실을 수 있는가에 따라 주행거리가 달라진다. 일본 토요타의 연료전지 자동차인 미라이의 주행거리는

약 502킬로미터 정도이고 현대자동차의 2세대 연료전지 자동차의 주
행거리는 약 580킬로미터이다.

변화는 위기뿐만 아니라 새로운 기회를 가져온다

자동차산업은 변화의 격랑 속으로 휘말려 들어가고 있다. 생산 면에
서 보자면 부품 수가 훨씬 적고 구조가 단순해지면서 경제 전반에 적
지 않은 충격을 주게 될 것이다. 개인의 소유가 아니라 공유 경제가 활
성화된다면 수요가 대폭 줄어들게 될 것이므로 더 큰 충격이 가해질 것
은 명약관화하다. 만약 사람이 직접 운전할 필요가 없는 자동차가 대세
가 된다면 차량 운행으로 생업을 이어가는 막대한 고용인원이 일자리
를 잃게 될 것이다.

그러나 충격이 두렵다고 변화를 거부한다면 생존이 불투명해질 것이
다. 당장의 경제적 충격으로 피해를 입게 될 기업이나 사람들을 적절히
보호하되 중장기적으로는 기술의 혁신이 가져올 변화를 수용하고 선도
하는 것만이 올바른 방향일 수밖에 없다.

자동차 덕분에 깨어나고 충족되던 인류의 이동에 대한 욕구는 결코
사라지지 않을 것이며 자동차 역시 쉽게 대체되기는 어려울 것이다.
자동차의 기술적 구조가 바뀌고, 운행 방식과 소유 형식이 변하기야
하겠지만 근본적인 위상은 달라지기 어려울 것이다.

따라서 우리는 변화 속에서 기회를 찾아야 한다. 새로운 환경에서
자동차에 대한 사람들의 욕구와 욕망을 실현시킬 혁신의 기회를 먼저

찾는 사람이 미래의 승자가 된다.

가령 미래의 차량 소유는 지금처럼 각자가 자신의 차를 소유, 관리, 운영하는 방식에서 공유하는 쪽으로 변화할 것이다. 이미 카셰어링, 카헤일링이라고 불리는 공유 방식이 확산되고 있다. 또한 우버, GM의 리프트(Lyft), 포드와 다임러의 카투고(car2go), BMW의 드라이브나우(DriveNow) 등 다양한 공유 서비스가 빠른 속도로 확산되고 있다. 골드만삭스는 자동차 공유 서비스 시장에 자율주행차 기술이 도입될 경우 시장 규모가 2030년까지 현재의 8배 이상으로 확대될 것으로 전망하였다.

새로운 혁신은 새로운 사람과 기술에 대한 수요를 발생시킬 수밖에 없다. 당장 전기차 보급에 장애가 되는 배터리 생산의 혁신을 누가 해낼 것인가? 자율주행 기술이나 새로운 엔진 기술, 동력원, 차체와 내장재에 쓸 새로운 소재, 이전과 달라질 소비자의 욕구를 충족할 새로운 디자인 개발 모두에 새로운 생각과 경험으로 무장한 인재가 필요하다. 자동차가 움직이는 도로도 지금과 같을 것이라 생각할 수 없다. 소재부터 운영방식까지 상전벽해(桑田碧海)의 수준으로 변할 것인데, 누가 그것을 해낼 것인가?

기회는 자동차 업계의 바깥에서도 생겨날 것이다. 캠핑카에서 볼 수 있듯이 주거공간의 역할까지 부분적으로 담당하는 자동차를 보다 새롭게 사용할 사업 아이템도 시장은 기다리고 있다. 자율주행이 보편화되면 자동차가 문화생활의 중심이 될 수 있다. 여기에는 어떤 사업 기회가 있을까?

자동차산업은 우리나라의 소중한 자산이다. 그동안 열심히 노력하여 거의 세계 최고 수준의 기술을 갖추고 생산에서도 세계 6위이지만 국내 자동차 생산비가 비싸고 새로운 기술 투자에 대한 요구가 커지는 현실에서 경쟁력을 갖추지 못하면 뒤처질 수 있다. 한국의 미래를 담당하는 젊은이들이 미래의 자동차 분야에서도 세계 최고 수준을 유지할 수 있도록 비전을 갖고 관련 분야 전문가가 되어야만 한국의 자동차산업이 살아남을 수 있을 것이다.

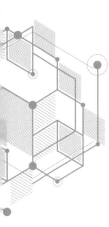

거주공간이 인간을 배려하는 지능을 갖는다

김태연
연세대학교 건축공학과 교수

도시는 아주 오래전부터 존재해 왔다. 그리고 앞으로도 우리 삶에 필수적인 공간일 것이다. 통계에 의하면 우리나라 국민의 90퍼센트 이상이 도시에 거주하고 있고, 세계적으로도 도시에 거주하는 사람의 수가 점점 늘어나고 있다고 한다. 도시는 단지 인구가 많다는 것 외에도 사회와 문화의 중심이며 이를 위한 환경 및 시설을 제공한다.

이러한 도시와 사람의 중심에는 건축물이 있다. 건축은 우리가 살아가는 환경을 제공하는 동시에 도시와 사람을 연결하는 매개체이다. 사람들은 '건축'을 생각할 때 무엇을 떠올릴까? 어떤 사람은 파리의 에펠탑과 같이 도시 중심에 서서 오랜 기간 동안 한 나라를 대표할 수 있는 건물을 떠올릴 것이다. 또 어떤 사람은 우리나라의 한옥을 보면서 자연과 어우러진 우리 조상들의 지혜가 담긴 건축물을 상상할 것이다.

역사를 장식한 랜드마크 건축 속의 최첨단 기술

역사적으로 랜드마크가 된 건축은 그 나름대로의 이유가 있다. 그 시대의 양식을 잘 나타내고 있거나 미적으로 아름답다거나 하는 것이다. 기술적으로는 그 시대의 최첨단 기술을 사용한 경우가 많다. 건축과 관련된 최첨단 기술은 인류의 역사 속에서도 쉽게 볼 수 있다. [그림 1]은 우리나라에서는 쉽게 볼 수 있는 고인돌이다.

고인돌은 지석묘라고도 하는데 크고 평평한 바위를 몇 개의 바위로 괴어 놓은 거석 구조물이다. 우리나라의 경우에는 기원전 2,500년에서 기원전 수백 년 전후에 세워진 것으로 추정되고 있다. 사진 속의 강화

그림 1. 강화도 고인돌. 청동기 시대에 만들어졌다.

© shutterstock

도 고인돌은 청동기 시절에 만들어진 것이다. 지금 시대에 살고 있는 우리가 봤을 때는 크게 어려운 일이 아닐 수 있다. 그런데 당시 사람들은 어떻게 무거운 돌을 운반하여 돌 위에 올려놓을 수 있었을까?

단순한 형태에 특별한 건축 기술이 필요 없을 것 같은 고인돌도 사실 당시의 최첨단 기술을 필요로 하였다. 고인돌을 만들 때 가장 어려운 점은 하부의 돌 위에 적게는 수 톤에서 많게는 수십 톤에 이르는 돌을 얹는 것이다. 이를 위해 청동기 시절 사람들은 단순하면서도 창의적인 아이디어를 냈다.

우선 땅을 파고 받침돌을 세운다. 그리고 받침돌 주변에 흙을 쌓아 경사지게 만든다. 이 경사를 통해 덮개돌을 운반하였다. 덮개돌은 상부에 얹어지는 큰 돌을 말한다. 덮개돌은 둥근 통나무를 바퀴삼아 끌어올리면 된다. 그리고 마지막으로 흙을 치우면 완성된다. 많은 인력과 노력이 들었을 것으로 생각되는 일이다. 이렇게 단순해 보이는 고인돌 만들기도 당시에는 최첨단 기술이었을 것이다. 우리나라에는 약 4만 개의 고인돌이 분포하고 있다고 하는데, 이는 전 세계 고인돌의 절반 이상에 해당한다고 하니 우리 조상들의 지혜가 어느 수준이었는지 쉽게 알 수 있다.

다른 나라의 사례도 들어보자. 피라미드는 정사각뿔 형태의 고대 유적이다. 이러한 형태의 유적은 세계 각지에서 볼 수 있는데, 가장 유명한 피라미드는 우리가 잘 알고 있는 고대 이집트의 피라미드이다. 이집트 피라미드는 사람의 손에 의해 지어진 가장 기적적인 건축물 중 하나로 꼽힌다. 그만큼 규모 면에서나 기술적인 측면에서 매우 높은 수준에 있다.

가장 유명한 기자의 대피라미드는 높이가 약 147미터, 밑면의 길이가 약 230미터에 달하고, 평균 2.5톤에 달하는 230만 개의 돌로 지어졌다고 한다. 피라미드는 단순히 무거운 돌을 쌓아 올린 구조물에 그치지 않는다. 피라미드를 건설하는 데도 최첨단 기술이 동원되었다.

이 거대한 건축물의 형태는 거의 완벽에 가깝다. 230미터나 되는 각각의 밑변의 길이는 거의 차이가 없다. 피라미드는 정확하게 동서남북을 가리키고 있다. 이는 청동기 시대에 해당하는 지금으로부터 4,500년 전에 이미 놀라운 수준의 측량 기술과 천문학이 동원되었다는 사실을 나타내고 있다. 이뿐만이 아니다. 채석장에서 돌을 채취하여 공사장까지 운반하고, 이를 다시 쌓아 올리는 일련의 공사 과정은 보통의 기술로는 불가능했을 것이다.

최첨단 기술의 집합체, 초고층 건물

인류의 문명이 발달하면서 도시화가 점점 심화되고 있다. 최근에는 인구가 1,000만 명이 넘는 메가시티(megacity)를 쉽게 찾을 수 있다. 2016년을 기준으로 서울은 인구 2,560만 명으로 세계 5위 규모에 속한다. 이러한 거대 도시를 유지하기 위해서는 그에 걸맞은 경제력과 권위가 필요하다. 이러한 요구를 가장 쉽게 만족시킬 수 있는 것이 초고층 건물이다.

초고층 건물은 19세기 미국에서 출현하여 세계 각국에 퍼지기 시작하였다. 2018년 현재 아랍에미리트 두바이의 부르즈 칼리파가 높이 829.8미터 지상 163층, 지하 2층으로 가장 높은 건물이다. 그 뒤를 중국

상하이의 상하이타워가 차지하고 있다. 2016년 말에 완공된 우리나라의 롯데월드타워는 높이 555미터, 지상 123층, 지하 6층으로 세계 5위를 차지하고 있다.

역사적으로 가장 유명한 초고층 건물 중 하나는 미국의 엠파이어 스테이트 빌딩이다. 엠파이어 스테이트 빌딩은 102층, 443미터 높이로 1931년부터 1972년까지 세계에서 가장 높은 건물이었다. 특히 이 건물은 1929년 10월 24일 뉴욕 주식시장 대폭락으로 촉발된 대공황 시절에 미국의 희망이자 상징이며 자랑거리였다.

이러한 이유에서인지 엠파이어 스테이트 빌딩은 많은 영화의 배경이 되기도 했다. 영화 〈킹콩〉에서 킹콩은 엠파이어 스테이트 빌딩을 기어올라가 자신을 공격하는 비행기와 격투를 벌이기도 한다. 그 외에도 〈시애틀의 잠 못 이루는 밤〉, 〈인디펜던스 데이〉 등의 배경이 되기도 하였다.

엠파이어 스테이트 빌딩은 아주 재미있는 기록을 가지고 있다. 매우 높은 건물임에도 불구하고 건축을 계획하고 완공하는 데 20개월 밖에 걸리지 않았다. 우리나라에서 가장 높은 롯데타워는 2010년부터 2016년까지 약 7년의 제작 기간이 소요된 것을 생각하면 매우 빠른 시간 내에 건설된 것이다.

이러한 초고층 건물은 건물의 형태뿐만 아니라 지진이나 건물 무게, 그리고 거친 바람에도 건물이 무너지지 않기 위한 구조적인 기술을 비롯해 생활에 필수적인 전기, 냉난방, 급배수, 방재와 안전에 관련된 설비 등 최첨단 기술이 절대적으로 필요하다. 일반적으로 '건물을 짓는다'는 것은 건축 현장에서 일하는 육체노동으로 비추어지지만, 사실은 그 시대의 최첨단 기술의 집합체라고 할 수 있다.

인간을 배려한 주거공간을 만들다

건축은 인간의 삶을 담는 그릇이다. 그렇기 때문에 건축은 기본적으로 인간을 기반으로 하고 있다. 주위를 둘러보면 이러한 사실을 금방 알 수 있다. 방, 문, 의자, 책장 등의 크기는 인간이 사용하기 편리한 정도로 만들어진다. 건물도 마찬가지이다.

건물이 크건 작건, 집이건 학교건, 출입문은 인간의 키보다 작으면 안 되고, 또 필요 이상으로 클 필요도 없다. 인간이 자유롭게 다닐 수 있는 높이와 폭만 있으면 된다. 이러한 당연한 것들이 사실 '인간 중심형 건축 기술'이라고 할 수 있다.

인간 중심형 건축 기술은 고인돌, 피라미드, 초고층 건물과 같이 권력이나 자본의 힘을 과시하기 위함이 아니라 낮은 수준의 기술이라도 건축과 융합되어 직접적으로 인간 생활에 도움이 될 수 있는 것들을 말한다. 엄밀하게 말하면 낮은 수준이라기보다는 그 사회가 가지고 있는 문화와 환경적인 상황에 의해 자연스럽게 만들어진 기술이라는 편이 좋을 것이다. 한국인의 머릿속에 가장 쉽게 떠오르는 역사 속의 인간 중심형 건축 기술은 '온돌'이다.

온돌은 우리나라 전통 가옥의 난방 방법이다. 아궁이에 불을 피우면 그 열기가 구들장을 달구면서 이동하여 굴뚝으로 빠져나가는 구조이다. 뜨거워진 구들장 위에서 생활하는 사람들은 아무리 추운 겨울도 문제없이 견딜 수 있다. 온돌의 형태는 매우 단순해 보이지만 높은 열용량을 가진 구들장이 열을 흡수하여 아궁이의 불이 꺼지더라도 따뜻함을 지속적으로 유지할 수 있게 만든 매우 똑똑한 구조로 되어 있다.

몇 년 전에 우리나라로 유학을 온 외국 학생에 관한 이야기를 하나 소개한다. 중부아시아에서 온 그 유학생은 아직도 낙후된 일부 지역의 생활을 개선할 수 있는 기술을 배우고자 하였다. 그 지역의 주거는 'ㅁ'자 형태에, 4, 5층으로 이루어진 매우 단순한 구조를 가지고 있다. 1층은 부엌과 가축을 키우는 공간으로 활용되고, 2층부터 최상층까지는 침실로 구성되어 있다.

문제는 1층에서 식사준비를 하면서 생기는 오염물질이다. 나무나 동물의 분변을 연료로 사용해 불을 피우는데, 많은 오염물질이 발생한다. ㅁ자 형태의 주거는 마치 굴뚝과 같은 역할을 하기 때문에 발생한 오염물질이 빠른 속도로 상승하면서 각 침실로 확산된다. 이는 거주자의 건강에 심각한 영향을 끼치게 된다.

이 문제를 가장 쉽게 해결하는 방법은 불을 피우는 화로에 굴뚝을 세우는 일이다. 조금 더 여유가 되면 우리나라 온돌의 원리를 사용할 수 있을 것 같다. 어떤 이유로 굴뚝이 발달하지 않았는지 모르겠지만 매우 단순한 인간 중심형 건축 기술로도 생활 문제를 쉽게 해결할 수 있다.

4차 산업혁명 시대의 인간 중심형 건축 기술

건축과 관련된 인간 중심형 최첨단 기술은 현대 건축에 들어서 더 큰 주목을 받고 있다. 인간은 항상 일정한 상태에 있지 않기 때문에 인간 중심형 기술이라고 함은 '인간 맞춤형 기술'이라고 할 수도 있다.

필자의 연구 분야로 예를 들어 보자. 정부는 에너지 절약을 위해 공공기관의 실내온도를 여름철에는 28도 이상으로 유지하고 있다. 민간의 경우에는 26도를 권장하고 있지만 각종 언론에서는 전기세 요금 폭탄을 막기 위해서는 28도로 해야 한다고 강조한다.

사실 사람에 따라 더위를 느끼는 온도는 천차만별이다. 얼마나 움직이고 있는지, 어떤 복장을 하고 있는지에 따라 더위를 느끼는 정도가 달라질 것이다. 심지어 연령이나 성별에 따라 다르게 느낀다는 연구결과도 많다. 그래서 일정한 설정온도를 유지하는 것은 인간 중심형 기술 측면에서 보면 적합하지 않다.

최근의 에어컨을 보면 다양한 상황에 따른 냉방 방법을 제공하고 있다. 에어컨을 가동하면 강한 바람이 나왔다가 일정 시간이 지나면 약한 바람으로 변화하기도 한다. 열대야를 이기기 위해 열대야 모드를 제공하기도 한다.

사람이 덥냐, 춥냐를 느끼는 조건은 온도, 습도, 기류 속도, 복사열, 착의량, 대사량에 의해 결정된다. 착의량은 사람이 얼마나 많은 옷을 입었는가를 나타내는 것이다. 옷을 많이 입을수록 같은 온도에서도 덥게 느껴진다. 대사량은 사람이 얼마나 많이 움직이고 있는가를 나타낸다. 움직임이 많으면 낮은 온도에서도 춥게 느껴지지 않는다.

여기서 온도, 습도, 기류, 복사열은 일반적인 센서로 쉽게 알 수 있다. 그러나 사람과 관계된 착의량과 대사량은 쉽게 알 수 없다. 개개인에 맞게끔 덥지도, 춥지도 않은 쾌적한 실내환경을 알기 위해서는 시시각각 변화하는 착의량과 대사량을 알아야 한다. 필자는 착의량과 대사량을 파악하기 위해 최신 기술을 건축에 사용하였다.

우선 착의량을 알기 위해 적외선 카메라를 사용하기로 했다. 적외선 카메라의 장점은 인체에 접촉하지 않고도 인체 각 부위의 온도를 알 수 있다는 것이다. 그리고 사람은 실내에서는 항상 얼굴이 노출되어 있다는 점에 착안하였다. 사람은 체온을 유지하기 위해 항상 열을 발생시키는데 이 열에 의해 얼굴의 온도와 의복 표면 온도에 차이가 생긴다. 착의량이 많을수록 의복 온도는 공기 온도에 근접하고 적을수록 피부 온도에 근접하는 원리이다. 이 원리를 이용하면 실시간으로 사람이 어느 정도 옷을 입고 있는지 알 수 있다.

대사량 측정은 조금 복잡하다. 사람의 움직임에 따라 인체에서 발생

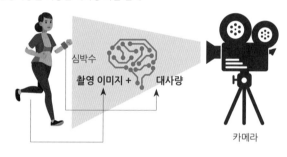

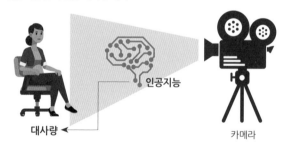

그림 2. 인공지능을 이용한 대사량 측정 원리

하는 열의 양이 달라지는데, 이때 발생되는 열과 심장의 박동수는 서로 비례한다. 이러한 원리를 이용하여 사람의 움직임을 관찰하는 카메라와 심장의 박동수를 측정하는 웨어러블 디바이스를 이용하기로 했다. 웨어러블 디바이스는 시계처럼 손목에 찰 수 있다. 사람의 움직임과 심장의 박동수의 관계를 인공지능이 학습하면 향후 웨어러블 디바이스가 없어도 대사량을 알 수 있게 된다.

지금까지 개개인에게 가장 적합한 환경을 제공하기 위해 최첨단 건축기술을 이용한 사례를 살펴보았다. 위의 기술은 건축뿐만 아니라 자동차, 항공기, 병원 등 다양한 분야에서 활용이 가능하다.

인문학적인 이해를 동반한 기술이 살아남는다

건축은 그 시대를 대표하는 최첨단 기술의 결정체이다. 과거에 건축은 주로 권력의 상징을 나타내는 표상이었다. 물론 현대에도 자본과 국가권력은 초고층 건물을 통해 힘을 과시한다. 그러나 이제는 인간 중심의 기술이 건축의 핵심으로 떠오르고 있다. 기술 수준이 높든 낮든 인간 중심의 세상이 도래한 것이다. 건축은 항상 그 시대의 기술과 융합하면서 변화한다. 앞으로 어떤 건축이 나타나게 될지 기대되지 않는가?

인간 중심형 건축 기술은 반드시 첨단 기술만을 의미하지는 않는다. 지금도 우리 주변에는 많은 인간 중심형 건축 기술을 볼 수 있다. 자생적으로 생겨난 기술도 있고, 기존의 기술을 단순하게 응용한 것도 있다. 최근 추운 겨울을 따뜻하게 보내고 에너지를 절약하기 위해 사용하

그림 3. 아프리카의 식수 문제를 해결하기 위해 기획되었던 플레이펌프

는 에어캡이 그중 하나이다.

아무리 좋은 유리라도 벽체보다 열을 잘 통과시킨다. 여기에 에어캡을 붙이면 단열 성능이 크게 상승한다. 열을 잘 빼앗기지 않으니 추운 겨울에 난방 에너지도 절약되고 따뜻하게 지낼 수도 있다. 또 하나 좋은 점은 유리면에 물방울이 맺히는 결로 현상도 방지할 수 있다는 것이다. 에너지를 절약하려는 우리나라 사람들의 지혜가 만들어낸 인간 중심형 건축 기술이라고 할 수 있다.

그러나 모든 인간 중심형 건축 기술이 꼭 성공하는 것은 아니라는 점을 알아야 한다. 적정기술 사례로 많이 언급되었던 플레이펌프에 대해 들어봤을 것이다. 적정기술은 최첨단 기술이 아니라 해당 상황에 최적화될 수 있는 기술을 활용한다. 즉 현지에서 쉽게 구할 수 있는 자원을 활용하여 낮은 비용으로 일반 사람들도 쉽게 이용할 수 있는 것을 의미한다.

플레이펌프는 물이 부족한 낙후된 지역에 물을 공급하기 위한 장치로, 어린이 놀이기구와 수동식 펌프를 결합한 것이다. 아이들은 빙빙 돌아가는 놀이기구의 힘으로 지하에서 지상의 저수조로 물을 끌어올린다. 당시에는 매우 획기적인 기술이었다. 그러나 고장이 나면 고치는 데 막대한 비용이 들었고, 생각보다 물을 끌어올리는 데 효과적이지 않다는 문제점이 드러났다. 아이들도 놀이기구에 쉽게 질려 했다.

플레이펌프의 실패는 인간의 심리와 문화, 생활 조건을 구체적으로 이해하는 것이 얼마나 중요한지를 보여준다. 낮은 비용으로 보통 사람들도 쉽게 활용할 수 있는 적정기술 '에어캡'은 한국의 주택 환경에 훌륭하게 정착하여 살아남았다. 아무리 좋은 기술이더라도 인간을 배려하지 않은 기술은 항상 실패한다.

건축 기술 또한 인문학적인 이해가 동반될 때 가장 효과적이고 높은 수준으로 발전할 수 있을 것이다.

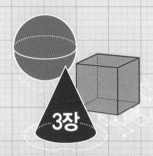

근본으로 돌아가
뿌리부터 바꾼다

공학은 눈앞의 사물과 거대한 자연의 근본 뿌리를 파고들어 인간의 삶에 필요한 실용적 성과를
집요하게 추출한다. 거대한 태양에서 인간의 눈까지, 평범하게 지나치던 종이에서 최고의 기술이
집약된 가상현실까지, 공학은 가장 근본적인 단계까지 파고들어 인간과 자연에 대한 부담을 최
소화하면서도 최대한의 성과를 달성하려고 한다.

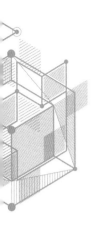

VR의 미래,
상상하면 볼 수 있다

이상훈
연세대학교 전기전자공학과 교수

지금은 가상현실 전성시대이다. 구글, 삼성, 애플, 페이스북, 오큘러스 등의 거물 IT 기업들 모두 가상현실 기술에 대한 투자를 늘리고 있다. 미국의 한 투자은행은 가상현실 시장 규모가 2016년 22억 달러에서 2025년 최대 800억 달러까지 늘어날 것으로 전망했다. 심지어 1조 5,000억 달러까지 시장 규모가 커질 것으로 예측하는 이들도 있다.

국내에서도 가상현실에 대한 관심이 뜨겁다. 2018년 1월 대구에서 국내 최초로 VR 게임방이 오픈하였고 그 숫자가 점점 늘어나고 있다. 증강현실도 가상현실 못지않게 이목의 중심에 놓여 있다. 증강현실 애플리케이션인 〈포켓몬 고(Pokémon Go)〉를 통해 그 파급력을 전 세계적으로 보여주었다.

가상현실과 증강현실이 도대체 무엇이기에 이토록 뜨거운 관심을 받게 된 것일까? 이 기술들에는 어떤 단점이 있을까? 그것을 어떻게 해결해 나가야 할까? 향후 증강현실과 가상현실이 어떠한 방향으로 더 발전하게 될까?

이 글에서는 증강현실과 가상현실을 간략히 소개하고 현재 논의되고 있는 기술적 문제들을 살펴볼 것이다. 그리고 그 기술적 문제에 대한 해법을 인간 인식능력의 관점에서 살펴보고 향후의 적용 방향을 전망해 볼 것이다.

현실 속에 증강된 AR, 가상으로 창조된 VR

먼저 증강현실과 가상현실에 대해 간략히 살펴보자. 가상현실(VR, Virtual Reality)이란 가상 혹은 실제 영상을 컴퓨터그래픽 기술을 활용해 3차원 공간상에서 실감나게 표현한 것이다. 사용자는 헤드 마운트 디스플레이(HMD, Head Mount Display)를 착용해야 생성된 가상현실 공간을 직접 체험할 수 있다.

HMD는 가상으로 만들어진 3차원 공간을 스테레오 디스플레이로 비추어 실제 그 공간에 있는 것처럼 느끼게 해준다. HMD는 고개 움직임을 감지해 고개가 돌아간 만큼 가상공간에서의 시점을 변경하기 때문에 더욱 실감나는 체험을 만들어준다. 이뿐만 아니라 HMD에 이어폰을 연결해 청각적 정보를 더해줄 수 있으며 추가로 컨트롤러를 활용하여 가상세계의 물체들과 상호작용할 수도 있다.

증강현실(AR, Augmented Reality)이란 가상현실의 한 분야에서 파생된 기술로, 현실세계와 가상의 체험을 결합하는 기술이다. 실제 환경에 가상 사물 등을 합성하여 원래의 환경에 존재하는 사물처럼 보이도록 하는 컴퓨터그래픽 기법이다. 모든 환경을 컴퓨터로 만든 가상현실과는 달리 증강현실은 현실세계를 바탕으로 사용자가 가상의 물체와 상호작용하기 때문에 향상된 현실감을 줄 수 있다. 사용자는 자신이 위치한 환경을 인식함과 동시에 실제 영상 위에 표현된 가상의 정보도 인식하게 된다. 즉, 증강현실은 가상현실과 실제 환경의 중간 단계라고도 할 수 있다.

가상현실이나 증강현실은 하늘에 뚝 떨어진 것이 아니다. 이미 과거에도 비행사나 우주인, 군인 등이 시뮬레이션 장비를 써서 훈련을 했기 때문이다. 아폴로 우주인들이 사령선과 달착륙선의 도킹 기술을 연마한다거나 대형 여객기를 모는 파일럿들이 신형 기종에서 생길 수 있는 비상사태에 대비하는 스킬을 익히기 위해 미니어처나 초보적인 가상현실 소프트웨어를 써왔다. 그러나 여기에는 막대한 투자가 필요했기 때문에 극소수의 사람들만이 접할 수 있었다.

최근의 VR, AR은 우리가 물리적 혹은 금전적인 이유로 경험할 수 없던 현실을 맛볼 수 있게 해준다는 점에서 사람들에게 환영받고 있다. 천문 관측을 통해 상상해 본 것을 가상현실로 만든다면 우주인처럼 탐사하는 체험을 해볼 수 있다. 문화유산의 보존 때문에 사람의 접근을 차단해야 하는 장소를 가상현실로 완벽하게 구현하여 공개할 수도 있을 것이다.

증강현실은 〈포케몬 고〉와 같은 게임을 통해 많은 사람들이 이미 체험한 바 있다. 현실의 물리적 조건을 그대로 두고 가상의 데이터를 끼워 넣기 때문에 우리가 일상적으로 접하는 주변 환경에서 생각하지 못했던 재밌는 일들을 경험할 수 있다.

가상현실과 증강현실은 실제 상황에서는 물리적, 금전적, 혹은 신체적 한계 때문에 경험할 수 없던 것을 경험할 수 있게 해준다는 점에서 시장 가능성이 높다. 실제 상황이라면 큰 비용이 들 일이 간단한 장비 하나로 가능해진다. 이런 매력적인 시장 가치를 붙잡기 위해 많은 기업과 국가들이 전력투구하고 있는 것이다.

다시 말해 가상현실과 증강현실은 우리의 생활 전반에 접목될 수 있다. 그만큼 막대한 시장성을 띤 기술인 셈이다. 이런 점에서 앞서 언급했던 미국 투자은행의 시장 규모 예측치인 800억 달러는 상당히 보수적인 수치일 수도 있다.

가상현실과 증강현실 기술이 넘어야 할 난관들

가상현실과 증강현실 개념은 얼핏 간단해 보일 수 있지만 실제 기술 구현과 보급에는 여전히 난관들이 남아 있다. 먼저 가상현실에서의 난관들을 살펴보자. 첫째, 가상현실의 계산복잡도가 너무 크다는 것이다. 게임을 즐겨본 사람들은 종종 화면이 멈칫하거나 깨지는 경우를 접해봤을 것이다. 3차원 가상공간을 생성하는 과정을 렌더링(rendering)이라 하는데 컴퓨터는 이를 위해 막대한 계산을 수행해야 한다. 처리해야 할 데이터가 갑자기 많아지는 복잡한 장면들에서 화면이 멈칫하고 그래픽이 깨져 보이는 것은 그 때문이다.

상대적으로 기술 수준이 떨어지는 컴퓨터 게임도 이 정도인데, 가상현실에는 차원이 다른 고성능 기술이 필요할 수밖에 없다. 가상현실에 대한 사람들의 기대치는 갈수록 높아지기 때문에 렌더링을 하는 GPU의 성능도 그에 맞춰 빠르게 향상되어야 한다. 그러지 못할 경우 초당 프레임 수가 줄어들어 자연스러운 움직임을 체험하기 어렵다.

둘째는 가상현실 체험자가 머리에 장착하는 HMD로부터 발생하는 생리학적 반응이다. HMD를 오래 착용하고 있는 경우 많은 사람들이 어지러움을 호소한다. HMD로 입체감을 느낄 때는 실제 사물에서 입체감을 느낄 때와 눈의 초점이 다르기 때문이다. 배나 자동차를 탈 때 느끼는 멀미와 흡사한 증세를 경험하게 되는 것이다.

이와 함께 많이 느끼는 증상은 눈의 피로감이다. 이는 실제 사물을 볼 때와 다른 눈 움직임에서 기인하기도 하고 바로 앞의 화면에서 나오는 빛으로부터도 발생한다. 가상현실이 아무리 광대한 영역을 그래픽으로 나타낼 수 있다 해도 결국 사람은 눈으로 들어온 빛을 통해 그것을 인지할 수 있다. 가상현실이 100미터를 그려낸다 해도 사람의 눈은 10센티미터 남짓한 거리에서 날아온 빛을 받을 수밖에 없는 것이다.

위 두 가지 예시와 같은 단기 증상은 보고된 사례들이 많지만 장기적으로 가상현실을 체험했을 때 발생하는 증상은 아직 보고된 바가 없어 주의가 필요하다.

증강현실은 HMD와 같은 장비를 사용하지 않으므로 가상현실이 직면한 난관으로부터는 자유롭다. 그러나 증강현실만의 몇 가지 문제가 존재한다. 첫째는 증강현실을 실감나게 적용하려면 고도화된 인식 기술이 필요하다는 점이다. 가상현실과 달리 증강현실은 실제 공간의 특성을 고려해서 새롭게 공간을 재창조하기 때문에 실제 공간에 대한 정확한 이해가 필요하다. 따라서 실감나는 증강현실에는 고도화된 인식 기술이 필수적이고 이에 따라 값비싼 소프트웨어 혹은 하드웨어가 추가적으로 필요한 상황이 올 수 있다.

둘째는 사생활 침해 문제이다. 기술과 서비스의 구조가 고도로 복잡해지는 만큼 보안의 허점도 늘어날 수밖에 없다. 당장 증강현실 관련 애플리케이션을 사용하게 되면 자신이 있는 공간을 카메라와 같은 장비로 촬영해야 한다. 이 데이터는 서비스에 따라서 의도치 않게 다른 사람들과 공유하게 될 수도 있다. 누가 어떻게 악용하여 사생활을 누출하거나 범죄에 악용할지 알 수 없다. 이를 방지하려면 체계적인 보안이 마련되어야 하지만 아직 명확한 해법을 제시하지 못하고 있다.

물론 가상현실의 계산복잡도 문제나 증강현실의 사생활 침해 가능성은 하드웨어의 성능이나 기술 시스템의 발전을 통해 해결의 가닥을 잡아갈 것이다. 시행착오를 겪을 수밖에 없겠지만 가상현실과 증강현실은 시장의 대세로 자리 잡게 될 것이다. 이제는 문제의 해법에 초점을 맞춰 각각의 기술적 문제들의 구체적인 실상과 그에 대처하는 방법들을 살펴보도록 하자.

인간의 몸은 가상현실을 낯설어한다

우리의 몸은 굉장히 섬세하고 신속한 대응을 통해 우리가 살아가는 세상을 '정상적이고 편안하게' 느끼도록 해준다. 눈, 귀, 코, 입, 피부 등으로 쏟아지는 막대한 데이터를 조화롭고 신속하게 종합해야 '나'를 둘러싼 '환경'과 특별한 노력 없이도 상호작용할 수 있는 것이다. 그런데 이러한 경지에 오르기 위해 수백만 년의 진화를 거쳐 온 인간의 몸에게 가상현실은 UFO를 타고 온 외계인 이상으로 낯설다. 그래서 적응 장애를 겪을 수밖에 없다.

'멀미'는 가상현실 기기 사용 시 가장 흔하게 나타나는 부작용이다. 일반적으로 눈으로 들어오는 시각 정보와 귓속의 전정기관으로 느껴지는 감각 정보가 불일치할 때 발생한다고 알려져 있다. 이 부작용은 두 측면에서 접근해야 한다.

① 전정기관의 감각 정보는 계속 변하는데, 눈에 들어오는 정보가 불충분하다.
② 시각 정보는 계속 변하는데, 전정기관의 감각 정보 변경이 불충분하다.

①은 일반적으로 발생하는 차멀미에 해당하는 경우이고, ②는 주로 VR 콘텐츠 이용 시 발생하는 경우이다. 즉 VR 장비를 통해 드라이빙 게임을 하는 상황에서 시각 정보는 앞으로 움직이고 있지만, 몸을 통해 들어오는 감각 정보는 정지해 있기 때문에 사람의 뇌에서는 감각의 충돌이 일어난다. 이러한 멀미는 반응속도가 떨어지는 기기를 쓰게 되거나, 예상을 벗어나는 콘텐츠를 이용할 때 심하게 나타난다. 가상현실 산업이 활성화되는 상황에서 멀미라는 부작용을 해결하기 위해 업계에서는 다양한 노력을 하고 있다.

인간의 귀에 있는 전정기관은 크게 평형감각을 담당하는 이석, 회전을 감지하는 반고리관으로 나뉘며, 외부 세계를 인지하는 역할을 한다.

이석은 평소에 중력으로 감각 세포를 누르고 있으며, 몸이나 머리를 돌리면 이석의 위치가 변한다. 이때 생기는 마찰이 감각 세포를 통해 신경에 전달되어, 최종적으로 몸의 위치를 판단한다. 주로 중력, 선가속, 몸의 상하/직선 운동을 감지한다. 몸이 기울 때도 이 움직임을 감지해서 평형을 유지한다.

반고리관 안에는 림프라는 액체가 있다. 이 액체는 몸의 회전에 따라 움직이며, 이 액체가 감각모에 닿으면서 자극을 인지하고 이를 뇌에 전달한다. 뇌는 이 정보를 기반으로 3차원 공간의 입체적인 움직임 및 회전을 감지한다.

가상현실 화면상에 상영되는 다양한 움직임(Motion)에 대한 피로도 측정은 크게 세 가지의 방향으로 분류하여 진행한다. 화면상에 다양한 움직임은 사람의 머리 움직임을 표현하는 데 주로 사용되어온 회전 모델(Rotation Model)로 구분한다. 크게 세 가지 움직임이 있는데, 첫 번째는 내가 보고 있는 방향을 중심으로 원형으로 회전하는 롤 모션(Roll Motion)이고, 두 번째는 수평 방향으로 움직이는 요 모션(Yaw Motion), 세 번째는 위, 아래 방향으로 움직이는 피치 모션(Pitch Motion)이 있다.

롤 방향 움직임   요 방향 움직임   피치 방향 움직임

그림 1. 화면상에서 볼 수 있는 다양한 움직임

세 가지 움직임에 대해 피로도를 측정했을 때 그 수치는 보통 롤 모션에서 가장 높게 나온다. 그 이유로는 사람이 평소에 가장 경험하기 힘든 움직임이기 때문이다. 사람은 평소에 수평, 수직 방향에 대한 경험을 주로하기 때문에 롤 모션은 귀의 전정기관과 눈의 시각기관에서 불편함을 더 느끼게 하는 경향이 있다.

반면에 요 모션의 경우 상대적으로 피로도가 적게 측정된다. 그 이유는 요 모션은 평소에 고개를 좌우로 흔들거나, 자동차를 타고 창밖을 보는 것과 같은 움직임이기 때문에 우리의 머리가 적응을 많이 했기 때문이다.

피치 모션의 경우는 피로도가 롤 모션보다는 작지만 요 모션보다는 높게 나오는 경향이 있다. 피치 모션은 위, 아래로 움직이는 것으로써 엘리베이터에 타고 위로 올라가는 것 같은 효과를 낸다. 따라서 사람의 몸이 위로 올라갈 때 중력의 방향에 대해 기대하는 만큼의 움직임을 못 내기 때문에 피로도가 요 모션보다는 높게 분석된다.

결론적으로 가상현실 영상의 배경에 움직임이 있을 때, 사람은 내가 스스로 움직이는 듯한 착각을 경험하는 것으로 볼 수 있다. 사람은 시각적으로 보이는 것을 통해 움직임을 인지하기 때문에 가상현실을 보면 자신이 움직인다고 착각하는 것이다. 그러나 우리가 가상현실을 보고 있을 때는 가만히 있을 경우가 많다.

이처럼 눈을 통해서는 움직인다는 정보가 들어왔는데 귀에 있는 전정기관은 아무런 기척이 없기 때문에 두뇌는 모순된 정보 사이에서 심각한 혼란을 겪게 된다. VR을 체험하는 사람이 겪는 멀미나 두통은 결론적으로 정보 충돌에 대한 뇌의 경고 신호인 셈이다.

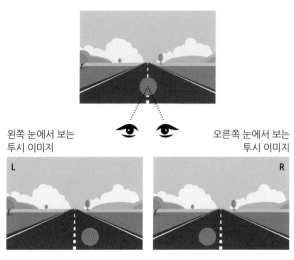

그림 2. 스테레오 디스플레이의 원리

이 외에도 VR 기기가 우리 눈에 3D 상을 보여주는 구조에서 오는 피로감도 존재한다. 스테레오 영상의 양안 시차(왼쪽과 오른쪽 영상의 거리차이 정도)는 피로도의 주요 원인이 될 수 있다. 화면상에 다양한 시차는 사람이 깊이감을 느끼게 해주는 주요 요소이다. 즉 사람이 영상의 입체감을 느끼는 것은 좌안과 우안에 각기 다른 상이 맺힌 후 뇌에서 융합하는 과정으로 진행된다.

2D 영상은 두 눈이 인지하는 상이 실제 스크린 화면과 일치하지만, 3D 영상은 인지하는 상이 스크린 뒤쪽에 위치하고 좌안과 우안이 인지하는 상도 동일하지 않다. 따라서 2D보다 3D에서 수정체의 두께를 변화시켜 초점을 맞추려는 조절능력의 불균형(Disparity of Accommodation)과 양안을 중앙으로 약간 모이게 하여 1개의 상으로 만들려는 폭주능력의 불균형(Disparity of Convergence)이 크게 발생하

여 영상 피로가 생긴다.

이때 시차가 너무 크게 되면, 사람의 눈은 왼쪽 영상과 오른쪽 영상을 합쳐서 깊이감을 느끼기 위해 더욱 활발하게 움직이게 되고 뇌의 활동도 증가한다. 자연 영상에서는 이러한 활발한 움직임이 수정체의 움직임과 같이 이루어지지만, 가상현실의 경우에는 수정체가 화면상에 고정되기 때문에 눈은 더욱 피로하게 된다. 따라서 시차 정도가 커지게 될수록 사람의 피로도는 증가한다.

앞서도 말했듯이 인간의 몸에게 가상현실은 UFO를 타고 온 외계인 이상으로 낯설다. 숲이나 들판에서 생존하기 위해 거리감각과 평형감각, 운동감각을 익혀왔던 인간의 몸에게 '가상'의 거리나 목표물은 무의미했다. 그렇기에 사람의 몸은 가상현실에 적응 장애를 겪을 수밖에 없다. VR 기술 역시 이런 인체의 한계에 맞춰 피로도를 줄이기 위해 다방면으로 노력하고 있다.

먼저 사람이 느끼는 주관적 피로도를 수치화하는 연구가 대표적이다. 계량할 수 있다면 개선할 수도 있다는 것은 공학의 진리다. 물론 여기서 바꿀 수 있는 것은 VR 콘텐츠와 장비다. 인체라는 하드웨어와 소프트웨어는 쉽게 변하지 않기 때문이다. 이런 개선의 출발점은 어떤 콘텐츠에 대해 인간의 몸이 느끼는 피로도를 수치화하는 것이다. 어떤 환경과 상황이 큰 피로도를 유발하는지에 대한 연구도 많이 진행되고 있다. 사람의 눈이 무의식적으로 관심을 가지게 되는 부분을 더 자세하게 그려주는 알고리즘이나 눈동자 움직임을 줄일 수 있도록 해주는 방법들 외에도 여러 가지 연구가 진행되고 있다.

다양한 카테고리의 콘텐츠에 대해 우리 몸이 보이는 피로도를 수치화하여 데이터를 축적할 수 있다면, 다음 단계로는 어떠한 유형이나 정도의 피로 반응이 나타날 수 있는지 예측하는 모델을 개발할 수 있다. 피로도 예측 모델이 정교해지면 콘텐츠 제작 과정에서 이를 최소화하는 기법을 개발하고 적용할 수 있게 된다. 이를 위해 영상의 특성 추출, 인공지능과 딥러닝 등을 이용한 방법들이 개발되고 있다.

기계가 인간의 행동을 정확하고 빠르게 인지하기 어렵다

가상 환경은 실제로 물체가 존재하는 현실과 달리 사물의 모양, 움직임 등을 컴퓨터가 가상 환경에 그려주는 렌더링 과정이 필요하다. 렌더링을 하기 위해 물체의 위치, 생김새, 움직임 등의 이해가 선행되어야 한다.

사람이 눈을 통해 시각 정보를 얻어 뇌에서 물체의 정보를 파악하듯이, 컴퓨터는 센서로 감지한 영상, 깊이 값 등과 같은 정보를 인지 모델로 가공하여 물체에 대한 정보들을 파악한다. 영상, 물체와의 거리 등은 단순히 색의 값 또는 거리의 값을 표현하는 숫자에 불과해 컴퓨터가 직접적으로 이해하지 못한다. 따라서 이를 컴퓨터에게 의미 있는 정보로 바꾸어주는 사람의 뇌와 같은 인지 모델이 중요하다.

가상 환경의 구축에 필요한 인지 모델은 다양하다. 물체의 모양, 색, 질감 등 물체의 속성을 이해하는 모델, 물체의 움직임과 물체 간의 상호작용을 이해하는 모델 등이 대표적이다. 예를 들어, 증강현실의 경우 가상 물체가 실제 물체와 이질감이 느껴져서는 안 되고, 실제 물체와 가상 물체 간의 자연스러운 상호작용이 필수적이기 때문에 이를 지원하는 물체 인지 모델이 필요하다.

가상 환경에서는, 가상 환경 바깥에서 안으로 연결된 사용자가 가상 환경 안의 주변 물체들과 상호작용을 한다. 때문에 사용자가 어떤 행동을 통해 물체와 상호작용을 하는지 신속하고 정확하게 파악하는 것이 중요하다. 가령 대전형 격투 게임에서 근소한 점수 차로 앞서던 플레이어 A가 플레이어 B의 훅을 피했지만 게임기가 그것을 인식하지 못할 수 있다. 덕분에 B는 극적인 역전승을 거뒀지만 A는 도저히 결과에 승복할 수 없는 상황에 처한다. 이런 일이 벌어지는 까닭은 게임기가 사용하는 행동 인지 모델이 부실해서일 때가 많다.

가상 환경의 사용자가 물체에 어떤 작용을 하는지 분석하기 위한 모델이 행동 인지 모델이다. 행동 인지를 위한 모델은 크게 두 가지 접근 방법이 있다. 첫 번째는 중간 단계 없이 이미지를 바로 이용해 행동을 인식하는 방법이다. 딥러닝을 이용해 이미지를 그대로 넣기도 하나, 물체의 시간 변위를 먼저 계산하고 딥러닝을 이용해 행동 인식을 하는 경우도 있다.

두 번째는 이미지에서 골격구조를 추출해 이를 이용해 행동을 인식하는 방법이다. 사람이나 동물의 동작을 좌우하는 뼈대를 몇 개의 점이 연결된 것으로 표현하는 것인데, 이미지 전체를 이용하는 방식보다는 훨씬 단순하다. 첫 번째 방식이 최소 10만 개 이상의 값을 입력해야만 하는 반면에 골격구조 모델은 20여 개만 입력하면 된다. 입력 개수가 적을수록 인지 모델에 더 쉬운 문제를 제시하는 것이기에 골격구조를 이용하는 행동 인지가 더 쉬운 것은 당연하다.

그러나 이 방식은 먼저 이미지에서 골격구조를 추출할 수 있어야 한다. 마이크로소프트 사의 키넥트(Kinect)와 같이 카메라로 찍은 컬러 영상과 3차원 정보를 얻기 위해 카메라로부터 사물과의 거리를 측정한 값인 깊이(Depth) 정보를 모두 이용할 수 있다. 이와 같이 컬러 영상과 깊이 영상을 합친 RGB-D(Red, Green, Blue, Depth) 이미지를 이용해 골격구조를 추출하는 방법이 있다.

또 다른 방법으로 RGB 이미지로부터 추가적인 인지 모델을 이용해 골격구조를 추론하는 것이 있다. 이미지로부터 골격구조를 추론하는 자세 인지 모델은 골격구조의 차원에 따라 2D와 3D로 나뉜다. 2D는 골격구조가 2개 좌표로 표현되고, 3D는 세 개 좌표로 표현된다. 3D 골격구조가 깊이 정보가 추가적으로 있어 2D 골격구조보다 더 정확하지만, 이미지로부터 깊이 좌표를 알아내야 하기 때문에 인지 모델은 아무래도 더 복잡하다.

골격구조를 추출한 후, 행동 인지 모델이 입력받은 골격구조가 어떤 행동을 하고 있는지 분석한다. 행동 인지 모델로 머신러닝 기법, 딥러닝 기법이 사용된다. 최근 주목받고 있는 방식은 딥러닝을 이용한 행동 인지 모델이다. 딥러닝의 한 기법인 LSTM(Long-Short Term Memory)이라는 구조를 이용해 시간에 따라 변하는 골격구조의 연관성을 찾아 입력받은 골격구조의 행동을 찾아낸다.

행동 인지 모델을 이용해 추출된 행동은 다양한 곳에 활용될 수 있다. 야구, 테니스, 격투 등의 행동 기반 게임에 적용될 수 있고, 군대에서 군인들의 가상 훈련 환경에도 적용될 수 있다. 행동 인지에 관한 많은 연구들이 진행되고 있고 점진적으로 성과를 내고 있다. 머지않은 미래에 플레이어의 행동이 반영된 더 현실적인 VR 게임을 즐길 수 있을 것이다.

사람도 힘든 감정 인지를 기계에겐 어떻게 가르칠까?

인터넷이나 TV에서 입 모양과 들리는 소리를 다를 경우, 실제로 말한 소리와 우리가 들은 소리에 차이가 있는 영상을 본 적이 있을 것이다. 예를 들면, '가'라는 말을 하는 입 모양을 보면서 우리가 '바'라는 소리를 듣게 되면 실제로 듣는 사람은 그 소리를 '다'라고 듣게 되는데 이를 '맥거크 효과(McGurk Effect)'라고 한다.

즉 우리가 인지할 수 있는 소리는 실제로 우리가 귀로 듣는 소리와 시각으로 받는 정보의 '타협점'인 셈이다. 이처럼 실제로 우리가 얼굴을 보며 받는 정보는 우리가 받는 다른 정보 등에 영향을 미치거나 또는 중요한 단독 정보가 된다.

얼굴에서 우리가 얻을 수 있는 첫 번째 시스템은 인간 개인의 개별성이다. 우리가 처음 사람을 보게 되었을 때, 가장 먼저 보는 부분이 얼굴이라고 한다. 그 이유는 얼굴이 '그 사람은 누구인가'에 대한 정보를 가장 많이 담고 있기 때문이다. 실제로 주변 사람이 갑자기 살이 찌거나 빠졌을 때, 우리는 그 사람을 쉽게 알아 볼 수 있지만, 성형수술처럼 얼굴에 큰 변화가 생겼을 때는 쉽게 그 사람을 알아보지 못한다. 이렇게 사람의 개별성을 가장 잘 나타낼 수 있는 신체 부위가 얼굴이기 때문에 가상현실과 증강현실에서 얼굴을 표현하는 것은 매우 중요한 문제이다.

가상공간에 얼굴을 만드는 방법에는 흔히 얼굴을 처음부터 만드는 방식과 이미 만들어진 여러 사람의 얼굴을 합쳐서 만드는 방식이 사용되고 있다. 얼굴을 처음부터 만드는 방식은 시간은 오래 걸리지만 좀 더 정교한 얼굴을 만들 수 있다. 그렇기 때문에 포함되어 있는 데이터의 양이 많더라도 사용자가 사람의 얼굴을 표현하는 데 가장 적합한 방법이다. 그러나 실제 서비스로 제공했을 때는 기술적 한계가 있으며 여러 가지 후처리를 해야 하기 때문에 시간이 너무 오래 걸려서 적합하지 않다. 그래서 나온 방법이 여러 얼굴을 미리 만들어두고 그것들을 합쳐서 얼굴을 표현하는 방법이다.

이렇게 합치기 전의 얼굴을 변형 가능 모델(Morphable Model)이라고 하는데, 이 방법은 결과물이 비록 정교하지는 않지만, 전처리를 해놓은 얼굴을 가지고 합치기 때문에 작업 속도가 매우 빨라서 실제 서비스에 적합하다. 또한 사용자가 자기 얼굴을 쉽게 바꿀 수 있어서 다양한 서비스를 제공할 수 있다.

목소리를 늑대인간, 마녀 등의 다양한 종류로 변조하여 상대방과 통화할 수 있게 하는 서비스를 본 적이 있을 것이다. 이러한 서비스와 비슷하게 변형 가능 모델을 이용하면 사용자와 닮았지만 좀 더 나이 들어 보이거나, 뚱뚱하게 보이는 등의 여러 가지 형태로 얼굴을 나타낼 수 있다. 덕분에 가상현실과 증강현실 공간에서 다양하고 흥미로운 서비스를 제공할 여지가 생기는 것이다.

다음으로 사용자의 골자, 일명 얼굴의 특징점들을 찾아내서 가상현실과 증강현실 안에서 아바타 얼굴의 입을 움직이거나, 사용자의 얼굴 표정을 따라하게 할 수 있다. 이것을 특징 추출(Feature Extraction)이라고 하는데, 실시간으로 사용자의 표정을 인식하여 아바타의 얼굴을 움직이기 위해서는 특징 추출을 얼마나 잘하는가, 혹은 얼마나 빠른 시간 내에 특징점을 추출할 수 있는가가 중요하다.

얼굴 특징점의 개수는 각각의 필요에 따라 특징 추출을 할 때마다 달라진다. 얼굴 윤곽, 입, 코, 눈, 눈썹의 특징을 잡아내는 특징 추출이 가장 흔하게 사용된다. 추출한 특징점과 아바타의 얼굴에 있는 각 점을 짝지어주면, 사용자가 얼굴 근육을 움직여서 특징점의 움직임을 조종할 수 있다. 사용자의 표정이 아바타에 반영되는 것이다. 이는 단순히 사용자의 표정을 나타내는 것뿐만 아니라 가상현실 공간에서 여러 사용자들이 대화를 나눌 때 현재 말을 하는 화자가 누구인지 인식시켜줄 수 있다.

마지막으로 요즘 감성 플랫폼이 또 하나의 대세로 떠오르고 있다. 감성 플랫폼은 고객과의 교류·교감을 할 수 있는 서비스를 제공하기 위한 플랫폼이다. 사용자의 기분을 고려해 고객의 제품 사용 만족도를 높이는 서비스를 제공할 수 있게 도와준다. 이러한 감성 플랫폼은 인간 무의식의 영역에 접근하여 그것을 이해하는 것이 필수이다. 이런 관점에서 사람의 감정이 가장 잘 드러나는 부분인 얼굴은 감성 플랫폼에 최적화된 서비스라고 볼 수 있다.

실제로 사람이 지을 수 있는 표정은 7,000가지이지만, 같은 감정을 가졌을 때의 표정은 모두 비슷하기에(예를 들어, 일반적으로 싫을 때 얼굴을 찡그리고, 놀랄 때 눈이 커지며 입이 벌어진다) 얼굴에서 감정을 읽어내는 것이 중요하다.

얼굴에서 감정들을 읽어내기 위한 방법 중 한 가지로 액션 유닛(Action Unit)을 사용하는 방법이 있다. 액션 유닛이란 인간이 감정을 얼굴로 표현할 때 얼굴에서 움직이는 부분들을 나누어 놓은 것으로, 입, 눈, 눈썹 등의 근육이 움직이는 곳을 말한다.

가상현실과 증강현실의 한계를 극복하다

현재 고정된 장소에서 360도 촬영을 한 뒤 VR로 보여주는 영상들은 상당히 많지만, 나의 위치가 계속 변하는 일종의 'VR 영화'는 개발이 더 디다. 시점의 움직임에 따른 시청자의 피로도가 크기 때문이다. 따라서 현재 VR 영화로 알려진 영상들은 길어야 10분 남짓일 만큼 시간이 짧다.

VR 영화의 길이는 2시간 정도의 일반 영화와 비교하면 이야기를 담아내기엔 턱없이 부족하다. 그렇기 때문에 보통 가상현실의 특징(내가 실제로 그 공간에 있는 느낌)을 보여주는 방식으로 진행되고, 장르 또한 분위기만으로도 스토리를 진행할 수 있는 호러 영화들이 대부분을 차지한다. 2015년 미국의 선댄스영화제에서 공개된 VR 영화 〈카타토닉(Catatonic)〉은 놀라운 공포 체험으로 화제를 불러일으켰지만 상영 시간은 5분 남짓에 불과하다. 이 영화는 2016년 부산국제영화제를 통해 한국과 아시아에도 공개되었다.

이러한 영상들이 스토리를 담을 수 있을 정도로 충분히 길어지기 위해서는 영상의 피로감을 줄이는 것이 중요한 과제이다.

또한 게임과 같은 다양한 가상현실 애플리케이션에서 현실감을 더하기 위해서는 사람의 행동을 따라하는 아바타의 존재가 필요하다. 현재 사람의 이동에 따라 아바타가 같이 움직이는 VR 게임도 존재하지만 보통 사람의 위치와 방향만을 인지하여 대략적인 모습을 보여줄 뿐, 사람의 몸 전체를 인식하지는 못한다.

몸 전체를 인식하기 위해 사람의 관절마다 장치를 달고 그 장치를 이용해 아바타를 합성하는 방식도 있다. 그러나 착용이 번거롭고 시간이 오래 걸리며, 잘못 착용하면 엉뚱한 모양의 아바타가 생길 수 있다.

한편, 행동 인지 기술을 사용하면 전신 아바타를 만들 수 있다. 카메라만 사용하기 때문에 번거롭게 장비 착용을 하지 않아도 된다. 또한 얼굴 인식을 통해 읽어온 표정을 아바타에 덧씌우는 것도 가능하다. 물론 장비를 사용하는 것보다 오류가 많이 날 수 있지만 여러 대의 카메라를 사용하는 것으로 이를 해결할 수 있다. 다만 카메라의 개수가 증가할수록 그만큼 비용도 증가하기 때문에 적절한 타협점을 찾는 것이 중요할 것이다.

다음은 증강현실 애플리케이션에 대해 알아보자. 현재 AR 분야에서는 상용화된 기술이 별로 존재하지 않기 때문에 개발 중인 기술에 대해 이야기해 볼 것이다. AR 기술은 단순히 게임뿐만 아니라, 사람이 활동할 때 추가적인 정보가 화면에 같이 표시(예를 들면 특정한 일정이 다가오면 일정이 표시되거나 창밖을 보면 날씨와 기온 등이 표시)되는 애플리케이션을 만드는 데 사용할 수 있다. 구글이나 마이크로소프트 같은 기업에서 이러한 기술 개발을 진행하고 있다.

이러한 기술들은 사람들의 삶을 좀 더 편하게 만들어 줄 수 있지만, 이 디스플레이 정보를 다른 사람들도 볼 수 있기 때문에 개인정보 유출 방지라는 과제가 남아 있다.

디바이스라는 장벽을 제거할 수 있을까?

가상현실과 증강현실 기술은 다양한 응용 가능성 덕분에 시장의 큰 기대를 받고 있다. 현재 우리가 누리고 즐기는 게임이나 문화, 각종 교육 등에서 혁신을 가져올 뿐만 아니라 현실 세계라는 한계를 뛰어넘어 완전히 새로운 세계를 만들어내고 경험할 수 있다는 점에서 상상력을 자극하는 것이다. 1975년 영화 〈죠스〉로 블록버스터라는 영화 신조어를 만들어낸 스티븐 스필버그 감독의 영화 〈레디 플레이어 원〉은 가상현실과 결합된 게임 콘텐츠의 위력을 유감없이 보여주기도 했다.

앞으로도 두 기술은 지속적으로 진화할 것이다. 현재의 가상현실과 증강현실 기술은 외부에 장착하는 장비가 있어야만 한다. 그런데 인간의 뇌에 대한 연구가 진전되면 훨씬 간편하고 직관적인 방법으로 가상현실을 구현하게 될 날이 올지도 모른다. 세계적으로 호평받은 〈공각기동대〉와 같은 애니메이션이나 〈매트릭스〉 같은 영화가 그저 SF의 영역에 머물러 있지만은 않게 될 가능성이 보이는 것이다.

가상현실 기술은 아직은 현실과의 구별이 전혀 어렵지 않지만 뇌 공학으로 가상과 현실의 경계선이 점점 흐릿해질 경우에 생겨날 사회적·윤리적 이슈에 대비해야 할지도 모른다. 불법 촬영된 영상의 무분별한 유출과 유통이 심각한 사회 문제가 된 것에서 알 수 있듯이 증강현실 기술이 활성화된다면 사생활 보호는 더욱 중요해질 것이다. 기술의 복잡도와 파급력이 다르기 때문이다. 마찬가지로 가상현실 기술이 더욱 진보하여 현실과의 경계선이 흐릿해지는 날이 온다면 우리는 더욱 복잡한 윤리적 고민을 해야 할 것이다.

'공학을 한다'는 것은 비단 기술과 기계만을 연구하는 것이 아니다. 학문과 기술, 시스템의 끊임없는 진보는 공학자를 윤리학자이자 사회학자로 만들게 될지도 모른다.

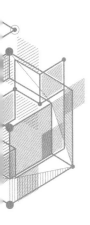

인간의 감각을 기만하는
소재의 승리, 투명 망토

김경식
연세대학교 기계공학과 교수

2400년 전의 철학자 플라톤은 『국가론』이라는 책에서 '기게스'라는 한 목동의 이야기를 들려준다. 그는 어느 날 들판에서 우연히 반지를 발견하는데 그 반지를 손가락에 끼우면 투명 인간이 될 수 있었다. 이 이야기를 모티브로 해서 『반지의 제왕』이라는 소설과 영화가 나오기도 했다.

그뿐만 아니라 1897년에는 허버트 조지 웰스가 '투명 인간'이 되는 그리핀이라는 인물의 이야기를 소설 『투명 인간(*The Invisible Man*)』으로 쓰기도 했다. 지구를 지키는 어벤져스도 투명 기능이 있는 우주선인 헬리캐리어를 타고 다닌다. 영화 〈해리포터〉에서 나왔던 투명 망토도 모두 잘 알고 있을 것이다.

이처럼 인간은 수천 년 동안 남의 눈에 보이지 않는 투명 인간이 되고 싶어 하는 근본적인 욕구를 가슴 속에 품어왔다.

공학은 공상에서나 가능한 것으로 믿었던 인간의 이러한 욕망을 현실화하고 있다. 전투기나 군함에 탑재되는 스텔스 기능과 흡사한 능력을 지닌 투명 망토가 실제로 개발되고 있는 것이다.

눈으로 본다? 특정 파장의 빛을 눈으로 감지한다!

우리가 '눈으로 본다'는 것은 어떤 대상으로부터 온 빛을 안구가 감지하고 해석하는 것이라고 정의할 수 있다. 별것 아닌 것 같지만 까다로운 이야기다.

빛이 어떤 조건을 통해 어떤 상태로 날아오느냐에 따라 우리는 똑같아 보이는 대상을 전혀 다른 것으로 인지하게 된다. 투수가 똑같은 공을 던져도 타자가 어떻게 치느냐에 따라 다종다양한 타구가 만들어지는 것처럼, 우리의 눈도 대상이 어떤 상태에서 빛을 발하거나 반사시키느냐에 따라 똑같은 대상을 전혀 다르게 '보게' 된다.

자연은 나노 기술이라는 정교한 타격술을 활용하여 우리에게 다채로운 '본다는 경험'을 선사한다. 잠시 주위를 둘러보자. 똑같아 보이는 물건들이 하나도 없을 것이다. 이는 곧 사물들마다 빛이 다르게 반사되고 있다는 의미다. 왜 빛은 사물들마다 이처럼 다르게 반사되는 것일까? 사물들의 '표면 상태'가 저마다 다르기 때문이다.

테니스공을 벽에 던진다고 생각해 보자. 벽이 매끄러운지 거친지에 따라 공이 튕겨 나오는 상태가 다르다는 것을 알 수 있다. 벽에 깊은 홈이 미로처럼 파여 있다면 또 다를 것이다.

인간이 만든 것이건, 자연적으로 생겨난 것이건 이처럼 세상 만물의 표면의 미세 구조 및 재료는 서로 다르다. 즉, 빛이 부딪칠 때마다 천차만별로 다르게 튕겨 나올 수밖에 없는 것이다. 파란 나비의 날개도 실제로는 수백 나노미터 크기, 다시 말해 머리카락 굵기의 1000분의 1 크기의 구조가 있어서 우리 눈에 파랗게 보인다. 이것은 수백 나노미터 파장의 가시광 빛이 비슷한 크기의 나노구조와 상호작용해서 우리 눈에 색깔을 만들어주는 것이다.

북극곰의 털도 마이크로 구조가 우리 눈에 보이는 빛을 바꾸는 또 하나의 예시다. 북극곰의 털은 하얗게 보이지만 사실은 투명한 관으로 되어 있다. 이 투명한 관은 단백질로 구성되어 있고 안은 공기로 가득 차 있다. 이 공기와 단백질 관의 굴절률 차이가 마이크로미터 단위로 존재하기 때문에 빛은 관을 그대로 통과하지 못하고 산란하면서 통과하게 된다. 산란된 빛의 조각들은 정보를 가지고 있지 않기 때문에 우리 눈에는 빛 무리, 즉 하얀색으로 보이게 되는 것이다.

2015년 미국에서는 또 다른 놀라운 사례를 밝혀냈다. 아프리카 사하라 사막에 사는 은개미는 나노구조로 이루어진 은빛 털을 가지고 있다. 이 털에서 태양 가시광은 투과하고 원래 70도까지 오르는 사막의 열을 적외선으로 모두 방출해서 결국 자신은 체온을 50도 이하로 유지하면서 생존하게 된다는 것이다. 은개미의 털만 해도 인간이 만들어내려면 수억 원의 공정비가 필요한 매우 훌륭한 나노구조를 갖고 있다.

위장술의 대가로 통하는 숲속의 카멜레온은 보다 고난이도의 기술을 보유하고 있다. 2015년에 발표된 연구결과에 따르면 카멜레온의 근육은 피부의 나노구조를 자유자재로 바꿀 수 있다고 한다. 즉, 주변의 상태가 달라질 때마다 자기 피부의 나노구조를 바꿔서 주위 사물들과 흡사한 파장의 빛을 반사시키는 것이다.

투명 망토의 원리는 무엇일까?

앞서 얘기했듯이 우리가 눈으로 본다는 것은 대상의 표면에 부딪쳤다가 튕겨 나온 빛을 우리의 안구가 감지하고 해석하는 것이라고 정의할 수 있다. 이처럼 빛 알갱이가 날아와서 우리의 눈에 부딪쳐야 '보는 것'이 가능하기 때문에 멍하니 걷다 보면 커다란 통유리에 쉽게 부딪친다. 유리는 빛을 통과시켜 버리기 때문에 물리적인 실체가 있다는 걸 잊기 쉬운 것이다.

그렇다면 혹시 우리도 유리처럼 빛을 통과시킬 수 있다면 결국 '안 보이는 상태'가 될 수 있지 않을까? 가능하다. 마치 바위를 감싸고 흘러가 버리는 시냇물처럼 빛 알갱이가 우리 몸을 감싼 투명 망토를 따라 흘러가게 만드는 것이다.

'기계적이고 둔감한 가시광선'을 속이는 것은 충분히 가능하다. 빛은 종류가 많다. 그런데 우리 눈에 시각 정보를 전달하는 가시광선은 자기 파장보다 10분의 1 이하로 미세한 구조는 잘 구분해내지 못한다. 즉, 우리가 가시광선의 파장보다 미세한 구조의 분포를 가지는 물질을 만들어서 뒤집어쓰면 우리를 가릴 수 있다는 이야기가 된다.

우리가 빛이라고 하면 주로 400에서 700나노미터의 파장을 가지는 가시광을 말하지만 사실은 파장의 크기에 따라서 방사선, X-선, 자외선, 가시광선, 적외선, 레이더 전파, 무선통신 전파 등으로 나뉘어질 뿐 같은 전자기파나 빛으로 볼 수 있다.

여기서 중요한 것이 '굴절률'이다. 빛은 유리나 물, 공기 같은 매질을 통과할 때 휘어지고 이때 빛에 담긴 정보가 바뀐다. 이렇게 정보가 갱신된 빛을 받아들이면 당연히 사람은 상태의 변화를 감지하게 되고 우리 눈은 그것을 읽어내는 것이다.

만약 이 굴절률을 우리가 원하는 대로 보정할 수 있다면 어떻게 될까? 여기서 음의 굴절률이라는 재미있는 개념을 알아보자. 빛은 매질을 지나가면서 그 굴절률에 따라서 휘어지게 되므로 물에 잠긴 막대기는 휘어져 보이게 된다. 그런데 우리는 굴절률이 당연히 양수라고 생각했는데 1965년 러시아의 빅토르 베셀라고(Victor Veselago) 교수가 굴절률이 음의 값을 가져도 물리법칙에 위배되지 않는다는 획기적인 논문을 발표했다. 음의 굴절률이 되면 막대기가 반대로 꺾인 것처럼 보일 수도 있다.

그러나 그 이론은 당시 기술로는 구현할 방법이 없어서 아무도 관심을 기울이지 않다가 2000년이 되어서야 빛을 볼 수 있었다. 미국 듀크 대학의 데이비드 스미스(David Smith) 교수가 메타물질 기술을 이용해서 음의 굴절률을 가지는 물질을 실험적으로 구현해낸 것이다. 결국 공정 기술의 한계 때문에 실제 제작하는 데 35년이라는 세월이 걸렸다.

빛은 파동의 특성도 가지고 있다. 여기서 파동 운동의 길이인 '파장'이 중요하다. 이 파장보다 10분의 1 이하로 미세한 물질에 부딪칠 경우 빛은 그 미세한 구조를 구별해내지 못하고 그저 평균적인 성질만을 파악하게 된다. 다시 말하자면, 빛은 파장을 가지고 있고, 자기 파장의 크기보다 10분의 1 이하로 훨씬 작은 구조는 잘 알아보지 못하며, 그저 평균적인 특성만을 보면서 지나가게 된다는 점을 이용하는 것이다.

이처럼 빛의 파장보다 훨씬 작은 크기의 '인공적인 원자'를 만들어서 물질의 특성을 제어하는 기술을 '메타물질 기술'이라고 한다. 다만 이런 나노테크놀로지 제작 기술을 실제로 구현하기는 쉽지 않다. 예를 들어 500나노미터 파장의 가시광에서는 적어도 수십 나노 이하의 훨씬 작은 구조가 필요하므로 제작하기가 매우 어렵다. 그러나 우리가 레이더에 쓰는 3센티미터 정도의 파장은 대략 수 밀리미터 이하의 구조로도 충분해서 훨씬 제작이 간편하다. 때문에 최초의 음의 굴절률 물질도 이 마이크로파 파장에서 구현하였던 것이다.

결국 투명 망토의 원리는 다음과 같이 정리될 수 있다. '우리가 무엇을 본다'는 것은, 어떤 물체의 표면에 부딪쳐서 흡수, 반사, 산란된 빛 알갱이들 중에서 반사, 산란된 것들을 우리 눈으로 받아들이고 거기에 들어있는 굴절률 정보를 해석하는 것이다. 만약 특수한 물질로 굴절률을 보정해 버린다면 빛에 담긴 정보가 사라지면서 대상의 모습 역시 감출 수 있다.

2006년 듀크 대학의 스미스 교수와 영국 임페리얼 칼리지의 존 펜드리(John Pendry) 교수는 이처럼 빛의 굴절을 보정해 버리는 방법으로 투명 망토를 구현했다. 그들이 제안한 투명 망토는 가리고자 하는 물체에 빛이 반사되거나 흡수되지 않고 뒤로 돌아가도록 인위적인 일정한 굴절률 분포를 가지는 메타물질을 만들어주면 물체의 반대편이 보이게 되어 오히려 물체가 없는 것처럼 보인다.

투명 망토를 구성하는 메타물질들은 복잡한 굴절률 분포를 만들어 줌으로써 우리 몸에 날아든 무수한 빛 알갱이들이 흡수되거나 반사, 산란되지 않고 그대로 흘러가게 한다. 이렇게 뒤로 흘러나간 빛은 우리 몸에 대한 정보는 조금도 담지 않은 채 우리 몸 뒤편에 있던 물체에 대한 상태만을 반영하고 상대의 눈에 부딪친다.

접거나 구부러지는 투명 망토와 스마트 메타물질

지금까지 투명 망토는 숨기려는 물체에 맞춰 설계했기 때문에 일정한 형상을 가지고 있었다. 접거나 구부리면 투명 망토의 기능을 잃을 뿐만 아니라, 작게 만들려고 해도 공정이 어렵고 매우 긴 시간이 걸렸다. 예를 들어 미국 UC버클리 연구진에 따르면, 600나노미터 크기의 물체를 가릴 수 있는 투명 망토를 제작하는 데 일주일이 걸렸다고 한다.

최근 중국에서는 유리를 이용하여 고양이를 성공적으로 감추었다. 그러나 모든 방향에서 작동하는 것이 아니라 고정된 여섯 개의 방향에서 바라볼 때만 감추어지는 효과가 있었다. 따라서 넓은 파장대역의 백색광에서 모두 작동하는 투명 망토 기술과, 굴절률 값이 1에 가까워지도록 하는 기술적 문제들을 해결하기 위해 많은 과학자들이 전 세계에서 연구하고 있다.

2012년 연세대에서는 접거나 구부리는 변형에도 불구하고 굴절률의 분포가 자동적으로 은폐 성능에 맞게 변형되는 스마트 메타물질을 제안하여 SF영화에서처럼 마음대로 변형시켜도 성질을 계속 유지하는 신축성 있는 투명 망토를 개발하였다. 광학적 성질과 탄성압축 성질을 동시에 가지는 광탄성 결정구조를 이용하여 탄성변형시켰을 때 투명 망토에 필요한 광학적 성질을 자동적으로 가질 수 있도록 설계한 것이다. 이를 위해서는 음의 탄성률을 가질 때 가장 적합하다는 사실도 밝혀냈다.

조금 쉽게 설명해 보자면 이렇다. 구멍이 많은 스펀지를 손가락으로 눌렀을 때 압축된 표면 부근의 밀도가 유난히 커지는 분포를 갖게 된다. 만약 이런 스펀지를 손가락으로 누른다면 압축된 표면은 밀도가 커져서 광학적으로도 높은 굴절률을 갖게 될 것이다. 스마트 메타물질은 바로 이런 '유연한 밀도 변화'가 가능한 물질이라고 생각하면 된다. 즉, 스마트 메타물질은 투명 망토에서 필요한 굴절률 분포의 변화를 유연하게 해주는 것이다.

그뿐만 아니라 음의 탄성물질을 이용하면 압축해도 굴절률의 분포가 투명 망토의 광학적 성질을 자동으로 만족시킬 수 있다는 것을 마이크로파 영역에서 이론과 실험으로 입증했다. 자연에 존재하는 물질은 양의 탄성값, 즉 위에서 강하게 눌렀을 때 보통 옆으로 뚱뚱해지는 것인데, 음의 탄성물질은 오히려 홀쭉해진다. 이 원리는 제작공정이 편리한 마이크로파에서 먼저 구현하였다.

2017년에는 연세대에서 나노 기술을 이용해서 가시광에서 작동하는 스마트 메타물질을 개발하였다. 가시광에서 작동할 수 있는 광탄성 결정구조를 개발하기 위해서 주목한 것은 미국 나사(NASA)에서 우주선의 단열재로 사용하고 있는 에어로젤이었다.

투명하면서도 압축이 잘되는 에어로젤을 탄성변형시켜 굴절률을 원하는 분포가 되도록 제어하여, 기존보다 약 100억 배 큰 부피(855제곱

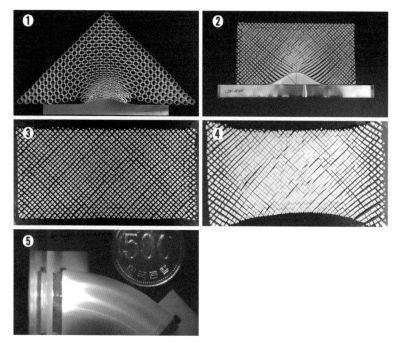

그림 1. 투명 망토가 구현되는 과정과 원리

①, ② : 양의 탄성률(①)과 음의 탄성률(②)을 가지는 마이크로파에서 작동하는 투명 망토.
③, ④ : 위아래로 누르기 이전(③)과 이후(④)의 음의 탄성률 마이크로파 투명 망토 물질.
⑤ : 투명한 에어로젤을 탄성압축시켜 구현한 가시광 영역 변환광학 소재.
(참고:《네이처 커뮤니케이션즈(*Nature Communications*)》(2012, 2017),《사이언티픽 리포트(*Scientific Reports*)》(2014))

밀리미터×1밀리미터)에서 자연광이 변환광학을 만족시키면서 자유자재
로 휘어지게 하는 데 성공하였다.

　여기서 핵심 기술인 탄성변형으로 굴절률을 제어하는 방법은 2012년
마이크로파에서 구부러지는 투명 망토를 구현하기 위해서 연세대에서
최초로 고안한 것이다. 에어로젤을 투명하고 압축이 잘되도록 혁신적으
로 개량하여, 이번에는 이 탄성변형 기술을 가시광 영역으로까지 확대
적용시킨 가시광 스마트 메타물질을 개발했다.

현재까지 빛의 진행 경로를 자유자재로 제어하는 가시광 나노소재는 복잡한 분포의 나노구조를 고가의 장비로 하나하나 제작해야 했으므로 많은 비용과 시간이 필수적이었다. 또한 제작 가능한 크기도 100제곱마이크로미터×1마이크로미터 정도로 너무 작아서 자연광을 바로 입사시킬 수 없고 응용에도 한계가 있었는데 에어로젤의 굴절률 분포를 탄성변형시켜 제어함으로써, 기존보다 100억 배나 큰 가시광 변환광학 나노소재를 놀랍도록 저렴하게 구현한 것이다.

에어로젤은 나노 스케일의 구멍이 무작위적으로 얽혀 있어 84퍼센트 이상이 공기로 채워진 실리카 나노스펀지 구조로서 수십 센티미터 이상 대면적 대량생산이 가능하다. 이러한 대면적 에어로젤을 3D 프린터로 제작한 몰드로 압축하여 빛을 휘어지게 하는 탄성변형 굴절률 제어 기술은, 일상에서 자연광을 바로 사용하는 다양한 대면적 나노광학소재 개발을 위한 새로운 문이 되어줄 것이다.

대면적 가시광 나노소재는 투명 망토와 동일한 변환광학을 만족하므로, 앞으로 자연광 대면적 투명 망토 개발을 향해 한걸음 더 나아간 것이라고 할 수 있다.

빛을 넘어 모든 파동에 투명 망토를 씌운다

그렇다면 앞으로 투명 망토 기술은 우리 생활에 어떻게 사용될 수 있을까? 투명 망토를 사용한다면, 비행기가 아예 없는 것처럼 전파가 지나가기 때문에 적에게 탐지되지 않는 새로운 스텔스기의 원천 기술로 접근할 수 있게 된다. 전파도 빛의 일종이기 때문이다.

메타물질 기술은 다양한 파동에 대해서 동일하게 적용될 수 있으므로 빛뿐만 아니라 지진파, 물결, 소리 등과 같은 파동성을 가지는 물리현상에도 이러한 투명 망토의 원리를 응용할 수 있다.

최근 우리나라에서도 지진이 빈번하게 발생하고 있는데, 지진파와 쓰나미에 대비한 투명 망토도 현재 개발되고 있다. 이러한 투명 망토를 건물 주위에 만들어 놓으면, 지진파나 쓰나미가 내부로 들어오지 못하고 주변으로 돌아가게 되어 완벽한 내진이 가능하게 될 것이다. 같은 원리로 조선산업에서도 배가 진행할 때 생기는 파도로 인한 저항력을 줄여서 배의 연비를 획기적으로 향상시킬 수 있다는 연구결과도 있다. 아파트 층간 소음도 메타물질을 사용해 소리가 완벽하게 차단된다면 사라질 수 있게 될 것이다.

이러한 투명 망토에 대한 연구는 아직도 기초 개념의 실험적 구현 정도 수준이므로 앞으로도 극복해야 할 수많은 기술적 난제들이 우리 앞에 놓여 있다. 그러나 그리스 신화의 이카루스 이야기처럼 수천 년 전부터 하늘을 날고 싶어 하던 인간의 꿈도 비행기라는 공학적인 창작물로 이제는 일상생활의 하나가 되었다. 마찬가지로 투명 망토에 대한 인간의 꿈을 실현하는 공학의 발전을 설레이는 마음으로 기대해 본다.

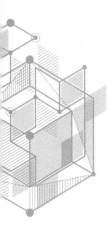

영화 속에서 뛰쳐나온
생명공학 기술◆

김응빈
연세대학교 시스템생물학과 교수

1997년에 개봉한 영화 〈가타카〉는 유전자로 모든 것을 평가받는 섬뜩한 미래사회를 그리고 있다. 여기서는 자연 임신으로 태어난 인간은 최첨단 유전공학 기술의 힘을 빌어 탄생한 사람들에 비해 열등한 유전자를 가지고 있다는 낙인이 찍혀 엄청난 사회적 불이익을 받는다. 한 마디로 '유전자 차별 사회'이다.

보통 SF영화들이 먼 미래의 이야기를 다루는 것과 달리 〈가타카〉는 '너무 멀지 않은 미래(The not-too-distant future)'라는 문구가 등장하며 영화가 시작된다. 나는 이 점에 주목한다. 1997년에 영화가 개봉된

◆ 이 원고는 "기술은 나아가지만 어디로 가는지 모른다–인공유전체 합성기술의 유래와 미래"(김응빈, 《지식의 지평》 21호, 대우재단, 2016)를 수정 및 보완한 것이다.

것을 고려하면 그 미래가 어쩌면 우리의 현재일 수 있다는 생각이 든다.

실제로 2008년 5월 21일 당시 미국 조지 부시 대통령은 거의 만장일치로 상하원을 통과한 「유전자 정보 차별금지법(GINA, Genetic Information Non-discrimination Act)」에 서명했다. 영화와 같은 사태를 대비한 법이 발효된 것이다. 그렇다면 정말로 영화 속 이야기가 우리에게 현실로 다가온 것일까? 생물학의 역사를 간략히 살펴보는 것을 시작으로 이에 대한 답을 알아보자.

세포설에서 DNA까지

근대생물학은 장 바티스트 라마르크(Jean Baptiste Lamarck)에서부터 시작되었다고 볼 수 있다. 그는 1802년 독일의 박물학자 고트프리드 트레비라누스(Gottfried Treviranus)와 함께 'biology'라는 용어를 도입했다. 라마르크는 생물 종(種)이 불변의 피조물이 아니라 환경과의 상호작용으로 변할 수 있음을 간파하고 이를 최초로 기록으로 남겼다.

그 후 이어진 19세기의 획기적인 연구 성과들, 이를테면 살아 있는 모든 것은 세포로 되어 있다는 세포설과 찰스 다윈의 진화론 및 그레고르 멘델의 유전법칙, 루이스 파스퇴르의 자연발생설 반박 실험 등을 통해서 생물학은 비로소 학문적 토대를 군건히 했다.

개선된 현미경과 염색 방법을 이용하여 과학자들은 더 자세하게 세포를 관찰할 수 있게 되었고, 그 결과 애초에 빈방과 같다고 생각했던 세포의 내부 구조가 훨씬 더 복잡하다는 사실이 밝혀졌다. 사실 1831년에 이미 식물학자인 로버트 브라운(Robert Brown)은 세포 안에서 핵심적인 구조를 발견하고 '핵(nucleus)'이라고 명명한 상태였다. 브라운은 현미경으로 물에 떠있는 꽃가루를 관찰하다가 브라운 운동◆을 발견한 과학자로 더 잘 알려져 있다.

1869년에는 스위스의 한 의사가 핵 안에 들어 있는 물질에 인산 성분이 많다는 것을 알아냈다. '핵산(nucleic acid)'이라는 이름은 말 그대로 핵에서 분리한 산(酸)이라는 뜻이다. 19세기 말에 이르러 핵 안에서 '염색체(chromosome)'가 발견되었는데, 여러 개의 막대 모양 물체가 염색되어 선명하게 보인 것에서 염색체라는 명칭이 유래했다.

흥미롭게도 염색체는 세포분열 과정에서 잠시 보였다 사라질 뿐만 아니라, 그 개수가 두 배로 늘었다가 절반씩 나뉘어서 딸세포로 이동하는 것이 목격되었다. 이에 많은 과학자들이 핵 안에 들어있는 염색체가 유전물질의 실체 또는 생명의 본질은 아닐까 추측하기 시작했다.

이런 배경 속에서 20세기로 접어들자, 핵산은 DNA(deoxyribonucleic acid)와 RNA(ribonucleic acid)라는 두 가지 물질의 혼합물임이 밝혀진다. Ribo-는 5탄당(5개의 탄소 원자로 된 당)인 리보오스를 지칭한다. 리보오스는 산소 원자를 꼭짓점으로 4개의 탄소 원자가 만드는 오각형 구조다. 나머지 탄소 하나는 4번째 탄소에 결합하여 오각형 평면 위로

◆ 브라운 운동: 스코틀랜드 식물학자 로버트 브라운 이전에는 작은 미생물의 운동으로 이해되곤 했으나, 그는 극도로 미세하게 간 유리나 돌가루 등을 액체에 뿌렸을 때도 꽃가루의 경우와 똑같은 불규칙적 운동이 일어남을 보여주었다. 즉, 생물학이 아니라 물리학적 현상임을 입증한 것이다. 아인슈타인은 이것을 열대류 현상으로 이해하던 과학계의 통념을 깨고 액체분자에 의한 충돌이 브라운 운동의 원인임을 이론적으로 입증했다.

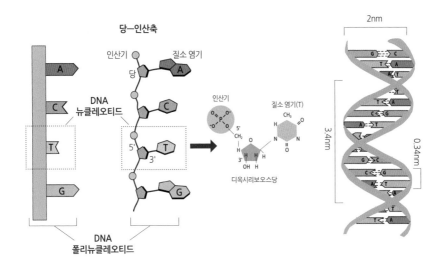

그림 1. DNA 한 가닥(왼쪽)과 뉴클레오티드(가운데), 이중나선 구조(오른쪽)

돌출되어 있고, 여기에 인산기가 붙는다. 이런 구조에 염기라는 성분
하나가 더 추가되면 핵산의 기본 구조가 완성된다. 이것이 핵산의 구성
단위인 뉴클레오티드다.

염기에는 아데닌(A), 티민(T), 구아닌(G), 시토신(C) 이렇게 총 4가지
가 있다. 앞서 언급한 영화 〈가타카〉의 제목 GATTACA는 제목은 바로
이 4개 염기의 조합으로 만들어졌다.

뉴클레오티드 각각은 하나의 레고 블록으로 생각할 수 있다. 인접한
뉴클레오티드의 인산기와 3번 탄소에 붙어 있는 수산기(-OH)가 결합하
여 하나의 긴 사슬(폴리뉴클레오티드)을 이룬다. 이렇게 만들어진 두 개의
DNA 사슬은 'A-T, G-C'라는 일정한 규칙에 따라 염기들이 결합하여 이
중나선(double helix) 구조를 이룬다. 이것이 1953년 제임스 왓슨(James

Watson)과 프랜시스 크릭(Francis Crick)이 발표한 DNA 구조 모형이다.

이중나선의 폭은 2나노미터(nm=10^{-9}m, 대략 성인 머리카락 굵기의 10만 분의 1), 나선을 한 바퀴 돌면 3.4나노미터이고 이 안에 10쌍의 염기 결합이 있다. 규칙에 따른 염기 결합으로 인해 이중나선의 폭이 2나노미터로 일정하게 유지된다. 그리고 바로 이 DNA가 부모에서 자손으로 전달되면서 생명의 연속성을 나타내는 유전물질의 물질적 실체다.

이해를 돕기 위해 DNA와 관련된 용어를 정리해 보자. 이제는 거의 일상용어가 되어버린 유전자(gene)는 해당 생물의 특징에 관한 특정 정보를 가진 DNA 조각을 의미한다. 염색체의 특정 위치에 특정 유전자가 존재하기 때문에 염색체는 유전자의 집합체라고 할 수 있다. 유전체(genome)란 한 생명체가 가지고 있는 유전자(또는 염색체)의 총합을 말한다. 그리고 이 모든 것을 이루는 물질적 실체가 DNA다.

다시 말해서 지금 입고 있는 옷이 모두 같은 천으로 만들어졌다고 하면, 이때 천에 해당하는 것이 바로 DNA이다. 윗옷과 바지 외투 등을 각각 염색체에, 거기에 있는 주머니와 장식 등을 각각 유전자에 비유할 수 있다. 그리고 이 모두를 합친 것, 즉 현재 입고 있는 옷 전부가 유전체에 해당한다.

유전공학, DNA 재조합 기술의 탄생

1970년, 세균 세포에 침투한 바이러스의 DNA가 그 세균 안에서 토막토막 잘라지는 신기한 현상이 관찰되었다. 세균을 감염하는 바이러스를 박테리오파지 또는 파지라고 부르는데, 이들은 숙주로 삼는 세균의 세포벽에 부착하여 수축하면서 자신의 DNA를 세균 세포 속으로 주입한다. 그러나 세균도 호락호락 넘어가지 않는다. 세균은 흡사 우리의 면역세포처럼 침입한 바이러스 DNA를 파괴하는 효소를 가지고 있다.

이런 효소들은 자기 DNA와 외래 DNA를 구별할 수 있을 뿐만 아니라, DNA의 특정 염기서열만을 인식하여 절단한다. 그래서 이들을 총칭하여 '제한효소(restriction enzyme)'라고 한다. 그런데 서로 다른 DNA 조각을 이어주는 효소는 1960년대에 발견된 상태였다. 리가아제라는 이름을 가진 이 연결효소와 제한효소는 각각 '유전자 풀'과 '유전자 가위'라고 보면 된다. 이제 가위와 풀을 손에 넣었으니 마치 종이 공작 하듯이 DNA를 다룰 수 있게 되었다.

"유전자는 소속에 얽매이지 않는다." 갑자기 이 무슨 뜬금없는 소리인가? DNA에 있는 유전 정보는 자리를 옮겨 다른 생물의 세포 안에서도 작동한다는 얘기다. 심지어 사람의 유전자를 대장균에 집어넣어 원하는 단백질을 생산할 수도 있다. 문제는 유전자를 어떻게 이동시키느냐 하는 것이다. 유전자를 실어 보낼 운반체가 필요하다.

세균에는 염색체와는 별도로 플라스미드라고 하는 유전물질이 존재한다. 이 플라스미드를 이용하면 유전자 배송 임무를 완수할 수 있다. 동일한 제한효소로 자른 유전자 조각과 플라스미드를 섞은 다음, 연결효소로 처리하면 원하는 유전자가 삽입된 플라스미드가 만들어진다. 그리고 이 재조합 플라스미드를 대장균 등에 집어넣으면 된다. 이와 같은 유전자 재조합 과정을 클로닝이라고 하는데, 이것이 바로 유전공학기술의 핵심이다. 결국 과학은 물론이고 인류 역사에 또 하나의 큰 획으로 기록되는 '유전공학'의 탄생은 특이한 효소와 플라스미드의 발견하고 그 특성을 밝혀낸 기초 과학 연구 성과에서 비롯된 것이다.

신에게 내미는 도전장

2000년대 초반에 인간유전체사업(HGP, Human Genome Project)이 완료되면서 인간 DNA를 이루고 있는 약 30억 개의 염기쌍을 모두 해독했다. 비유하자면 30억 개의 알파벳으로 써진 총 23장(인간 염색체 수는 23쌍)으로 구성된 한 권의 책을 완독한 것이다. 그것은 인류가 자신의 생물학적 본질(?)을 독파한 시점, 즉 포스트게놈 시대의 서막을 알리는 사건이다.

인간을 포함해서 현재까지 해독된 동물의 유전체는 80여 종에 달하는데, 이 중에는 반려동물과 가축처럼 우리에게 친숙한 동물도 들어 있다. 2004년 닭을 시작으로 개(2005년), 고양이(2007년), 소(2009년), 말(2009년), 칠면조(2010년), 돼지(2012년), 염소(2013년), 오리(2013년), 양(2014년), 토끼(2014년)의 유전체 정보가 해독됐다. 식물도 90종 이상의 유전체가 해독되었고, 미생물의 경우에는 7만 종 이상의 유전체 정보가 공개된 상태이다.

이 정도 독서량이라면, 마르지 않는 호기심과 지치지 않는 탐구심을 가진 인간의 마음속에서 생명책의 '독자'를 넘어서 '작가'가 되고 싶은 욕망이 피어날 법하지 않은가? 실제로 그러했다.

인간유전체사업이 완료되자 여러 과학자들이 합성생물학(Synthetic

Biology)이라는 개념을 제시하며, 유전 정보를 읽어낼 수 있는 능력을 보유했으니 역으로 유전 정보를 조립하여 새로운 생명체를 만들어내자고 주장하기 시작했다. 그리고 2004년 6월에 첫 번째 합성생물학 국제학술회의인 '합성생물학1.0'이 미국 MIT에서 열렸다. 이후 합성생물학은 다양한 학문 배경을 가진 연구자들이 참여하는 융합 학문으로 발전하면서 생명에 대한 새로운 시각을 제시하고 있다.

즉, 생명체란 여러 부품들이 모여 전체로서 작동하는 하나의 시스템으로 볼 수 있으니, 컴퓨터와 같은 기계처럼 생명체도 모듈(module, 떼어내어 교환이 쉽도록 설계되어 있는 컴퓨터의 각 부분)로 나누어 접근하면 생명체를 더 체계적으로 이해할 수 있다는 것이다. 그리고 이렇게 해서 얻은 지식에 첨단 유전자 변형 기술을 적용하면 생명체를 맞춤형으로 변형할 수 있다는 생각을 실현하기 시작한 것이다.

인간유전체사업을 주도했던 과학자 중 한 명이었던 미국의 크레이그 벤터(Craig Venter)◆가 이끄는 연구진은 2010년 5월 「화학 합성 유전체가 통제하는 세균의 창조(Creation of a Bacterial Cell Controlled by a Chemically Synthesized Genome)」라는 제목의 논문을 발표하여 세간의 이목을 끌었다. 이들은 마이코플라스마 속(屬) 세균을 연구 대상으로 삼았다. 그 이유는 여기에 속하는 세균들이 지금까지 알려진 생물

◆ 크레이그 벤터: 이른바 합성생물학의 아버지로 통하는 크레이그 벤터는 유전자의 편집이 아니라 무생물에서 생명체를 만들어내는 '합성생물학'을 미래의 전략적 방향으로 제시하고 있다. 2016년에는 고작 473개의 유전자만으로 기본적인 기능을 수행하는 완전한 합성세포를 만들어서 세계를 놀라게 했다. 2010년에도 합성세포를 만들었지만 그것은 자연세포의 변형에 가까웠다.

중에서 가장 작고 단순한 자기복제 개체로 알려져 있고, 유전체의 크기도 작기 때문이다. 어떤 종(種)은 단 500여 개의 유전자만을 가지고 있으며, 이 가운데 생존과 번식에 필요한 최소 유전자 개수는 265~350개 정도다.

연구진은 데이터베이스에 등록되어 있는 마이코플라스마 세균 한 종의 유전체 정보에 의거하여 이 세균의 전체 유전체를 인공적으로 합성했다. 그리고 다른 종의 마이코플라스마 세균에서 원래 있던 유전체를 제거한 다음 합성한 유전체를 집어넣었다. 이렇게 만들어진 새로운 생명체는 물질대사와 자기복제 등 정상적인 생명체의 기능을 수행했고, 모든 면에서 원래의 세균과 차이가 없었다. 연구진은, 비록 세포질은 합성하지 않았지만 이 세균을 '합성세포'라고 지칭했다.

다시 말해서 유전체를 이식하여 세균의 종을 바꾸어놓은 것이다. 바야흐로 원하는 유전체를 설계하고 합성하여 다른 생명체에 이식해 맞춤형 생명체를 만들 수 있는 길이 열린 것이다.

돌이켜보면, 근대생물학의 출발점이라고 볼 수 있는 다윈 진화론과 멘델 유전법칙이 19세기 중반에 세상에 알려지고 나서 100년도 채 지나지 않은 1953년에 두 명의 젊은 과학자가 유전물질의 물질적 실체인 DNA의 구조를 밝혀냈다. 이를 필두로 DNA의 작동 원리를 연구하는 분자생물학이 본격화하면서 엄청난 연구 성과가 쏟아졌고, 생명 현상도 물리와 화학의 방법론으로 설명할 수 있다는 과학혁명 초창기 선구자들의 주장이 속속 확증됐다.

그리고 DNA의 구조를 규명한 지 50년 만에 인류는 자신을 비롯한 다양한 생명체의 유전체 정보를 완전히 해독하고 준(準)인공생명체까지 탄생시키는 경지에 도달했다. 가히 '바이오 시대'라 할 만하지 않은가?

바이오 융합은 선택이 아니라 필수다

합성생물학은 다양한 산업 분야에 응용될 가능성이 매우 높다는 것이 전 세계적으로 공통된 전망이다. 미국의 생명윤리대통령자문위원회(PCSBI, President's Commission on Bioethical Issues)는 2010년에 발간한 보고서에서 합성생물학이 크게 재생 가능 에너지와 의료 및 보건, 농식품, 환경 등의 분야에 응용될 수 있는 잠재력이 크다고 전망했다.

실제로 세계 최대 규모의 제약회사인 노바티스(Novartis)는 합성생물학을 이용하여 2013년 중국 상하이를 중심으로 중국 각지에서 인체 감염이 확산된 H7N9형 조류인플루엔자 백신을 개발했다. 중국 위생 당국이 연구자용으로 인터넷에 공개한 바이러스 유전자 염기서열을 내려받은 연구진은 단 이틀 만에 중국 현지에서 발견된 것과 똑같은 바이러스를 만들어냈다. 나흘 후에는 원래 바이러스에서 독성 부분을 제거한 인플루엔자 바이러스를 합성한 다음, 이를 이용해 백신을 대량으로 생산했다. 기존 방법대로라면 수개월 이상 걸렸던 과정을 불과 며칠로 단축한 것이다.

2010년 PCSBI 보고서에는 합성생물학에 대한 우려와 당부의 목소리도 담겨 있다. 구체적으로 합성생물학의 위험을 최소화하고 혁신을 일으키기 위한 권고사항, 즉 공익성, 책무, 지적 자유와 책임, 민주적인 숙의과정, 정의와 공평이라는 다섯 가지 윤리 원칙에 따라 기술의 사회적 의미가 고려되어야 한다는 점을 명시했다.

특히 이 보고서는 인류에게 잠재적 혜택과 동시에 잠재적 위험을 안겨줄 수 있는 신생 기술들에 대한 정부의 기본적인 대처 원칙도 제시하고 있다. 합성생물학의 낙관적인 응용 가능성을 알리는 데에 치우치지 않는 균형 있는 정부의 조정 기능을 강조한 것이다.

2016년 5월에는 미국 하버드 대학에서 전 세계 과학자와 기업인, 법률가 등 150여 명을 초청하여 인간 유전체 합성 연구에 관한 비공개 회의를 열었다는 사실이 언론을 통해 공개되었다. 당초 이 모임의 주최 측은 이번 회의 참석자들에게 회의 사실을 비밀에 부칠 것을 요구했다. 그런데 비공개 회의 방침에 반발한 일부 참석자들이 이 사실을 공개하면서 큰 논란과 비판을 일으켰다.

회의 초청장에는 이 사업의 궁극적인 목표가 10년 안에 인간 유전체를 완벽하게 합성하는 것이라고 명시되어 있다고 한다. 초청을 받았지만 회의에 불참했던 일부 학자들은 "아인슈타인의 유전체를 합성하는 것이 과연 옳은 일인가. 가능하다면 누가 할 것이며, 얼마나 많이 복제할 것인가"라며 윤리 문제를 제기했다. 논란이 커지자 회의의 주최 측에서는 "이 사업의 목표가 인간을 창조하려는 것이 아니라, 세포 차원에서 유전체 합성 능력을 향상해 동물과 식물, 미생물 등에 적용하려는 것"이라고 해명했다. 그리고 연구 내용이 학술지 발표를 앞두고 있었기 때문에 불가피하게 비공개로 진행할 수밖에 없었고, 윤리 문제도 충분히 논의되고 있다고 덧붙였다.

과학은 두 개의 요인, '기술'과 미래를 보는 '비전'에 힘입어 발전한다. 기술이 없으면 과학은 한 걸음도 앞으로 나아갈 수 없다. 그러나 기술만으로는 우리가 어디로 가고 있는지, 아니 어디로 가야 하는지를 알수 없다. 비전이 절실한 이유다. 두말할 나위 없이 현대는 과학의 시대다. 특히 생물학의 비약적인 발전이 자연은 물론이거니와 과학의 주체인 인간을 변형시킨다는 점에서, 생물학은 미래 과학의 주도권을 선점하고 있다. 좁게는 제반 학문에, 넓게는 사회, 문화, 문명 그리고 자연 전체에 상상할 수 없을 정도로 크나큰 영향력을 미치게 된(될) 생물학은이제 융합 학문으로서의 기반을 견고하게 다질 필요가 있다.

생물학은 다른 학문과 함께 과학의 비전을 성찰해야 한다. 바다처럼넓고 깊어야만 큰 배를 띄울 수 있듯이, 현재의 영향력과 미래 잠재성에 비추어볼 때, 생물학은 새로운 만남의 준비가 되어 있으며 또한 만나야만 한다. 타 학문의 편에서도 생물학과의 만남은 필요하다. 가장활력 있는 지적 영역과의 창조적인 조우를 통해서 융합 학문의 현실성과 미래를 담보할 수 있기 때문이다.

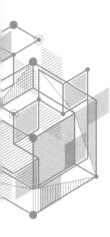

평범한 생활용품이
첨단의 소재로 재탄생하다

심우영
연세대학교 신소재공학과 교수

산업혁명 이후 철부터 현재의 실리콘, 그리고 미래의 첨단 소재가 될 종이에 이르기까지, 공학의 혁명은 곧 소재의 혁명과 같았다. 공학에서 소재 혁명이란 어떤 의미를 가지고 있을까?

먼저 공학적 의미에서 '소재'는 그것을 구성하는 최소단위인 원자◆들이 어떻게 서로 결합되어 있는지에 따라 금속결합, 이온결합, 공유결합 등 세 종류로 나뉜다. 셋은 간단히 말해 원자들이 비교적 쉽게 움직이

◆ **물질의 최소단위인 원자:** 미국의 천재 물리학자인 리처드 파인만은 인류가 멸망한 후에 다시 일어선다면 반드시 알아야 할 지식이 무엇이냐는 질문에 '원자론'이라고 답했다. 그만큼 물질의 최소단위인 원자에 대해 아는 것은 중요하다. 물론 원자도 쪼개질 수 있지만 기술적, 경제적으로 원자보다 미세한 단위는 아직 큰 의미가 없어 보인다.

는 전자를 어떻게 공유하느냐를 기준으로 구별된다. 금속결합은 전자가 원자들 사이를 자유롭게 흘러다니게 하는 것이고, 이온결합은 원자들이 전자를 서로 뺏어오는 방식이며, 공유결합은 전자를 사이좋게 공유하는 것이다.

금속결합의 경우, 산업혁명 이후 산업의 근간이 된 철(원소기호 Fe)을 살펴보면 쉽게 이해할 수 있다. 일반적으로 원자는 핵과 핵 주위를 돌고 있는 전자로 구성되어 있다. 철 원자의 경우 전자들이 핵에 강하게 구속되지 않은 잉여의 전자들이 있다. 강하게 구속되지 않는다는 의미는 전자들이 자유롭게 소재의 결정구조 안에서 움직일 수 있다는 것이다. 전기적인 전도도(얼마나 전기가 잘 통할 수 있는지에 대한 기준)의 관점에서 보면, 이 자유롭게 움직일 수 있는 전자, 즉 자유전자에 의해 전하(charge)를 잘 이동시킬 수 있어 매우 좋은 전도체가 된다. 흥미롭게도 자유전자는 전기적 전하뿐만 아니라 열도 잘 이동시킬 수 있는 운송수단도 될 수 있어 금속물질들은 열전도도가 매우 뛰어나다.

다시 원자들의 결합관점으로 돌아가면, 이 자유전자들이 마치 종이를 붙일 때 사용하는 끈적끈적한 딱풀 역할을 하게 되어 원자들을 서로 잘 붙게 한다. 이를 전자구름(electron cloud)에 의한 '금속결합(metallic bond)'이라고 한다. 따라서 금속의 경우 원자들이 결합을 하고 쌓이게 될 때, 마치 콩을 컵에 부어 넣듯이 빈 공간을 최소화하려는 방식으로 쌓이는 치밀한 결정구조를 보이게 된다.

금속결합과 달리 각 원자들이 이온화됐다가 다시 결합을 하는 방식이 있다. 이온화란 원자에서 전자를 더하거나 빼는 것을 말하는데, 원자에다 전자를 더하면 음이온, 빼면 양이온이 된다. 음이온은 음의 전하가 강하고 양이온은 양의 전하가 강하므로, 서로 섞이면 음이온과 양이온이 번갈아가며 결합하게 된다(음이온은 음이온을 밀어내고 양이온은 양이온을 밀어내므로!).

이때도 금속결합과 마찬가지로 빈공간이 최소화되는 방식으로 쌓이게 되지만, 음이온과 양이온이 교대로 쌓이고 음이온과 양이온의 크기 비율에 따라 크기가 달라지면서 그 결정구조가 확연하게 달라진다. 이 경우를 '이온결합(ionic bond)'이라 정의하고, 이때는 금속결합과 달리 자유전자가 존재하지 않게 되어 대부분의 이온결합 소재는 부도체일 경우가 많다.

세 번째는, 예를 들어 음이온과 양이온의 경우처럼 서로 전기음성도(electronegativity)의 차이가 크지 않아서 생기는 공유결합(covalent bond)이다. 전기음성도란 원자나 분자가 결합을 할 때 다른 전자를 끌어당기는 능력의 척도를 말하는데, 이 능력이 비슷한 원자들끼리 있는 경우 전자를 다른 원자한테 뺏어오지 않고 서로 공유하려는 경향이 있다. 이를 '공유결합'이라고 정의한다.

실리콘 소재를 넘어선 차세대 혁명의 가능성

공유결합 소재 중에는 실리콘(원소기호 Si)처럼 외부에서 공유결합을 깰 수 있는 충분한 에너지가 들어오면 결합이 부서지면서 전자들이 흘러나오다가 에너지 상태가 바뀌면 원래로 돌아가는 것들이 있다. 이처럼 실리콘은 에너지 조건을 바꿔서 전자들을 금속결합의 자유전자들처럼 전하 이동 수단으로 활용할 수 있기 때문에 전도체나 부도체가 아니라 반도체 소재로 활용된다.

반도체가 중요한 이유는 조건에 따라 전도체와 부도체의 특성을 모두 가질 수 있고, 수학적으로 논리연산이 가능한 이진법, 즉 0(전하가 흐르지 않음)과 1(전하가 흐름)을 정의할 수 있는 소재이기 때문이다. 산업혁명 이후 철의 활용이 근대사회의 근간을 이루었다면, 실리콘의 발견 및 이해는 현대 문명을 건설한 기반소재임을 부인할 수 없을 것이다.

실리콘의 위상은 미국 실리콘밸리에서도 찾아볼 수 있다. 캘리포니아 샌프란시스코 남부 지역의 반도체 칩 제조 회사와 IT 회사들이 많이 모여 있는 이 지역을 반도체의 대명사인 실리콘 이름을 따서 붙인 것이다. 이제 실리콘밸리는 미국뿐만 아니라 세계적으로도 기술혁신의 대명사가 되었다. 그만큼 주기율표에 나와 있는 모든 원소들 중에 실리콘이 지니고 있는 의미는 독보적이라고 할 수 있다.

다른 소재들도 있지만 실리콘이 매우 광범위하게 쓰이는 이유는 몇 가지가 있다. 첫째, 실리콘 자체가 반도체 특성을 가지는 물질일 뿐만 아니라, 용이하게 단결정(single crystal)으로 만들 수 있다. 단결정이란 하나의 결정성을 가지고 있다고 보면 된다. 여러 개의 결정을 가질 경우, 결정 방향에 따라 전기적·광학적 특성이 바뀌는 이방성(anisotropy)을 지니게 되어 동일한 특성을 나타나게끔 만들기 어렵기 때문에 단결정을 가지는 소재의 확보는 매우 중요하다. 이는 실리콘 표면을 매우 매끈하게 만들 수 있는 이유이기도 하다. 여기서 매끈하다는 표현은 표면의 거칠함이 수 원자단위로 평평하다는 의미다.

둘째는 일반 금속들처럼 실리콘 표면도 공기 중에 노출되면 산화가 되는데, 이때 산화물을 실리콘 산화막(SiO_2, silicon oxide)이라고 한다. 실리콘을 기판으로 쓸 경우, 기판 위에 다양한 전자소자를 제조하는 공정을 거치는데, 만일 이러한 전자소자들이 반도체인 실리콘 기판과 물리적으로 닿을 경우 원하는 회로가 구성되지 않는다. 따라서 실리콘 산화막이 좋은 절연막 역할을 하여 물리적으로 실리콘 기판과 그 위에 형성되는 다양한 전자소자들 간의 전기적 분리를 할 수 있다. 이 산화막은 또한 트랜지스터에서 훌륭한 유전체 역할을 하여, 전기적 온-오프 스위칭이 될 수 있게끔 도와준다.

저마늄, 갈륨-비소 등 실리콘을 능가하는 물성을 가진 여러 재료가 실용 반도체로서 연구되고 있지만, 경제적인 측면에서(대면적화, 대량생산 가능 여부 등) 현재까지는 단결정 실리콘이 반도체 재료의 대명사로 쓰이고 있다. 최근 실리콘 웨이퍼는 반도체에 쓰는 좀 더 비싼 단결정 실리콘이 아니라 다결정으로 훨씬 저렴하게 제작되어 태양 에너지의 광범위한 활용에도 투입되고 있다. 반도체 제작에 들어가는 단결정 실리콘은 균질한 은빛을 내는 데 비해 태양 전지에 들어가는 저렴한 다결정 실리콘은 여러 색깔(파란색이 강하게 나타난다)이 나타나는 깨진 유리조각 같은 형상이다.

이처럼 현대 기술공학에서 실리콘 소재의 역할은 절대적이다. 그러나 실리콘에도 한계는 있다. 반도체의 성능 향상도 실리콘이라는 기본 소재의 한계에 부딪쳐 점점 더뎌지고 있어 세계의 공학자들과 공학도들은 새로운 소재를 찾아 쉼 없이 고뇌와 연구를 거듭하고 있다. 여기서도 문제는 상상력이다. 전혀 새로운 방향성이 상상의 힘으로 드러날 때 공학은 아찔한 혁명적 순간을 맞이하게 된다.

종이 소재에는 실리콘과는 전혀 다른 '첨단성'이 숨어 있다

약 20년 전 과학계에서는 종이를 이용한 새로운 방법이 제시되었다. 바로 종이를 전자기기로 사용하는 '페이퍼 일렉트로닉(Paper-Electronics)' 분야이다. 말 그대로 종이를 사용하여 계산이 가능한 회로를 구성하고, 디스플레이도 만들고, 또는 병을 진단할 수 있는 의료 진단 센서를 만들 수 있다는 개념이었다.

종이는 인류의 문명과 역사를 바꾼 혁명적인 소재다. 사실 인류 역사의 시작은 문자를 만들고, 문자를 통해 사건을 기록할 수 있는 종이를 제조한 시점으로 볼 수 있다. 역사는 기록에서 시작되기 때문이다. 인간의 지적능력이 향상되고 기록의 역사가 시작된 이래로, 인류가 만들어낸 가장 많은 표면적은 종이라고 할 만큼 우리 일상에서 종이의 사용은 매우 보편화되어 있다.

중국에서 처음 개발된 종이가 고구려 유민의 후손인 고선지 장군이 지휘했던 탈라스 전투를 통해 이슬람 세계로, 그리고 아랍 상인과 이슬람이 지배하던 스페인을 통해 유럽으로 전파되지 않았다면 인류의 지식은 이처럼 안전하게 보관되고 빠른 속도로 전파될 수 없었을 것이다.

실리콘 회로에 저장된 것보다 종이책에 저장된 지식이 더 오래 살아남을 것이라는 예측이 있을 만큼, 인류 지성사에 끼친 종이의 영향은 크고 깊다. 하지만 아무리 그렇더라도 종이를 실리콘으로 대체한다는 것이 가당키나 한가? 그러나 상상력은 공학의 발전에서 항상 불가능을 뛰어넘는 혁신의 원동력이었다.

페이퍼 일렉트로닉은 종이가 실리콘을 대체할 수 있다면 그야말로

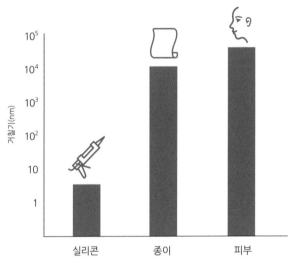

그림 1. 실리콘, 종이, 피부의 거칠기 비교

혁신적인 기술이 될 수 있다는 아이디어에서 시작된 것이다. 더욱이 종이는 실리콘과 달리 휘어지고, 접을 수 있고, 신문지처럼 돌돌 말 수 있는 특성을 가지므로 미래 기술을 구현할 수 있는 신소재로 재조명된 것이다.

다만 아직까지는 수많은 연구에도 불구하고 실리콘을 대체할 정도의 결과물이 나오지 않고 있다. 그 이유는 실리콘이 가지는 장점이 종이에는 없기 때문이다. 예를 들어, 단결정 실리콘의 장점인 매우 매끈한 표면이 종이에는 없다. 종이의 표면은 수 마이크로미터 크기로 매우 울퉁불퉁하다는 얘기이다. 실리콘의 수 원자 크기에 비교하자면, 원자 하나의 크기를 약 0.5나노미터라고 가정할 때 종이의 표면은 수만 배 이상 거칠다.

우리가 일상에서 느끼는 매끄러운 아기의 피부는 우리 몸에 공생하는 세균이나 바이러스 입장에서는 가히 깊은 계곡과 높은 봉우리, 백 번 양보

한다 해도 도시의 아파트에 해당할 정도로 높고 충분하다. 그런데 그것과도 비할 수 없을 만큼 미세한 원자와 전자의 입장에서 상상해 보라. 종이 표면이 아무리 매끄럽다 한들 실리콘에 비할 바가 못 된다([그림 1] 참조).

따라서 종이 위에 전자소자를 이용하여 회로를 구성한다는 뜻은 수만 배의 거칠함을 견딜 정도로 두꺼운 전자소자를 가져야 한다는 의미이다. 그렇게 된다면 전자소자의 크기가 커지게 되어 결국 집적도가 감소하여 전자기기의 성능이 저하된다(집적도가 높으면 단위면적당 계산기가 많아 계산을 빨리 할 수 있다).

그런데 생각의 관점을 바꾸어보면 어떨까? 꼭 실리콘 소재와 종이를 대결시켜 이겨보겠다는 한정된 발상이 아니라 상상력의 운전대를 틀어 완전히 다른 길로 가보는 것이다. 만일 종이의 특성을 이용하여 실리콘을 대체하는 기술이 아닌 실리콘이 할 수 없는 영역에 도전하면 어떨까? 특히 공유결합으로 이루어진 딱딱한 실리콘 대신 유연한 종이를 사용하면 다양한 응용성이 생기지 않을까? 즉 종이를 사용하여 능동소자를 만드는 일이 아닌, 수동소자를 만들어 보자는 것이다.

수동소자는 전원의 공급이 있어야 구동되는 회로의 기본요소로 저항(resistor), 인덕터(inductor)◆, 캐패시터(capacitor)◆◆를 뜻한다. 이 중

◆ **인덕터:** 전선에 전류가 흐르면 자기장이 만들어지는데, 이러한 자기작용을 보다 효과적으로 만든 소자를 인덕터라고 부른다. 구리선을 용수철 모양으로 촘촘하게 감아서 쉽게 만들 수 있다.

◆◆ **캐패시터:** 두 개의 금속판 사이에 유전체를 샌드위치처럼 끼워 넣어 만든 전하 저장용 소자로 콘덴서로 부르기도 한다. 자기장을 만드는 인덕터와 반대로 전기장을 만들어 내는 역할을 한다.

캐패시터는 전기적 전하를 저장할 수 있는 요소로 회로구성에 필수적일 뿐만 아니라, 에너지 저장장치로도 쓸 수 있다. 또한 외부 정전기적 자극이나 압력으로 전기적 전하의 양(정전용량, capacitance)을 조절할 수 있어 터치 센서로 쓰이고 있다. 스마트폰의 화면을 터치하는 방식은 손가락의 터치 및 압력으로 화면의 전하의 양을 조절하여 이루어지는 정전식 터치를 사용한다.

여기서 우리가 주목해 볼 것이 손가락의 압력이다. 압력은 단위 면적당 가해지는 힘으로 정의된다. 언뜻 봐선 별달리 주목할 거리가 없어 보인다. 그러나 이를 정확히 감지하는 것은 터치를 인식하는 것 이상의 중대한 의미가 있다. 압력 센서는 단순히 터치를 감지하는 2차원적인 의미를 넘어서서, 압력의 강도를 구분할 수 있는 3차원적인 의미를 살린 다양한 분야로 응용 가능한 장점이 있기 때문이다.

'압력'을 이해하면 종이의 가능성을 발견할 수 있다

압력은 의외로 복잡하다. 압력의 범위는 [그림 2]와 같이 극미세 압력범위(1파스칼◆ 미만), 미세 압력범위(1파스칼~1킬로파스칼), 낮은 압력범위(1~10킬로파스칼), 중간 압력범위(10~100킬로파스칼) 등으로 나뉘어서 각각의 범위마다 다양하게 응용되고 있다. 이것은 우리의 신체가

◆ **파스칼:** 압력의 단위이다. 1파스칼은 1제곱미터당 1뉴턴의 힘이 작용할 때의 압력을 의미한다. 기호는 Pa를 쓰며, 단위의 이름은 프랑스의 수학자 블레즈 파스칼의 이름을 땄다.

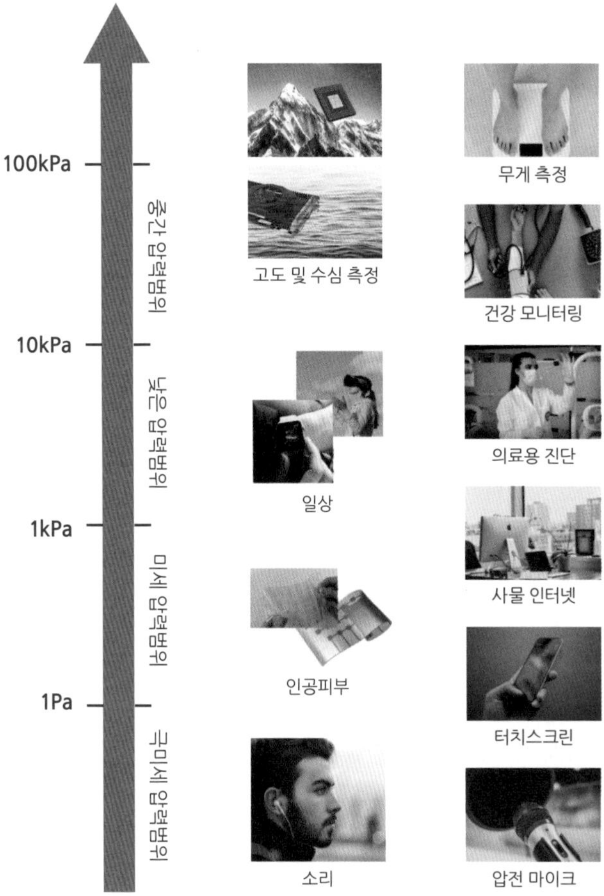
100kPa
10kPa
1kPa
1Pa
중간 압력범위
낮은 압력범위
미세 압력범위
극미세 압력범위
고도 및 수심 측정
일상
인공피부
소리
무게 측정
건강 모니터링
의료용 진단
사물 인터넷
터치스크린
압전 마이크

그림 2. 압력범위에 따른 압력 센서의 다양한 응용 분야

생활 속에서 실제로 받는 압력들을 계량화한 것이기도 하다. 우리의 몸은 정교한 시스템이기 때문에 당연히 감각기관이 받는 힘을 분류하고, 어느 선 이상을 넘게 되면 적절한 반응을 통해 외부에 대해 반응한다.

우리는 압력이라고 하면 위에서, 즉 감각 기관의 수직 방향에서 누르는 것만을 생각한다. 하지만 압력이라는 자극은 항상 단순하게 수직으로 작용하는 수직항력뿐만 아니라, 다양한 형태로 가해질 수 있다. 이러한 측면에서 유기재료를 이용하여 유연성이 확보된 압력 센서가 요구된다. 우리 인간의 피부도 입체적으로 외부의 압력을 감지하는 유연성을 갖고 있다.

압력 센서의 특성상 감지하고자 하는 대상과 직접적으로 접촉이 이루어져야 한다. 그렇기 때문에 '유연성(flexibility)'은 곡면 또는 울퉁불퉁한 표면을 지닌 감지대상과 센서와의 부드러운 접촉을 위해 필수불가결한 요소이다. 손이 제대로 맞아야 소리가 나는 것처럼, 감지대상의 물리적 모양에 센서가 유연하게 맞춰줄 수 있어야 특성 감지도 제대로 이뤄지는 것이다. 이러한 유연성의 특성을 적용함으로써, 최근에는 전자피부(E-skin), 웨어러블, 포터블 등 다양한 분야에 응용할 수 있는 압력 센서가 활발히 연구되고 있다.

이런 유연한 센서들은 빠르고 끊어짐 없이 정보를 수집할 수 있고, 이렇게 수집된 정보들은 옷이나 의료기기, 주택, 자동차 등 기존의 모든 제품들을 마치 인간의 몸과 하나된 듯 지능화된 상태로 업그레이드할 수 있게 된다.

압력 센서 중에서도 정전식 압력 센서는 압력이 가해졌을 때, 정전용량의 변화, 즉 센서가 접촉하는 표면의 전기 용량이 순간적으로 어떻게 달라지는지를 감지하는 방식을 사용한다.

평행판 축전기 측면에서, 정전용량은 $C = \varepsilon_0 \varepsilon_r A / d$으로 나타낸다(단, ε_0은 진공의 유전율, ε_r은 상대유전율, A는 전극 간의 면적, d는 전극 간의 거

리). 간단히 말해 부도체의 유전율이 높을수록, 전하가 잘 쌓일 수 있는 전극 간의 면적이 넓을수록 정전용량은 커지고, 반대로 전극 간의 거리가 넓을수록 정전용량은 줄어든다는 것이다.

정전식 압력 센서는 이와 같이 지배방정식◆이 매우 간단하기 때문에, 센서의 구조적인 디자인이나 분석 측면에서 매우 쉽다는 장점이 있다. 지배방정식에서 볼 수 있는 것처럼, 상대 유전율과 전극 간 면적, 전극 간의 거리라는 세 가지 변수를 효과적으로 조절함으로써 정전식 압력 센서의 감도를 높이기 위한 다양한 연구가 진행되어 왔다.

가장 핵심적인 기술은 공기층(air gap)을 이용하여 상대유전율을 조절할 수 있다는 개념이다. 이것은 매우 신선한 아이디어이다. 왜냐하면 정전용량을 향상하기 위해 사용하던 고전적인 방법은 전극의 면적을 넓히거나 거리를 줄이는 방법을 택했고, 상대유전율은 절연체 소재가 일단 정해지면 그 순간 변하지 않는 상수 값이라고 생각했기 때문이다. 만일 공기층을 절연체에 집어넣게 되면, 압력이 가해지는 순간 상대적으로 유전율이 작은 공기가 빠져나가게 되고, 따라서 시스템 전체의 상대유전율이 커지게 되는 원리이다.

그러나 이러한 공기층을 만들기 위해서는 고가의 재료를 사용할 뿐만 아니라 수 마이크로미터에 해당하는 구조체를 만들어야 하므로 복잡한 반도체 공정을 거치는 한계가 있다.

◆ **지배방정식**: 열이나 전기 등의 유체가 전달되거나 흘러가는 기본적인 메커니즘을 수학적 구조로 정리한 방정식.

종이의 미래는 무궁무진하다

다시 종이를 소재적인 측면에서 살펴보자. 종이는 만들어진 상태 그 대로 수 마이크로 크기의 거칠기를 갖고 있다. 이 거칠기를 그대로 이 용하면 상대유전율을 조절하여 정전용량을 제어할 수 있는 압력 센서 가 만들어질 수 있다. 그렇다면 종위의 거친 표면 위에 전기가 흐르는 전극은 어떻게 형성할까? 해결책은 매우 간단하다. 미술용 8B 연필로 종이 위에 전극을 그리기만 하면 된다.

연필심은 흑연이 주재료이고, 흑연은 전기가 잘 흐르는 전도체이다. 따라서 연필로 그린 종이의 표면은 수 마이크로 크기의 거칠기를 가지 고 있고, 그 위에 유전체를 잘 덮어주면 공기층을 고스란히 담고 있는 훌륭한 압력식 터치 센서를 구현할 수 있다. 그야말로 단점을 장점으로 바꾸는 고전적인 혁신 원칙을 매우 원시적이라고 여겨지는 종이 소재 에 적용함으로써 최첨단의 소재로 탈바꿈할 수 있는 셈이다.

이렇게 개발된 종이 압력 센서를 활용해 3D 포스터치가 가능한 종 이 키보드를 제작할 수도 있다. 종이 키보드는 개별 압력 센서로 구성 된 키를 가지고 있어 이를 통해 사용자의 터치 세기를 연속적으로 감지 할 수 있다. 이러한 기능을 활용하여 사용자의 터치 세기에 따라 소문 자, 대문자를 자동으로 구분하여 출력하는 기능도 가질 수 있다.

고감도 터치 압력 센서는 미래의 사물 인터넷 시대의 핵심 기술로 헬 스케어 및 지능형 자동차, 각종 전자기기에 폭넓게 적용될 전망이다. 특 히 미래의 전자기기가 점차적으로 소형화, 웨어러블, 지능화의 형태로 발전되면서 이에 대응할 수 있는 고감도 압력 센서 기술의 중요성이 더욱 부각되고 있다. 이러한 요구에 따라 압력 센서 기술은 최근 몇 년간 감지 성능의 상당한 발전이 이루었으며 미래에도 많은 연구가 진행될 것으로 전망된다.

미래의 압력 센서는 장차 디스플레이와 결합하여 입출력을 통합적으로 제공하는 HCI 인터페이스로 발전하여 모든 사물에 IT를 적용하는 진정한 의미의 사물 인터넷을 구현하는 데 중요한 토대가 될 것으로 예상된다. 종이를 이용한 압력 센서 기술은 그 자체의 활용뿐만 아니라 다른 산업의 부품으로서의 중요성 또한 크다. 그렇기 때문에 점차 활용이 증가하면서 미래의 중요 산업으로 종이의 가치가 다시 부각되지 않을까 한다.

종이를 이용한 기술은 다른 과학기술 영역에도 쓰일 수 있다. 배터리를 살펴보자. 최근 배터리 시장은 기존의 딱딱한 형태의 배터리에서 유연성을 지닌 배터리 위주로 재편되고 있다. 연구 동향 또한 정형화된 배터리가 아닌 구불구불한 전극 구조, 케이블 모양 배터리 등 다양한 형태의 유연성 배터리로 이동해가는 추세이다.

그러나 휘어짐, 늘어남, 접힘 등 여러 가지 변형을 동시에 견딜 수 있는 배터리는 아직 개발되지 않았으며, 유연성 전자기기의 가파른 성장세를 볼 때 여러 변형 상태에서도 안정한(multistable) 배터리에 대한 연구가 필요하다.

그럼 종이를 이용하여 배터리를 만들면 어떨까? 앞서 언급한 바와 같이 종이의 휘어지고, 접을 수 있고, 신문지처럼 말 수 있는 특성을 잘 살리면 여러 물리적 변형이 가능한 배터리를 만들 수 있지 않을까? 예를 들어보자.

알루미늄 포일을 음극으로, 탄소 기반의 복합체를 양극으로 사용하고, 염화나트륨(NaCl)과 와이퍼티슈를 각각 전해질과 분리막으로 사용하면 일반 실내에서 공정이 가능하고 폭발의 위험이 없는 알루미늄-공기 전지 제작이 가능하다. 종이 기판 위에 접힘 등에 의한 기계적 변형이 일어날 때 가장 문제가 되었던 배터리 소재의 박리 문제를 해결할 수도 있다. 종이의 거친 표면이 배터리 소재를 머금고 있어 심한 기계적 변형이 오더라도 박리되지 않게 힘껏 잡아주기 때문이다.

또한 종이의 접기 특성을 이용하여 배터리 팩킹을 통해 작은 면적 내에 직·병렬연결 구조를 구현하여 추가적으로 출력을 향상시킬 수도 있다. 각각의 배터리를 전기전도도가 높은 힌지(hinge, 경첩)로 연결하여 신축성을 가지게 할 수 있어서 휘어짐, 늘어남, 접힘, 구겨짐 등 다양한 변형 상태에서도 출력 특성을 유지할 수 있다.

4차 산업혁명의 시대, 모든 것은 신소재가 될 수 있다

종이는 일상에서 가장 흔히 접할 수 있는 소재이다. 따라서 문서를 출력하고 글을 쓰거나 그림을 그리는 행위를 하는 입장에서는 전혀 신소재가 아니다. 실리콘 기술에 익숙한 지금 시대에 만일 종이가 실리콘이 할 수 없는 영역의 기술을 구현할 수 있는 중요한 소재가 된다면 과학·공학적으로 '신소재'가 될 수 있다. 3D 터치 센서 기술이나 유연 배터리에서 종이의 역할을 다시 생각해 본다면 일상의 종이는 신소재가 될 수 있는 조건을 갖추고 있다.

우리는 4차 산업혁명의 시대에 접어들어 살고 있다. 모든 사물로부터 데이터가 발신되고, 그 데이터가 놀라운 수준의 초연결을 형성하여 인간과 밀접하게 소통하고, 우리의 욕구와 상상력을 이전과 비할 수 없는 수준으로 자극하고 만족시킬 수 있는 기술의 시대이다. 이것을 실현하기 위해서는 감각과 지능성을 띤 소재가 광범위하게 개발되어야 한다. 그러나 이런 소재의 개발에 무조건 막대한 시간과 노력, 비용이 투입되어야만 한다면 4차 산업혁명은 이뤄질 수 없는 꿈에 불과하거나 극소수 부유층의 전유물로 그칠 수밖에 없다.

종이와 같은 전통적인 소재를 첨단 소재로 뒤바꾸는 접근법은 그래서 중요하다. 가령 종이뿐만 아니라 주방의 비닐랩은 매우 얇고 투명하여 탈부착이 가능한 전자기기의 훌륭한 기판 소재로 사용될 수도 있다.

첨단기술의 구현은 반드시 고가의 신소재를 필요로 하는 것이 아니라, 기술 구현에 적합한 특성을 가진 소재가 필요한 것이며, 이러한 관점에서 우리 주위의 모든 소재들이 미래에는 신소재가 될 수 있다.

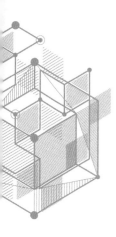

태양 에너지를
완벽하게 수확하는 법

박종혁
연세대학교 화공생명공학과 교수

인간을 비롯한 지구에 사는 모든 생명체는 태양 에너지를 기반으로 필요한 에너지를 제공받는다. 땅속이나 깊은 심해에 사는 소수 생명체를 제외하고 지표 근처에 사는 대부분의 생명체는 태양 에너지를 이용해서 살아간다. 식물 또한 광합성 과정을 통해서 태양광 에너지를 다른 형태의 에너지인 영양소로 바꾸어 사용하며 뿌리나 줄기 잎, 그리고 열매 등에 저장하기도 한다. 그런 식물을 초식동물이 먹고 육식동물은 그 초식동물을 먹이로 잡아먹고 살아가므로 결국 모든 생물들은 태양 에너지를 먹고 사는 것이다.

인류의 역사는 사실상 에너지원의 발견 및 사용 방식에 따라 구분될 수 있다. 인류는 화학 문명의 시초라고도 볼 수 있는 '불의 발견'을 시작으로 토기, 금속, 그리고 유리 등의 제작과 함께 보다 발달된 생활양식을 영위할 수 있었고, 화석연료의 이용으로부터 전기, 석유의 생산을 통해 1, 2차 산업혁명을 이룩할 수 있었다. 이러한 에너지원 가운데 태양 에너지는 모든 에너지원의 씨앗이라고 부를 수 있다.

불을 지피기 위한 나무, 나무를 먹고 자란 동식물과 이들의 사체가 땅속에 묻혀 생긴 석유, 지구의 온도 차이로 인해 발생하는 바람과 파도 등 모든 것이 태양으로부터 비롯되었다고 하여도 과언이 아니다.

현재 가장 큰 비중을 차지하고 있는 에너지원은 화석연료이다. 화석연료가 지구의 주된 에너지원이 된 이유는 풍부한 매장량, 저렴한 값, 편리한 운송, 그리고 다양한 분야에 널리 적용이 가능하다는 점 때문이다. 그러나 한정된 매장량과 지속적 소비 및 인간 활동으로 인한 환경오염으로 인해 화석연료의 미래가 더 이상 밝지 않다. 실제로, 공급 대비 수요의 급증으로 배럴당 30달러 정도였던 원유가가 1년 사이에 70달러 수준으로 가파르게 상승하였으며, 앞으로는 석유의 단가가 더 오를 전망이다.

에너지원으로서의 화석연료는 가격 상승의 문제와 더불어 이산화탄소와 아황산가스를 배출하게 되는데, 이러한 가스들은 온실효과 및 대기의 산성화를 일으킨다. 특히 이산화탄소는 지구온난화의 주범이며 지구의 평균 온도 상승과 해수면의 상승을 불러일으켜 인류 미래에 심각한 문제를 일으킬 수 있다. 그렇기에 친환경적이며 무한한 차세대 대체 에너지원의 개발이 시급하다.

에너지는 국가 경제 발전의 절대적인 요소이자 원동력임을 우리는 지난 수십 년간 보아왔다. 인류는 오랫동안 풍부하고 값싼 석유 및 천연가스 등 화석 에너지의 혜택으로 풍족한 삶을 누려왔다. 그 결과 한편으로는 지구온난화의 우려와 화석 에너지 고갈 이후의 에너지 문제를 어떻게 해결할 것인가에 대한 과제를 안게 되었다. 지난 1992년 브라질의 리우데자네이루에서 열린 유엔환경개발회의에서 기후변화협약을 채택하여 지구온난화 방지를 위한 국제적 노력을 개시한 이래, 1997년 교토의정서에 의해 점차 지구온난화에 대한 세계적인 논의가 구체화되었다. 실제 온실가스 배출량 세계 7위인 대한민국은 파리기후협정에 따라 2030년까지 배출 전망치 대비 37퍼센트까지 감축을 목표로 제시하였다.

이처럼 우리나라가 석유 한 방울 가지고 있지 않은 에너지 빈곤국임과 동시에 온실가스 배출 상위국임을 감안할 때, 에너지 절약과 이산화탄소 분리·처리 등 온실가스 감축 노력을 지속해야 한다. 또한 탈(脫)화석 에너지를 구체적으로 시행하여야 할 때이다. 화석연료의 사용이 현재까지의 경제체제를 이끌어온 핵심 에너지원이었지만 기후변화의 영향으로 인한 인류의 생존 문제가 현실로 다가옴에 따라 이를 대체할 신에너지 기술에 초점을 두어야 할 것으로 생각된다. 최근 석유 경제체제를 대신할 대표적인 대안이 바로 태양 에너지를 활용하는 방법이다.

태양열의 활용에서 태양광의 활용으로

평소에 우리는 태양광 에너지가 얼마나 우리의 삶에 영향을 주는지 알지 못하는 경우가 많다. 우리가 평소에 느끼는 태양 에너지는 단지 우리가 햇빛을 받을 때 따뜻함 정도를 느끼는 정도에 불과할 것이다. 그러나 우리가 느끼는 것보다 태양 에너지는 엄청난 양의 에너지를 매일 지구로 보내주고 있는 소중한 에너지원이다.

지구는 매일 태양으로부터 235,000테라와트(TW)의 에너지를 받고 있다. 2050년까지 지구는 대략 50테라와트 정도의 에너지를 매일 소비할 것으로 예상되기 때문에 태양 에너지는 전 인류가 필요로 하는 에너지 양의 5,000배에 달할 정도로 풍부한 에너지원이다.

인류가 필요로 하는 에너지 양의 5,000배 이상의 에너지를 가지고 있는 태양 에너지를 전기 에너지 또는 다른 화학 에너지로 적절히 행태를 변환하여 인류가 이용할 수만 있다면 지구온난화 및 대기오염 방지에 지대한 공헌을 할 것이며 태양이 소멸하지 않는 한 자원 고갈 우려가 없는 꿈의 에너지원일 것이다.

근현대에 이르기까지 인류는 태양으로부터 비롯된 다양한 종류의 에너지원을 사용해 왔지만, 정작 이러한 에너지원들의 기원이 태양 에너지라는 사실을 인지하지 못하였다. 인류는 기원전부터 이미 볼록렌즈와 반사경을 이용한 태양 에너지의 집광, 남향으로 낸 창으로부터의 태양열 에너지 등을 활용하였다.

태양 에너지는 크게 빛의 형태로 지구로 들어오는 에너지와 열의 형태로 지구로 들어오는 에너지로 구분된다. 그 이유는 태양 에너지가 다양한 파장을 가지고 지구에 도달하게 되기 때문인데 [그림 1]과 같이 그 파장에 따라 태양 에너지는 자외선, 가시광 및 적외선 등의 세 가지 종류로 나눌 수 있다. 우리가 태양이 있을 때 따뜻함을 느끼는 것은 바로 적외선 영역의 파장이 우리 피부에 닿게 될 때이기 때문이다.

일반적으로 물은 적외선을 흡수하는 능력이 있기 때문에 한여름에 바닷물이나 수영장의 물이 따뜻하게 되는 원리도 결국 태양 에너지 중 열 에너지에 해당하는 적외선 파장을 이용하는 것이다. 또한 우리가 도

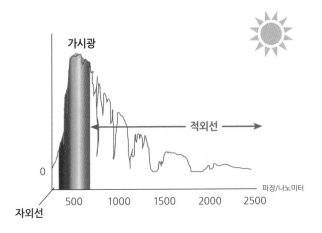

그림 1. 태양 에너지의 파장에 따른 빛의 종류

심이나 시골에서 가끔 볼 수 있는 태양열 주택은 지붕 위에 설치된 집
열판에서 적외선 영역의 에너지를 흡수하여 그 열로 물을 끓여서 온수
를 만들거나 난방을 해결한다. 적외선이 집열판에 닿으면 태양 에너지
가 열 에너지로 바뀌고 파이프 내의 온도가 올라가 물이나 공기를 가열
하는 것이다. 가열된 공기는 가정 내에 따뜻한 온기를 주고 물은 난방
과 온수로 활용된다.

직접적인 에너지원 생산을 위한 태양 에너지의 광·화학적 사용은 19세
기 이후의 현대 과학에서 시작된다. 1839년 프랑스 물리학자인 앙투안
앙리 베크렐(Antoine Henri Becquerel)이 태양 전지를 발명하면서 특정
한 물질을 빛에 노출시켰을 시 전류와 전압이 발생되는 광기전력 현상
을 알아냈고, 1905년에는 독일 물리학자인 아인슈타인이 빛이 입자의
성질을 갖고 있다는 것을 상대성 이론을 통해 밝힌 광전효과를 발견하

면서 태양 전지 개발에 큰 공헌을 했다.

현재의 태양 에너지는 기존 화석연료를 대체할 범세계적 차세대 에너지원으로 각광받고 있으며, 태양 에너지의 변환·저장·활용에 관한 연구가 활발히 진행되고 있다. 앞서 언급된 태양 전지와 같이 태양으로부터의 빛 에너지를 전기 에너지로 직접 전환하는 광전변환소자, 태양광을 이용한 물 분해를 통해 수소를 생산하는 시스템 등이 그 예이다.

그러나 [그림 1]에서 볼 수 있듯이 태양 에너지의 가장 많은 부분을 차지하고 있는 것은 가시광 영역의 파장이다. 우리가 사물의 색깔을 볼 수 있는 것이 이 가시광 영역의 파장 때문인 것은 이미 알고 있을 것이다. 태양 에너지의 가시광 영역을 활용할 수 있는 대표적인 방법이 태양 전지 기술이다.

태양광은 포톤(photon)이라고 불리는 광자로 이루어져 있으며 태양

 어떻게 전기를 만들까?

발전이란 간단히 말해 전자의 흐름을 만들어내는 것이다. 태양광 발전은 아인슈타인이 1905년에 규명한 광전효과를 이용한다. 간단히 말해 금속에 빛을 쪼이면 전자가 튀어나오는 현상이다.

이와 달리 현재 우리가 사용하는 전기의 대부분은 패러데이의 원리를 활용해서 만든 것이다. 이에 따르면 전선 주위에 자석을 빠르게 회전시킬 때 전자의 흐름, 즉 전류가 생겨난다. 수력, 화력, 원자력 발전은 모두 초대형 자석을 회전시키는 발전기로 생산된다.

거대한 댐을 만들고, 석탄이나 가스 연소, 핵분열 에너지로 거대한 자석을 회전시키다 보니 환경 파괴가 심각할 수밖에 없다.

전지의 반도체 소재의 금지대폭(bandgap)보다 에너지가 높은 가시광 영역의 광자는 반도체 소재 내에 전자와 정공을 형성하게 되며 접합 영역에 형성된 내부전장이 전자는 n형 반도체*로, 정공은 p형 반도체**로 이동시켜 기전력이 발생한다. n형 반도체, p형 반도체 각각 부착된 전극이 부극과 정극이 되어 직류전류를 취하는 것이 가능해진다.

태양 전지 반도체의 재료로서는 실리콘 재료가 가장 널리 활용되고 있으며 갈륨비소, 카드뮴텔루르, 황화카드뮴, 인듐인 또는 이 재료들 사이의 복합체도 사용이 가능하다.

2016년 세계 태양광 설치량은 대략 70기가와트 이상 되었으며 세계 태양광 수요 전망치 상향의 주요 이유는 중국 및 미국의 태양광 수요 증가 때문인 것으로 판단된다. 일반적으로 원자력 발전소 한 기당 1기가와트 정도의 발전량을 나타내기 때문에 1년에 원전 70개 정도에 해당하는 태양 전지가 매년 세계적으로 깔리고 있는 셈이다.

궁극의 친환경 사이클―태양광을 활용한 수소 제조

우리가 태양광 에너지를 활용하는 또 다른 방법은 태양광 에너지를 활용하여 물(H_2O)을 분해해 수소를 제조하는 것이다. 초등학교 실험 시간에 1.5볼트 건전지 2개를 연결하고 금속 물질을 물속에 넣게 되면 양쪽 금속에서 기포가 발생했던 것을 기억해 보자. 이 기포는 H_2O가 산화와 환원이 되면서 수소기체와 산소기체가 생산이 되는 것이다. 따라서 태양 전지에서 만든 전기 에너지로 수소를 제조하고 이 수소를 저장했다가 원하는 시간에 우리가 활용할 수 있다. 대표적인 수소를 활용하는 방법은 연료전지라고 불리는 기술이다.

연료전지는 수소와 산소의 전기화학반응을 통해 전기와 열 에너지를 생산하는 고효율·친환경 발전 시스템이다. 기존의 화석연료를 기반으로 하는 발전기와 달리 연료의 연소를 통한 에너지 변환과정을 거치지 않고, 바로 전기를 생산하기 때문에 에너지 손실이 적어 발전 효율이 높고, 부산물이 물밖에 나오지 않기 때문에 친환경적이며, 소형화가 가능하기 때문에 분산 전원으로 활용이 가능한 차세대 에너지원으로 주목받고 있다.

우리가 연료전지를 자동차와 연결을 하게 되면 연료전지 자동차를 만들 수 있다. 수소는 연료전지뿐만 아니라 가스터빈, 연소기, 내연기관 등 매우 다양한 기기에 적용이 가능하며 이를 위해서는 경제적인 수소 생산 기술이 뒷받침되어야 한다. 태양 전지에서 소개한 바와 같이 전 인류가 필요로 하는 에너지 양의 5,000배에 달할 정도로 풍부한 태양광 에너지를 수소의 행태로 변환하여 이용한다고 생각해 보자. 수소 에너지 이용이 지구온난화 및 대기오염 방지에 지대한 공헌을 할 것이며 사용 후에는 다시 물로 재순환되므로 자원 고갈 우려가 없는 인류의 꿈이 될 것이다.

현재 대부분의 수소는 화석연료에 의존해서 생산되고 있으며, 화석

◆ n형 반도체: 음(negative)의 전하를 가지는 자유전자가 다수 캐리어인 반도체 물질. Negative의 머리글자를 취하여 n형 반도체라 불린다.

◆◆ p형 반도체: 양(positive)의 전하를 가지는 정공이 다수 캐리어인 반도체 물질. Positive의 머리글자를 취하여 p형 반도체라 불린다.

원료의 사용은 결국 온실가스의 배출 및 환경 파괴를 초래하기 때문에 현재의 수소 에너지는 청정 에너지원이라는 수식어가 맞지 않게 된다.

수소를 제조하는 가장 깨끗한 방법은 태양광으로부터 수소와 산소를 제조하는 방법인 광전기화학 물분해(Photoelectrochemical Water Splitting)이다. 광전기화학 셀(광화학전지)은 널리 알려진 태양 전지와 메커니즘은 유사하지만 전자의 이동이 전기 생산을 유도하지 않고 물의 환원에 의한 수소생산에 직접 활용된다는 차이가 있다. 광전극은 태양광을 흡수하여 전자-홀의 엑시톤(exciton)을 형성하며 상대전극과는 외부회로로 연결되어 있다. 두 전극은 수용액 전해질과 접촉하게 된다. 두 전극에서는 각각 물의 산화와 환원반응이 일어나게 되어 산소와 수소를 생산하게 된다.

만약 광전극이 n형 반도체일 경우, 광전극에서는 산화반응으로 산소가, 상대전극에서는 환원반응이 유발되어 수소가 발생하게 된다. 만약 광전극이 p형 반도체일 경우, 그 반대의 반응이 일어난다. 광전기화학 물분해 방법은 태양 전지와 물분해 전해조를 동시에 사용해야 하는 기존의 고비용 시스템을 사용하지 않고 수소 에너지를 제조할 수 있는 획기적인 방법이다.

수소 기술 투자에 좀 더 과감한 도전이 필요하다

광전기화학 셀의 꿈은 단지 수소 생산만으로 그치지 않는다. 궁극적으로 식물 내의 광합성을 모방하여 물과 이산화탄소로부터 알코올 등을 생산하는 시스템도 구현할 수 있다. 이러한 가상적인 순환 공정이 이루어진다면 일류의 에너지, 환경문제를 동시에 해결할 수 있을 것이다.

국내에서 1998년부터 추진된 수소 에너지 관련 기술 개발 과제는 15개 정도로, 48억 원 정도의 사업비로 진행되었다. 이 연구비는 수소 생산, 저장, 이용 기술 개발에 관한 것으로 산업자원부 에너지관리공단의 주도하에 진행되었다. 반면에 태양광을 이용해 물로부터 수소를 제조하는 기술은 2000년부터 2단계 5개년 계획으로 광촉매, 생물학적 수소 제조, 열화학싸이클 기술에 대한 기반기술 확보를 위해 과학기술부로부터 연간 수십 억 원의 연구비를 지원받고 있다.

미국을 비롯한 선진국에서는 광전기화학 셀을 이용한 수소 생산 기술에 장기적인 투자가 계속되고 있으나 국내에서는 그 연구비 수준이 미미한 실정이다. 광전기화학 셀을 이용한 국내의 수소 생산 기술은 아직 기초 수준이다.

그러나 반도체 전극 제조 기술, 금속/금속산화물 박막 제조 기술, 코팅기술, 금속산화물 구조 제어 기술 등 광전기화학 셀 구성 요소 중 핵심이 되는 전극 형성 기술은 어느 정도 확보되어 있어 향후 탠덤 (tandem) 셀용 전극, 광부식 방지를 위한 코팅기술, 광전기화학 셀 구성 기술 등 수소 생산을 위한 실용적 측면의 기술을 체계적으로 확보하면 단기간 내에 선진국 수준의 기술을 확보할 수 있을 것으로 예측된다.

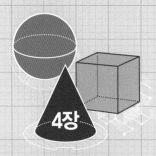

다시 생각하고
또 다른 질문을 던지다

공학은 질문을 아는 것이고 질문을 하는 것이다. 뛰어난 공학자는 단 한 번도 누군가가 던져준 과업을 시키는 대로만 수행하는 기계적인 존재였던 적이 없다. 인간이 살아가는 공간, 생산의 수단, 돈 버는 방법, 삶의 목적에 대해 공학은 언제나 치열하게 고민하고 질문을 던져왔다. 그리고 세월이 흐를수록 그 질문은 더 깊고 폭넓게 발전해 왔다.

컴퓨터가 할 수 있는
일을 밝히다

한요섭
연세대학교 컴퓨터과학과 교수

우 리의 일상은 컴퓨터 사용의 연속이라 해도 과언이 아니다. PC뿐만 아니라 TV에서도 인터넷 연결로 웹서핑이나 동영상 재생이 가능하며, 휴대 전화에서는 SNS나 게임뿐만 아니라 각종 문서 작성, 심지어 프로그래밍까지 가능하다. 초소형 컴퓨터가 들어가 있기 때문이다.

호기심이 많은 사람이라면 컴퓨터의 이런 '신기한 능력'을 보며 여러 가지 질문을 해볼 수 있다. 컴퓨터는 어떻게 이 모든 기능을 할까? 우리가 키보드, 마우스, 음성, 손가락, 몸짓 등을 포함한 여러 가지 방법으로 명령을 내리면 컴퓨터는 어떻게 명령을 실행할까?

그러나 일상의 모든 것에 컴퓨터가 들어가는 시대이니 만큼 보다 근본적이고 야심찬 질문을 던져볼 수도 있겠다. 컴퓨터는 우리가 (컴퓨터

규칙에 따라서) 무엇을 요청하면, 항상 수행할 수 있을까? 궁극적으로 컴퓨터가 우리들 인간의 모든 문제를 해결해 줄 수도 있을까?

컴퓨터의 능력치는 인간에 의해 결정된다

〈매트릭스〉나 〈스페이스 오디세이〉와 같은 영화에서 보듯, 컴퓨터의 능력에 대한 질문은 우리의 상상력을 자극한다. 그러나 공학적인 의미에서 생산성 있는 사고를 전개하려면 한 가지를 분명히 해야 한다. 바로 컴퓨터는 인간이 움직일 수밖에 없다는 점이다.

컴퓨터가 무엇을 '한다'는 것은 프로그램을 통해서 사용자가 원하는 일을 실행하는 과정이다. 그리고 컴퓨터가 어떻게 동작하는지를 알려주는 프로그램은 사람이 만든다. 근래에는 인공지능의 발달로 인하여 인공지능 스스로 프로그램을 만들기도 하지만, 여전히 초기 인공지능 프로그램은 사람이 만든다.

스마트폰을 예로 들어 보자. 사용자가 설치한 여러 가지 앱은 모두 프로그램이고, 스마트폰이 원활하게 자원을 활용하고 앱을 동작시키는 운영 시스템(예: 안드로이드, iOS 등) 역시 또 하나의 프로그램이다. 최근에 세계 바둑 고수를 모두 차례대로 이긴 바둑 인공지능 알파고도 프로그램의 한 종류다. 그러므로 '컴퓨터가 무엇을 할 수 있을까?'란 질문은 '사람이 컴퓨터를 도구로 활용해서 만드는 소프트웨어 프로그램이 무엇을 할 수 있을까?'란 질문과 같은 말이다.

우리가 새로운 기계 장비를 구입하면, 거기에는 해당 장비의 특징이 무엇이고 주의할 점이 무엇인지 등이 자세하게 기술되어 있는 매뉴얼이 있다. 그리고 이 매뉴얼에는 기계 장비가 멈추거나 오작동의 문제 상황에서 어떻게 대응하는지에 대한 설명도 포함되어 있다. 당연한 이야기이겠지만, 이런 매뉴얼을 제대로 작성하기 위해서는 장비에 대한 이해와 함께 특징과 한계점을 잘 파악해야 한다.

이 장비를 컴퓨터라고 하면, 컴퓨터를 효율적으로 활용하기 위해, 즉 적절한 소프트웨어를 개발하고 구동하기 위해 컴퓨터의 동작 원리와 한계점을 이해하고 발생 가능한 문제점을 예상할 수 있어야 한다. 그리고 이런 내용에 대한 이해와 분석을 통해 컴퓨터의 근본 원리를 연구하는 분야가 바로 계산이론(theory of computation)이다.

한계를 알 때 컴퓨터의 가능성이 보인다

컴퓨터과학에서 다루는 주요 내용들이 '여러 다양한 조건과 환경에서 어떻게 소프트웨어 프로그램을 잘 만드느냐'에 관한 것이라면, 계산이론은 소프트웨어 제작의 근본 원리에 관한 이론이다. 컴퓨터가 어떤 일을 할 수 있고 어떤 일을 할 수 없는가에 대한 원론적인 질문에 답을 제공하는 것이다.

언뜻 계산(computation)이라는 말이 다소 생소할 수 있는데, 컴퓨터(computer)는 이름 그대로 계산을 하는 장치이다. 프로그램의 실행이란 컴퓨터가 프로그램의 실행 규칙에 따라 계산을 수행하고 그 결과값을 다음 단계로 전달하는 과정의 반복이라고 할 수 있다. 그러므로 계산이론은 컴퓨터가 어떻게 계산을 하는가에 대한 이론이다.

계산이론이 무엇인지 이야기하기에 앞서 왜 이론이 필요한지 먼저 이야기해 보고자 한다. 자동차나 비행기를 만들 때, 단순히 기계 조립만 하는 것이 아니라 동체 역학이나 철의 내구 피로도 등에 대한 이론 지식이 꼭 필요하다. 관련 지식이 없이는 당연히 제대로 된 물건을 만들 수 없다.

마찬가지로 컴퓨터 보안 프로그램을 만들 때에는, 반드시 네트워크 패킷 송수신에 관한 원리와 통신규약(프로토콜)에 대해 잘 알고 있어야 한다. 그렇지 않으면 양측 간에 다른 프로토콜의 사용으로 프로그램이 제대로 동작하지 않게 된다. 물론 프로그래밍 기본 원리와 함께, 컴퓨터 프로그램이 어떻게 동작하는지에 대한 원리도 당연히 알아야 한다.

이런 예에서 알 수 있듯이, 이론이란 다양한 상황에서 프로그램이 어떻게 동작하는지에 대한 원리이다. 동작 원리를 제대로 이해하지 못하면, 때로는 해결 불가능한 일을 하려고 시도하는 경우가 발생한다. 이와 관련하여 이론의 중요성을 알려주는 재미있는 이야기를 살펴보자.

저 멀리 한 나라의 왕은 자기 나라의 IT 환경을 획기적으로 개선하기 위해서 다수의 초고속 슈퍼컴퓨터를 구매하였다. 그런데 얼마 지나지 않아 대다수의 슈퍼컴퓨터가 정체를 알 수 없는 바이러스에 감염되었다. 이 바이러스는 프로그램이 무한 반복적으로 실행되게 만들었다.

이런 사실이 다른 나라에 알려지면 큰 망신을 당할 것이라 생각한 왕은 서둘러 자국의 현자들을 불러 프로그램이 모든 입력 값에 대하여 무한 반복으로 실행되는지를 판단하는 종료 판별 프로그램

(terminating testing program)을 만들라고 지시했다. 그러나 그 누구도 종료 판별을 완벽하게 하는 프로그램을 만들어내지 못했다. 화가 난 왕은 다음과 같은 명령을 내렸다. "앞으로 한 달 이내에 프로그램을 만들지 못하면 모든 현자들은 다 처형될 것이다."

이 소식을 들은 백성들은 여러 프로그램을 만들어 봤지만, 아무도 성공하지 못했다. 그 무렵 튜링 박사라는 사람이 왕을 찾아 왔다. 그런데 튜링 박사는 프로그램이 담긴 USB나 프로그램을 실행할 컴퓨터를 가지고 온 게 아니라 달랑 연필과 종이만 가지고 나타났다.

놀란 왕이 "프로그램은 어디 있느냐?"라고 묻자, 튜링 박사는 "나는 프로그램이 없습니다"라고 답했다. 이에 자신을 놀리는 것이라 생각한 왕은 몹시 화난 목소리로 튜링 박사를 감옥에 가두라고 명령했다. 그러자 튜링 박사는 "잠시만요 임금님! 그런 프로그램은 존재하지 않습니다"라고 말하고 이를 증명해 보였다.

튜링 박사의 설명을 들은 왕은 비로소 자기 나라에서 그런 프로그램을 만들 수는 없지만 다른 나라 그 누구도 만들 수 없다는 것을 이해하게 되었다. 그리고 튜링 박사의 업적을 기념하여 그의 이름을 딴 튜링상(Turing Award)◆을 제정하였다.

어떠한가? 튜링은 존재하지 않는 프로그램을 만들려고 시도하기보다는 그런 프로그램 자체가 존재하지 않음을 논리적으로 증명하였다. (사

◆ **튜링상:** 컴퓨터 분야 학회 연합체인 ACM에서 매년 컴퓨터과학 분야에서 업적을 남긴 사람을 선정하여 시상하는 상으로 이 분야의 노벨상이라고 인정받는다.

실 세상에는 무궁무진하게 많은 프로그램이 존재할 수 있기에, 원하는 프로그램이 만들어질 때까지 모든 프로그램을 다 시도해 보는 것은 현실적으로 불가능한 일이다.) 즉 컴퓨터의 한계점을 이해하고 계산이론을 활용하여 해당 프로그램이 존재할 수 없음을 증명한 것이다.

컴퓨터로도 해결할 수 없는 문제는 존재한다

인공지능이 빠르게 발전하고, 기존에 우리가 상상하지도 못하는 일들을 컴퓨터가 해결하고 있는 현실에서, 컴퓨터가 풀지 못하는 문제가 있다는 게 역설적으로 들릴 수 있다. 그러나 놀랍게도 (혹은 다행히도) 컴퓨터가 해결하지 못하는 문제는 존재하고 그 종류도 매우 많다.

위 이야기의 실제 주인공인 앨런 튜링◆은 1936년에 컴퓨터를 이용해서 해결하지 못하는 문제들이 있다는 사실을 증명했다. 신기한 점은 1936년에는 컴퓨터가 존재하지 않았다는 것이다. 튜링은 실제 존재하는 컴퓨터가 아니라 이론의 가상 컴퓨터를 만들고 이 컴퓨터를 이용해서 풀 수 없는 문제가 있음을 증명하였다.

이 이론상의 컴퓨터가 튜링 머신(Turing Machine)이라 불리는 기계이

◆ 앨런 튜링: 컴퓨터 이론과 인공지능의 아버지. 튜링 머신을 설계하고, 이 머신을 이용해서 컴퓨터로 해결 불가능한 문제가 있음을 증명하였다. 튜링이 컴퓨터과학의 아버지라는 사실은 오랫동안 알려졌으나, 인공지능의 아버지라는 사실은 조금 생소할 수 있다. 튜링은 1950년에 이미 기계의 인공지능을 평가하는 튜링 테스트(Turing Test) 방법론을 제안했다.

고, 해결하지 못하는 대표적인 문제는 정지 문제(Halting Problem)◆라 불리는 문제이다.

놀랍게도 튜링이 머릿속으로만 설계하고 제안한 이론상의 존재인 튜링 머신은 현재 우리 시대의 컴퓨터와 같은 계산을 수행한다. 즉 현재의 컴퓨터로 풀 수 있는 모든 문제는 튜링 머신으로도 풀 수 있고 반대로 컴퓨터로 풀 수 없는 문제는 튜링 머신으로도 풀 수 없다.

컴퓨터가 해결할 수 없는 문제가 있다는 사실은 다소 의외일 수 있다. 초창기 컴퓨터는 부피도 크고 처리 속도나, 용량에 제한이 있으니 해결하지 못하는 문제가 있을 법도 하지만, 요즘은 성능이 엄청나게 향상되었고, 메모리 등의 용량 한계도 거의 없다고 할 수 있다. 가령 클라우드 시스템을 활용하면 거의 무한대에 가까운 저장 용량을 사용할 수 있다. 그럼에도 불구하고 알파고나 초고속 슈퍼컴퓨터로도 위에서 말한 정지 문제를 해결할 수 없다.

정지 문제가 다소 수학적이고 너무 이론적이어서 우리 생활과 동떨어진 이야기로 들린다면, 우리가 매일 경험하는 또 다른 이야기를 하나 살펴보자.

1998년 4월에 마이크로소프트의 창업자인 빌 게이츠가 자신의 회사에서 만든 새로운 운영체제 윈도우 98(Windows 98) 베타를 시연하였다. 물론 정식으로 출시하기 이전의 베타 버전이긴 하지만, 많은 대중 앞에서 시연을 할 때는 완성도가 높은 프로그램을 시연하는 게 관례이

◆ **정지 문제**: 임의로 주어진 튜링 머신이 항상 멈출지 그렇지 않을지를 판단하는 문제이다. 예를 들면 튜링 머신이 무한 루프에 빠지면 멈추지 않게 된다.

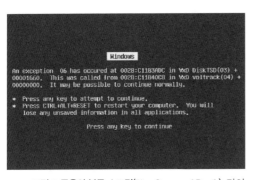

그림 1. 죽음의 블루 스크린(Blue Screen of Death). 마이크로소프트 운영체제에서 시스템 오류를 복구하지 못할 때 나타나는 화면이다.

다. 그런데 시연 도중에 윈도우 98의 신기능인 플러그 앤 플레이(Plug and Play)◆를 보여주고자 스캐너를 연결하자, 수많은 청중 앞에 새파란 에러 스크린이 나타났다. 컴퓨터를 오래 써온 사람은 꽤 친숙할 것이다.

빌 게이츠는 자신의 회사가 야심차게 준비 중인 새로운 운영체제를 선보이는 자리에서 이런 일이 발생했으니 얼마나 망신스러웠을까? 물론 이 위기의 순간에 빌 게이츠가 "이래서 우리가 아직까지 베타 버전이라고 부르지요"(정확히는 "That must be why we're not shipping Windows 98 yet."이라고 했다) 라고 농담을 던지자 청중들이 크게 웃으면서 사태는 유쾌하게 마무리 됐다.

여기서 한 가지 궁금증이 생겨난다. 마이크로소프트는 전 세계 컴퓨터 과학도가 선호하는 직장 중에 하나이고 현재도 많은 컴퓨터 박사 연구원이 일하고 있다. 그럼에도 1998년 이후로도 새로운 윈도우 운영체제가 나올 때마다 여지없이 블루 스크린 문제가 발생한다. 분명히 많은 연구원들이 여러 가지로 노력하고 있을 텐데도 이 문제는 쉽게 해결되지 않는다.

◆ 플러그 앤 플레이: 컴퓨터에 마우스나 USB 메모리 등 새로운 장치를 연결하면, 해당 장치를 자동으로 인식하고 설정하는 기능.

그렇다면 이 문제는 왜 해결되지 않을까? 아마 눈치 빠른 독자는 이미 예상했겠지만, 블루 스크린 문제가 '해결 불가능'한 것이기 때문이다. 즉 불행하게도 블루 스크린 문제는 앞으로도 계속 발생할 문제이다. 극단적으로 말하면 그 어떤 슈퍼컴퓨터가 개발되고 현재보다 더 나은 인공지능이 개발된다 하더라도 이 문제는 결코 사라지지 않을 것이다. 운영 시스템이 동작하면서 블루 스크린 문제가 발생할지 판단하는 문제는 튜링이 증명한 정지 문제와 같은 종류의 문제, 즉 해결 불가능한 문제이다.

다행스럽게도 많은 연구자들이 컴퓨터 이론을 통해서 발견 및 분석한 여러 가지 오류 상황을 살펴보고 이에 대한 방지와 대응 방법을 만들어낸 덕분에 오류 횟수는 점점 줄어들고 있다. 그럼에도 우리는 오류 횟수가 줄어들 뿐, 결코 오류를 완벽하게 없애는 것은 불가능하다는 사실을 알고 있다.

계산이론은 이렇게 컴퓨터로 해결 가능한 문제와 그렇지 않은 문제를 판단하는 통찰력을 수립하고, 나아가 해결 가능한 문제에 대해서는 효율적인 해결 방법을 찾는다.

해결 가능한 문제에도 복잡도의 차이가 있다

컴퓨터로 해결 가능한 문제와 그렇지 않은 문제를 구별하는 계산이론에는 크게 두 갈래가 있다. 그중 하나가 '계산가능성(computability)'이다.

컴퓨터의 발전 속도는 매우 빠르다. 컴퓨터 성능은 점점 더 좋아지고,

이를 활용하는 다양한 방법론이 새롭게 제안된다. 빅데이터, 인공지능, 딥러닝, 블록체인 등이 바로 그 예이다. 그럼에도 불구하고 앞에서 본 것처럼 컴퓨터로는 결코 해결할 수 없는 문제가 있다. 이런 문제들은 아무리 빠른 컴퓨터 여러 대를 동시에 쓰고 아무리 많은 시간과 공간을 활용한다 해도 해결 불가능하다. 그러다 보니 컴퓨터 과학자들은 컴퓨터가 해결할 수 있는 문제가 무엇인가에 대해서 연구하기 시작했다.

컴퓨터로 해결이 가능한 문제가 무엇이고 불가능한 문제가 무엇인지, 그런 문제들의 특징은 무엇인지, 특정 컴퓨터를 가지고 해결할 수 있는 문제는 무엇인지 등에 대해서 고민하는 이런 연구를 컴퓨터 계산가능성 연구라 한다.

계산이론의 또 다른 갈래로, '계산복잡도(computational complexity)'라는 분야도 있다. 계산복잡도에서는 컴퓨터로 해결 가능한 문제만을 고려한다. 연구자들이 컴퓨터로 해결 가능한 여러 가지 문제들을 꼼꼼히 살펴보니, 몇몇 문제들은 입력값이 아무리 커져도 금방 해결되는 문제라는 사실을 발견했다. 반면, 몇몇 특정 문제들은 아무리 많은 자원을 투입해도 문제 해결에 매우 오랜 시간이 걸렸다.

그래서 연구자들은 빨리 계산되는 문제와 그렇지 않은 문제의 차이점이 무엇인지에 대해 연구하기 시작했다. 여러분이 일상에서 사용하는 프로그램 중에서 빨리 실행되는 프로그램은 계산이 빠른 문제이고, 실행 시간이 느린 프로그램은 계산이 느린 문제라고 생각하면 된다. 보통은 뛰어난 그래픽을 장착한 새로운 게임이 출시되면, 기존의 하드웨어로는 게임이 원활하게 실행되지 않는다. 그런 경우에 하드웨어를 업그레이드하면 (즉 처리 속도와 메모리를 늘리면) 원활하게 게임 수행이 가능해진다. 반면 어떤 문제들은 아무리 하드웨어를 업그레이드해도 빠르게 해결되지 않는 문제가 있다.

다음 문제를 보자.

A= {-5, -4, -2, -1, 7, 8, 9} 라는 정수 집합이 주어졌다고 가정했을 때, A의 부분집합 중에서 원소의 합이 0이 되는 부분집합이 있는가?

물론 눈썰미가 좋은 사람은 벌써 {-5, -4, 9} 또는 {-4, -2, -1, 7}이 정답임을 눈치챘을 것이다. 이 문제는 부분집합합(SUBSET SUM)이라는 문제로 다음과 같이 정의된다.

부분집합합 문제: n개의 정수를 원소로 갖는 집합 A에서, 원소들의 합이 0이 되는 A의 부분집합이 있는지 판단하시오.

A의 원소 개수가 n이므로 A의 모든 부분집합의 개수는 2^n개이다. 그러면 2^n번에 걸쳐서 모든 부분집합을 확인해서 그중에 하나라도 부분집합 원소합이 0이 되는지 확인해 보면 이 문제를 해결할 수 있다. 즉 이 방법을 이용해서, 컴퓨터로 부분집합합 문제를 해결할 수 있다.

그러나 A의 원소 개수가 많아지면 많아질수록 확인해야 하는 부분집합의 개수도 기하급수적으로 늘어나고, 결국 문제 해결에 필요한 시간은 매우 커지게 된다. 과연 집합 A의 크기가 커지더라도 해결 시간이 기하급수적으로는 늘어나지 않는 방법은 없을까?

현실적으로 해결할 수 있을 만큼만 복잡한가?

다음의 두 가지 문제를 살펴보자.

양수곱셈 문제: 임의의 세 양수 a, b, c에 대해서 a와 b의 곱이 c인지 여부를 판단하시오. 즉 a x b = c?

소인수분해 문제: 임의의 양수 c에 대해서 소인수분해 하시오.

두 가지 문제 모두 컴퓨터로 해결 가능하다. 양수곱셈 문제는 두 수를 곱해서 그 결과값이 다른 한 수와 같은지를 확인하면 되고, 소인수분해 문제는 주어진 수보다 작은 약수들로 나눠 보면서 약수를 구하면 간단히 해결된다.

만약 입력 숫자들이 256비트 2진수라고 가정하면 어떨까? 참고로 2^{256}은 지구의 모든 원자의 개수보다도 더 큰 수이다. 여전히 양수곱셈 문제는 컴퓨터를 사용하면 금방 해결 가능하다. 그러나 256비트로 표현되는 큰 수에 대한 소인수분해 문제는 현존하는 가장 빠른 슈퍼컴퓨터를 사용하더라도 해결할 수 없다.

어라, 뭔가 이상하지 않은가? 조금 전에 두 가지 문제 모두 해결 가능하다고 했는데 이제는 해결할 수 없다니. 엄밀하게 말하면, 입력값이 256비트 2진수라고 해도 소인수분해 문제는 해결 가능하다. 단 시간이 엄청나게 많이 흐른 후에……

계산복잡도는 이처럼 컴퓨터로 문제를 해결할 때, 얼마만큼의 시간과 공간(메모리)이 필요한지 연구하는 분야이다. 컴퓨터로 해결 가능한 문제들에 대해서 최상의 해결 방법(최적 알고리즘)을 찾는다. 그리고 나서 알고리즘의 시간과 공간 복잡도를 기준으로 금방 해결되는 문제, 시간이 많이 걸리는 문제, 공간이 많이 필요한 문제 등 여러 종류로 구분 짓는다. 즉 계산복잡도는 컴퓨터로 해결 가능한 문제를 어떻게 분류할 것인가에 대한 연구이다.

대표적인 구분법이 P vs NP 이다. P는 컴퓨터로 '적절히 제한된 시간 내에 해결 가능한 간단한'(이 표현은 문제 입력값의 크기에 대비하여 다항시간◆ 안에 해결되는 경우를 통칭한 표현이다. 쉽게 말하면 적당한 수준의 컴퓨터를 이용해서 몇 시간 이내에 해결되는 문제라고 생각하면 된다) 문제들의 집합이다. 예를 들면 양수곱셈 문제가 P에 속하는 문제이다. NP는 컴퓨터로 적절히 제한된 시간 안에 '확인 가능한' 문제들의 집합이다.

앞에 나온 부분집합합 문제를 생각해 보자. 앞에서처럼 n개의 원소로 이루어진 A집합에 대해서 k개의 원소로 이루어진 B집합이 있다고 가정하자. 그리고 우리는 B가 부분집합합 문제의 해답인지를 검증하려고 한다고 한다. 어떻게 할까?

방법은 매우 간단하다. 먼저 B가 A의 부분집합인지 검증하고, 다음은 B 원소의 합이 0인지 검증하면 된다. 즉 A의 부분집합 중에서 원소

◆ **다항시간:** 입력의 크기가 n인 문제를 계산하는 데 걸리는 시간 f(n)이 n의 다항식으로 표현되는 경우다. 예를 들어 n개의 양수를 선택정렬(selection sort) 방법으로 해결하면 $f(n)=n^2$ 시간이 걸린다. (즉 다항시간이 소요된다.) 일반적으로 입력 길이의 다항시간이 걸리면 '빠른' 혹은 '해결하기 쉬운' 경우라고 하고, 반대로 다항시간보다 오래 걸리면 '해결하기 어려운' 경우라고 한다.

의 합이 0이 되는 부분집합을 찾는 것은 꽤 어려운 문제이지만, 주어진 A를 대상으로 B라는 집합이 A의 부분집합이고 그 합이 0이 되는지를 검증하는 것은 간단히 해결되는 문제다. 이처럼 문제 자체를 해결하는 것은 쉽지 않지만, 정답 여부를 검증하는 것은 쉬운 문제의 집합을 가리켜 NP 문제라고 한다.

P 집합에 속하는 문제들은 당연히 NP에 속한다. 정의에 의해 P 집합의 문제는 정답을 적절한 시간 안에 간단히 찾을 수 있고, 그 찾은 답은 다시 간단히 검증할 수 있기 때문이다.

반대로 NP 집합 문제는 어떨까? 앞에서 예시로 본 부분집합합 문제처럼 지금까지 여러 가지 NP에 속하는 문제를 발견했지만, 그 누구도 이런 NP 문제가 P 집합에 포함되는지 여부를 모른다. 즉 'P vs NP 문제 : (P=NP 경우) 모든 NP 문제가 P에 포함되는지, 혹은 반대로 (P≠NP 경우) P에 포함되지 않는 NP 문제가 있는지 여부'는 아직까지 아무도 모른다.

참고로 P vs NP 문제는 클레이 수학연구소(CMI, Clay Mathematics Institute)에서 2000년에 선정한 7대 밀레니엄 문제 중 하나로, 100만 달러의 상금이 걸려 있다. 물론 상금 외에도 이 문제를 해결한 사람은 컴퓨터의 노벨상인 튜링상과 수학의 노벨상인 필즈상을 받을 게 분명하다.

좋은 암호란 해커가 지칠 만큼만 복잡하면 된다

계산복잡도 연구는 우리 삶에 어떤 영향을 미치고 있을까? 컴퓨터로 쉽게 해결할 수 있는 문제와 쉽게 해결하기 어려운 문제를 구분 짓는

게 무슨 도움이 될지 알아보자.

계산복잡도는 우리가 모르는 가운데서도 매일의 삶에 밀접하게 연관되어 있다. 예를 들어 컴퓨터나 스마트폰 등을 이용해서 온라인으로 물건을 구입하고 지불하는 경우를 생각해 보자. 이때 인터넷을 통해 이루어지는 전자상거래에서 가장 중요한 요소는 보안이다. 신뢰할 수 없거나 보안성이 낮은 사이트에서 거래를 하게 되면 내 개인정보나 신용카드 정보를 거래 당사자가 아닌 제3자가 가로채 갈 수도 있기 때문이다.

기본적으로 인터넷상의 모든 데이터에는 누구라도 접근할 수 있기 때문에 온라인 상거래에서는 데이터를 암호화한다. 데이터를 암호화하고 나면, 내 암호를 풀 수 있는 키(key)를 가지고 있는 사람만이 나의 암호화 전송 데이터를 해독하고 이해할 수 있다.

여러분이 메신저를 통해서 친구와 둘이서만 메시지를 주고받고, 악의를 품은 제3자가 여러분의 대화를 쉽게 알 수 없는 것도 이런 암호화 기술 덕분이다. 실제로 여러분들이 문자를 주고받을 때, [그림 2]에서 보여주는 여러 과정을 거쳐서 데이터가 전송된다. 그리고 이런 일련의 과정에서 계산복잡도는 매우 중요한 역할을 담당한다.

암호화의 기본 원리는 메시지를 주고받는 사람만 읽을 수 있고, 다른 사람들은 읽을 수 없도록 하는 것이다. 요즘은 메시지를 네트워크를 통해서 전송하기 때문에, 네트워크에 연결된 사람들은 누구나 메시지에 접근할 수 있다. 그러므로 메시지를 원래 내용 그대로 전송하면 안 되고, 송신자와 수신자가 사전에 약속한 규칙에 따라서 메시지를 변경(암호화)하여서 전송해야만 한다. 이 과정에서 암호/해독 알고리즘이 사용되기에 이 과정을 '암호화'라고 한다.

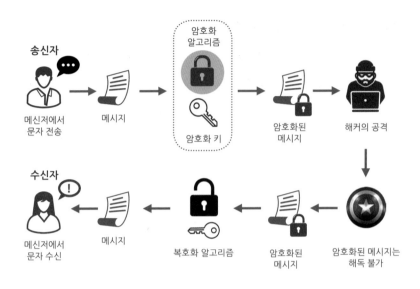

그림 2. 안전한 데이터 전송을 위한 암호화 과정

암호화 방법은 여러 가지가 있는데 그중 가장 유명하고 널리 쓰이는 방법 중에 하나가 RSA 방법이다. RSA 방법은 발명자 3명의 이름 앞글자(Rivest, Shamir, Adleman)를 딴 명칭으로, 두 소수의 곱을 계산하는 것은 간단하지만, 그렇게 곱해서 얻은 결과값으로부터 원래의 두 소수를 찾는 건 매우 어렵다는 사실에 기반하고 있다. 그래서 두 소수를 알고 있는 사람들 사이에서는 메시지 교환이 쉽게 이루어지지만, 해당 소수를 모르는 제3자는 메시지를 해독할 수 없게 된다. (이는 어디까지나 개략적인 설명이고, 정확한 RSA 암호화 동작 원리와 실행 방법에 대해서 자세히 알고 싶다면 관련 전문 서적을 참고하기 바란다.)

앞에서 기술한대로 아직까지 소인수분해를 빠르게 하는 방법은 알려지지 않았기에 이 암호화 방법은 꽤 안전하다고 평가받는다. 그리고

3인의 발명자는 RSA 발명의 공로로 2002년 튜링상을 받았다.

물론 컴퓨터의 성능이 계속해서 나아지고 계산 능력도 더 빨라지겠지만, 그에 따라서 사용하는 암호화키도 점점 더 커진다. 참고로 요즘은 RSA 암호화에 2048비트 길이 이상의 키를 사용하는 게 안전하다고 한다. 2048비트는 2^{2048}개의 숫자를 표현할 수 있다. 해킹을 포기하는 게 경제적일 만큼 매우 큰 수이다.

이 예에서 보다시피, 계산복잡도 이론은 컴퓨터로 쉽게 해결할 수 없는 문제를 발견하고 이런 문제의 특징을 이용해서 전자 보안을 비롯한 우리 실생활의 여러 가지 프로그램 개발에 큰 도움을 준다.

컴퓨터를 이해하려면 계산이론을 알아야 한다

계산이론이란 컴퓨터를 가지고 어떤 문제를 해결할 수 있고, 얼마나 효율적으로 해결할 수 있는지에 대하여 연구하는 분야이다. 우리 주변에는 스마트폰을 비롯하여 노트북, 태블릿 컴퓨터, PC 그리고 초고속 슈퍼컴퓨터 등 다양한 종류의 컴퓨터가 있다. 이런 다양한 컴퓨터를 가지고서 우리가 어떤 문제들을 해결하고 또 해결할 수 없는지에 대해서 연구한다.

세상은 빠르게 변하고 특히 컴퓨터 분야는 더욱 그렇다. 다양한 프로그램과 프로그래밍 언어들이 만들어진다. 이런 모든 프로그램의 원리와 프로그래밍 언어를 각각 개별적으로 이해하는 것은 이제 불가능한 일이 되었다.

컴퓨터에 관심이 있는 사람이라면, 하나하나의 개별 사례에 대한 깊이 있는 관심도 물론 중요하다. 그러나 컴퓨터를 이용해서 만드는 프로그램의 제작 원리(예를 들어 계산이론)를 이해한다면, 컴퓨터의 기능과 한계점을 보다 더 명확히 알 수 있다. 기초 체력이 튼튼한 운동선수가 여러 복잡한 운동 자세를 취할 수 있는 것처럼, 컴퓨터 이론에 충실한 사람이 컴퓨터를 활용한 여러 가지 복잡한 문제를 해결할 수 있다.

컴퓨터 분야에서는 점점 더 많은 데이터가 쌓이고 컴퓨터의 성능 발전으로 인공지능을 비롯한 컴퓨터의 활용은 더욱 활발해질 것이다. 이런 가운데 컴퓨터를 잘 활용하기 위해서, 코딩 실력이나 프로그램 활용 능력과 함께 컴퓨터의 한계에 대한 근본적인 이해가 병행되어야 한다.

이미 우리의 일상생활에 컴퓨터가 깊게 연관되어 있으며 미래에는 그 연결성이 더욱 밀접해질 것으로 예상된다. 소프트웨어를 개발하는 코딩 능력 배양과 함께 컴퓨터의 근본 원리와 한계를 이해하는 계산이론에 관심을 가져보는 건 어떨까?

우리가 살아가는
생태계의 가격은 얼마일까?

강호정
연세대학교 건설환경공학과 교수

우리는 모든 것을 돈으로 환산하는 세상에 살고 있다. 대형마트나 백화점에 가면 돈으로 살 수 있는 물건이 굉장히 많고, 도심 한가운데를 지나며 사방을 둘러보면 고객의 지갑을 열기 위해 노력하는 서비스 판매점을 수도 없이 볼 수 있다.

세상에는 반대로 명백히 돈으로 살 수 없는 것들이 있다. 가족의 사랑, 친구의 우정, 공동체에 대한 충성심 같은 것들은 설사 돈을 많이 들인다고 해도 얻기 어렵고 돈으로 가치를 환산할 생각도 하지 않는다. 학자나 소설가라면 어떻게든 그런 시도를 해볼 수 있다. 가령 부모님의 가치를 학비, 식비, 용돈 등으로 분석해 보는 것이다. 그러나 이런 시도는 그저 시도 이상의 의미를 갖지 못할 것이다.

그런데 약간 눈을 돌려서 생태계에 이런 질문을 던져보면 어떨까? 여러분이 살고 있는 동네 뒷산의 가격은 얼마나 될까? 혹은 밤마다 잠을 설치게 하는 모기에게도 어떤 가치가 있을까? 쉽게 대답하기 힘들 것이다.

사실 생태계의 금전적 가치를 따져보는 것은 매우 유용하다. 환경 보호와 경제 발전을 조화롭게 추구하는 지속가능한 성장의 추구에 필수적이기 때문이다.

가치와 돈 문제를 다루는 경제학(Economics)과 생태학(Ecology)은 어원이 같고 초기에는 연관성이 높은 학문이었으나, 현대에 들어와서는 서로 반대되는 학문으로 발전했다. 경제개발이냐 자연보전이냐 둘 중 하나를 선택해야 한다는 얘기들도 많이 들어봤을 것이다.

그런데 생태학자들은 생태계를 어떻게 보전할 것인가에 대한 고민을 하다가 어떻게 하면 사람들이 생태계의 중요성을 잘 이해할까에 대해서 궁리를 하게 되었다. 결국에는 '생태계가 얼마나 가치 있고 값비싼 존재인지를 알아내는 것'이 사람들이 생태계를 잘 보전하는 데 중요하다는 결론에 도달했다. 이렇게 해서 생태계가 가지고 있는 경제적 가치에 대해 연구하는 학문 분야가 태어났고, 이를 생태경제학(Ecological economics)이라고 한다.

생태계의 가치와 가격을 어떻게 분석할까?

가치(Value)란 어떤 대상이 가지고 있는 특별한 성격과, 그 중요성을 사람이 느끼고 평가하는 심리적 단계를 모두 포함하고 있다. 예를 들어, 다이아몬드는 아주 단단하기 때문에 높은 가치를 지니고 있기도 하지만, 사람들이 이를 아주 귀한 보석으로 생각하기 때문에 가치가 높기도 하다. 서울 땅의 한 평과 지방 땅의 한 평은 같은 면적이지만, 경제적·심리적·사회적 이유로 인해서 앞의 것에 더 높은 가치가 매겨지기도 한다. 이와 같이 우리가 가치를 평가할 때는 단순히 우리 뇌가 이성적으로 판단하는 부분뿐 아니라, 감정, 직관, 종교적 신념, 설명이 어려운 선호 등이 복합적으로 작용해서 결정이 된다.

대부분의 물건들은 시장에서 거래가 되기 때문에 가치를 매기는 것이 그리 어렵지 않다. 그냥 시장에서 값이 얼마인가 살펴보면 가치가 있는 물건인지 아닌지 쉽게 알 수 있다. 그렇지만 시장에서 거래되지 않는 물건의 경우 얘기가 달라진다. 자연생태계의 가치를 경제적인 방법으로 결정하는 것이 매우 복잡한 이유다. 그럼에도 불구하고 생태경제학자들은 생태계가 가지고 있는 가치가 어떻게 구성되어 있고, 어떤 방법으로 측정할 수 있을지 연구하고 있다. 이에 대해서 하나하나 살펴보도록 하겠다.

생태계의 가치는 크게 사용 가치와 비사용 가치로 구분된다. 글자 그대로 사용 가치는 우리가 생태계를 실제로 사용하는 것과 관련된 가치를 말하고, 비사용 가치란 실제로 쓰는 것은 아니지만 그럼에도 불구하고 생태계가 주는 가치를 말한다. 다시 말해서, 사용 가치란 생태계가 가지고 있는 그 무엇인가를 우리들 인간이 직접적 혹은 간접적으로 사용하면서 얻는 이득을 말한다. 이런 사용 가치는 다시 직접 시장적 가치, 직접 비시장적 가치, 간접 가치, 선택 가치로 구분된다. 복잡하지만 하나씩 설명해 보겠다.

직접 시장적 가치: 돈으로 사고팔 수 있는 가치를 말한다. 예를 들어, 산

에 가서 나무를 해서 시장에 팔아서 얻게 되는 가치, 혹은 어떤 강에서 물고기를 잡아서 횟집에 팔아서 얻게 되는 이득 등을 말한다.

직접 비시장적 가치: 직접 사용하면서 얻어지는 가치이긴 하지만 시장에 가서 직접 사고파는 물건이 아닌 것을 말한다. 설악산을 예로 들어보면, 만일 우리가 거기에서 나오는 나무를 관상용으로 팔거나, 물을 생수로 판다면 위의 '직접 시장적 가치'에 해당되지만 설악산만의 독특한 등산 코스를 경험하며 느끼는 즐거움 같은 것은 '직접 비시장적 가치'에 해당된다.

간접 가치: 사람이 직접 사용하는 것은 아니지만 여전히 생태계가 우리에게 주는 혜택을 말한다. 가령 습지가 물을 깨끗하게 정화한다거나 거미가 나쁜 해충을 잡아먹는 것도 이에 해당된 것이다.

선택 가치: 현재는 어떤 가치가 있는지 모르지만 장래에 이용될 가능성에 대한 가치를 말한다. 예를 들어, 숲속에서 자라는 어떤 식물이나 버섯의 경우 현재 무슨 가치가 있는지 정확히 모르지만, 미래에 이것이 새로운 의약품의 재료로 활용되거나 새로운 관광상품으로 이용될 가능성을 가지고 있다.

그럼 비사용 가치란 무엇일까? 사용 가치에 비해서 우리가 직접 만져서 사용하지는 못하지만 그럼에도 생태계 자체가 가지고 있는 가치들을 말한다.

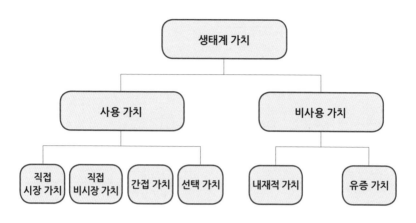

그림 1. 생태계 가치의 유형과 분류

예를 들어, 아무 쓸모가 없음에도 불구하고 우리 마을에 대대로 내려오는 마을 입구의 큰 정자나무의 가치나, 혹은 약용이나 식용으로 쓸 수 없고 별로 예쁘지 않지만 우리가 길가의 야생화를 중요하게 여기는 것이 이에 해당한다. 어찌 보면 무형의 윤리, 종교적 신념과도 큰 관련이 있다. 또 사람들은 돈으로 바꿀 수 있는 가치가 없더라도 자연생태계를 후손에게 잘 물려줘야 한다는 의무감도 느낀다. 이러한 것도 비사용 가치에 해당한다. [표 1]은 숲이 가지고 있는 이러한 가치들의 구체적인 예를 나타낸 것이다.

이렇게 생태계가 가지고 있는 여러 가지 경제적 가치를 실제로 추산하는 연구들이 많이 진행되고 있다. 숲의 경제적 가치에 대해서는 사람들이 쉽게 생각할 수 있고, 또 연구도 많이 진행되었다. 그렇지만 필자가 연구하고 있는 습지의 경우에는 아주 오랫동안 쓸모없는 땅으로 치부되어서 그 가치가 거의 알려져 있지 않았다.

사용 가치				비사용 가치	
직접 시장적	직접 비시장적	간접	선택	유증	존재
• 목재 • 열매, 수액 • 땔감 • 풀사료 • 사냥터/ 　캠핑장 개발	• 경관 • 레크리에이션 • 지역사회통합 • 야생동물	• 기후 조절 • 공기질 • 토양질 • 수문 작용 • 생물다양성	• 생물다양성 • 야생동물 • 지역사회 통합 • 경관 • 환경질	• 생물다양성 • 경관 • 레크리에이션 • 야생동물 • 환경질	• 생물다양성 • 야생동물

(출처: Edwards-Jones 등에서 변형)

표 1. 숲이 가진 경제적 가치의 예

최근에 이런 연구들이 많이 진행되고 있는데, 예를 들어 미국 미시시피 강변의 습지를 복원함으로써 인간에게 얼마나 경제적으로 이득이 되는지에 대한 연구가 있다. 젠킨스 등(Jenkins et al., 2010)이 《생태경제학(*Ecological Economics*)》이라는 학술지에 발표한 자료로, 결과가 아주 흥미롭다. 사람들이 직접 물고기를 잡거나 캠핑장으로 이용하는 것 이외에도, 미시시피강 하구의 습지의 경우 1헥타르당 온난화 기체 저감의 가치가 193~366달러, 오염물질인 질소 제거의 가치가 918~1,896달러, 조류 서식처로써의 가치가 16달러 등이라고 한다.

생태계의 생산성은 인간을 압도한다

위에서 살펴본 가치를 모두 합치면 실제로 전 세계 생태계의 값은 얼마나 될까? 1997년에 생태경제학의 창시자 중 한 명인 로버트 코스탄자(Robert Constanza) 교수는 《사이언스(Science)》지에 흥미로운 논문 하나를 발표했다. 이들의 연구결과에 따르면 전 세계적으로 자연생태계가 제공하는 가치는 미국 돈으로 33조 달러에 달했다.

너무 큰 수치라 잘 체감되지 않는데, 같은 해에 인간들의 경제활동으로 생산한 부(富), 즉 전 세계 국민총생산의 합계가 25조 달러였으니 인간들이 죽어라고 만들어내는 부보다도 자연이 만들어내는 부가 더 크다는 것이다.

더 흥미로운 점은 농사를 짓는 땅은 헥타르당 92달러에 지나지 않는데 비해 연안 습지는 같은 면적이 9,990달러에 달한다는 점이었다. 현실의 시장에서는 농작물을 만들어낼 수 있는 농경지와 달리 사람이 살기 어렵고 한두 종류의 식물로 뒤덮여 있는 바닷가 땅은 누구도 돈을 주고 사려하지 않을 것이다. 그럼에도 불구하고 인간들에게 주는 경제적 혜택은 바닷가 습지가 훨씬 더 큰 것이다.

코스탄자 교수는 2014년도에 같은 연구를 다시 진행했다. 전 세계 생태계 가치가 얼마나 변화했는지를 알아보기 위해서였다. 워낙 넓은 면적에 대해 제한된 자료로 연구를 수행해서 정확한 수치를 얻기가 힘들긴 했지만, 매년 4~20조 달러 가량의 생태계 가치가 하락하고 있다는 것을 보여줬다.

즉, 인간들이 돈을 벌어들이기 위해서 생태계를 이리저리 파괴하고 있지만, 실제로는 이로 인해 우리가 얻을 수 있는 경제적 이익이 줄어들고 있는 셈이다.

이러한 연구에 있어서 공학자들의 역할은 핵심적이다. 생태계의 가치를 측정하기 위해서는 먼저 전 세계에 걸쳐서 정확한 면적과 생태계의 종류를 구분해야 한다. 실제 현장 조사뿐 아니라, 인공위성 사진을 분석해서 지구표면이 어떤 생태계인지를 정확히 규명하는 기술이 중요하다. 또 각 생태계에서 나오는 산물들의 가격을 알기 위해서는 매우 복잡한 시장의 가격체계에 대한 수학적 분석이 필요하다.

이보다 더 어려운 기술은 생태계가 하는 기능을 정확히 측정하는 것이다. 예를 들어, 숲은 많은 양의 이산화탄소를 흡수하는 역할을 하고 있고, 이것도 분명히 경제적으로 가치가 있을 것이다. 그런데 숲에서 흡수하는 이산화탄소량을 정확히 측정하는 것도 매우 어려운 기술이다. 나무의 종류, 강수량이나 온도와 같은 기후 조건, 토양 조건, 사람들의 영향 등에 따라서 달라질 뿐 아니라 계절별로도 계속 바뀌기 때문이다.

이를 위해서는 기체를 정확히 측정하는 장비뿐 아니라, 수학적인 모델을 만들어서 예측하는 방법, 현장 조사 방법 등을 활용한 다양한 분야의 과학자들이 참여해야만 정확한 값을 알 수 있다.

생태계 파괴로 인해서 인간들이 감내해야 하는 경제적 피해는 너무나도 많다. 그리고 그 액수가 천문학적이기도 하다.

농작물을 더 많이 만들어내려고 비료를 잔뜩 뿌렸더니 이것들이 빗물에 씻겨 강물로 들어가고 결국에는 강 하구에 도달해서 적조를 일으키곤 한다. 이 때문에 연안에서 김이나 횟감 어류 양식을 망치는 일도 발생한다.

도시를 만들면서 나무들을 모두 잘라버리고 아스팔트로 뒤덮은 곳은 여름철에 온도가 많이 올라가서 에어컨을 더 많이 켜야 하기 때문에, 결국은 전기료가 더 많이 들게 되는 것도 같은 이치이다.

가치를 실감해야 인간의 마음은 움직인다

앞에서 살펴본 바와 같이 생태계의 가치를 돈으로 환산한 연구가 널리 진행되었다. 어떤 사람들은 성스러운 자연에 가격표를 붙이는 것에 대해 불만을 표하기도 한다. 그럼에도 불구하고 자연생태계의 가치를 계산하고 이를 사람들에게 알려주는 것은 중요하다. 왜냐하면 사람들은 돈과 가치에 민감하게 반응하고 이해속도도 매우 빠르기 때문이다.

인간이 자연이나 환경과 어우러져 살아야 한다는 당위를 잘 보여주는 용어 중에 '지속가능한(sustainable) 사회'라는 용어가 있다. 인간의 생존과 번영을 위해서는 자연을 이용하고 일정 정도 파괴하는 것이 불가피할지도 모른다. 그렇지만 아무런 제약 없이 이런 일이 벌어진다면, 사회는 지속가능하지 않게 되고 결국에는 파국으로 치닫게 될 것이다. 특히 '지속가능한'이라는 단어의 의미에는 현재 우리 세대의 번영과 생활수준을 우리 후손 세대도 향유할 수 있어야 한다는 점을 포함하고 있다. 환경과 자연자원을 이용하는 인간들의 행태는 아주 쉽게 자연을 파괴해 버릴 수 있으니까 말이다.

이 문제는 생물학자 개럿 하딘(Garrett Hardin)의 '공유지의 비극(The Tragedy of the Commons)'으로 설명할 수 있다. 여기서 공유지란 딱히 소유주가 없이 누구나 이용할 수 있는 영국의 산지를 의미한다. 이 땅은 누구의 소유도 아니고 동네의 농부들은 누구나 이 땅에 자신의 가축을 가져와서 먹일 수 있다.

전통적인 경제학적 분석에 의하면, 각각의 농부들이 할 수 있는 가장 합리적인 선택은 자기 소유의 가축을 최대한 많이 공유지에 풀어놓고 최대한 풀을 뜯어먹게 하는 것이다. 왜냐하면 비용을 지불할 필요가 없기 때문이다. 그렇지만 동네의 모든 농부들이 이렇게 행동한다면 이 땅은 풀이 자랄 수 없게 황폐화되고 결국 아무도 사용할 수 없는 불모지가 되는 비극이 발생한다.

이러한 파국을 막고 지속가능한 사회를 만들려면 자연과 생태계가 얼마인지를 정확히 알고 이에 대한 소유권을 갖게 하는 것이 좋은 해결방법이 될 수 있다.

대표적인 예가 대기오염물과 관련된 배출권 거래 제도이다. 미국에서는 1970년대 산업시설에서 배출되는 대기오염물로 인해 산성비의 피해가 증가하자 이를 관리하기 위한 여러 가지 제도를 도입하였다. 전통적으로는 배출오염 기준을 설정하고 이를 어기는 기업에 벌금이나 세금을 매기는 방법이 가능하지만 이렇게 정부가 직접 개입하여 관리-처벌하는 방식은 효율이 매우 낮다. 기업은 어떻게든 처벌을 피하려고 온갖 꼼수를 쓰고 정부는 이를 단속하기 위해 엄청난 비용을 써야만 했다. 해서 이를 시장에 맡기는 방법을 시도해 보았다.

즉, 정부가 매년 기업체가 배출해도 되는 대기오염물질의 총량을 정한 후 이를 기업들이 시장에서 거래해서 살 수 있도록 한 것이다. 각 기업은 자신의 공장을 운영하기 위해서는 배출권을 돈을 주고 사거나 새로운 기술이나 공정을 개발해서 배출량을 줄이는 방법 중 하나를 선택해야 한다. 놀랍게도 이 방법은 큰 효과를 보았고, 이제 북미에서는 산성비가 주요 환경문제 목록에서 사라졌다.

그렇지만 이 방법이 모든 문제를 해결하지는 못한다. 예를 들어, 현재 우리가 직면하고 있는 기후변화 문제를 생각해 보자. 잘 알고 있는 바와 같이, 산업활동으로 배출되는 이산화탄소가 지구의 평균 온도를 높이고, 이것이 기후변화의 핵심 내용이다. 산성비에서 성공한 사례를 바탕으로 기업체나 각 국가가 배출할 수 있는 '이산화탄소 배출권'을 거래하고자 하는 국제적 노력이 진행 중이지만, 현재까지는 성공적이지 못하다.

산성비의 경우 원인이 되는 황산화물의 배출을 줄이는 기술 개발이 상대적으로 쉬웠다. 그러나 이산화탄소의 경우 이를 대신할 수 있는 쉽고 새로운 방법이 없다. 즉, 사람들은 더 많은 전기와 에너지가 필요하고 이를 위해서는 더 많은 석유와 석탄을 사용해야 한다. 아무리 값이 비싸도 이를 대신할 상품이 없다면 사람들이 결국 비싼 것을 사서 써야 한다. 또한 산성비는 몇몇 국가 간의 문제라 새로운 제도의 도입이나 규제가 상대적으로 쉬웠다. 그런데 기후변화 문제는 전 세계 모든 국가가 책임이 있고, 또 이의 피해를 보고 있다. 전 세계 모든 국가를 관리하고 통제할 수 있는 시장이나 기구가 없다는 것이 또 다른 맹점이다.

과연 생태계가 얼마인지 정확히 알고 이를 시장에서 거래할 수 있는 환경이 된다면 생태계의 보존이 잘될까? 이에 대한 정확한 대답은 필자도 알 수가 없다. 그렇지만 추상적으로 생태계가 중요하니 보존해야 한다고 외치기만 해서는, 생태계 파괴를 통해서 얻을 수 있는 이익에 대한 인간의 강한 욕망을 누를 수 없다.

적어도 우리가 이전에 어떤 가치가 있었는지 전혀 알 수 없었던 많은 것들, 예를 들어, 자연생태계에 서식하는 생물들의 다양성이 실질적으로 우리의 삶에 얼마나 가치가 있고 비싼 것인지를 안다면, 생태계를 보존하고 나아가 복원하는 데 큰 힘이 될 것은 틀림없다. 인간은 막연한 것보다는 구체적인 것에 반응하니까.

질문에 대한
해답을 찾는 과정, 건축

최문규
연세대학교 건축공학과 교수

아주 깊은 산속이나 사막의 텐트 안이 아니라면 아침에 눈을 뜨는 곳은 그곳이 집이든 기숙사든 여행을 와서 묵은 호텔이든 모두 건물 안이다. 우리가 오래전 동굴에서 살던 때 이후로 이름은 달라도 움집, 나무집, 흙벽돌집, 혹은 이글루 등 모두 '건물'에 속한다.

동물들이 자기 집을 짓는 경우는 더러 있지만 우리 인간들처럼 다양한 건물을 각각의 용도에 맞게 짓지는 않는다. 그렇기 때문에 사실 건물을 짓는 것은 인간의 고유한 문화이다. 물론 인간의 문화는 다양해서 음악과 문학은 물론 자동차나 비행기도 만들어냈지만 가장 근본적인 것은 의식주라고 부르는 먹을 것과 입을 것 그리고 집이라고 할 수 있다.

처음에는 집을 짓기보다는 자연적으로 만들어진 굴을 자신을 보호

그림 1. 파르테논 신전. 고대의 웅장하고 정교한 건축 기술이 담겨 있다. © shutterstock

하기 위해 사용했지만 천천히 자신들이 살 집을 지었다는 것을 역사적 유물에서 발견할 수 있다. 그리고 생각보다 오래전부터 그 집을 설계하고(설계라는 단어 자체는 없었겠지만) 집을 짓는 전문가들이 있었다.

지금부터 4600년 전에 활동했던 고대 이집트의 임호테프(Imhotep)나 고대 그리스의 파르테논 신전을 지은 익티노스(Iktinos), 조각가 페이디아스(Pheidias)는 건축가의 위상이 얼마나 높았는지를 보여준다. 왕이나 제사장을 제외한 전문가의 이름이 역사에 남아 있는 것은 드물기에, 우리는 당시 건축가가 중요한 직업이었음을 간접적으로 알 수 있다.

건축공학에 전문화된 연구 역시 아주 오래전부터 이뤄졌을 것이다. 대학의 전공이야 대다수 건물이 복잡하고 거대화된 근대에 들어서야 만들어지기는 했다. 건축가의 사회적 역할과 책임을 명시적으로 드러낼 필요가 생겼기 때문이다. 그러나 근대 대학 교육의 역사가 기껏해야 200년이고 대다수의 공학은 그보다 역사가 짧다는 점을 잊지 말아야 한다.

물론 이처럼 유서가 깊은 만큼 건축공학은 최신의 트렌드에서 약간은 벗어난 학문처럼 보일지도 모른다. 그러나 사람이 지구에서 사는 한 끊임없이 건물을 지을 것이고 심지어 달이나 화성에 기지를 건설한다고 해도 건축이 필요하다. 새로운 시대에는 항상 새로운 요구가 생기고 그 시대에 맞는 새로운 건축적 생각들이 만들어질 것이다.

건축공학에도 다양한 세부 전공이 있다

자동차 디자인에 관심이 있는 학생도 있고 컴퓨터 프로그램을 만드는 걸 좋아하는 학생도 있다. 또 글을 쓰는 것을 즐기고 평생 그것을 업으로 삼고 싶어 하는 학생들도 있을 것이다. 그런데 매일 눈을 뜨면 보는 건물에 흥미를 가지고 영화나 사진에서 본 멋진 건물을 직접 지어보고 싶다면 어디서부터 공부를 시작해야 할까?

필자는 고등학교를 마치고 아무런 정보도 없이 건축공학과에 들어왔다. 당시 건축공학과를 들어온 다른 학생들과 비슷하게 성적에 따라, 그리고 건축에 대한 약간의 흥미를 가지고 이 분야로 전공을 결정했다. 그후 조금씩 알아가면서 몇 번의 중요한 결정을 통해 건축 설계를 직업으로 정했고 이제 40여 년 가까이 이 일을 해오고 있다.

사실 우연히 시작한 것 치고는 흥미롭고 성취감도 있어서 만족하고 있지만, 거의 정보가 없이 들어왔다가 자신의 성향에 맞지 않아 힘들어했던 친구들이나 후배들도 많다. 그때는 정보를 찾기가 어려웠다고 하지만 인터넷으로 많은 정보를 찾을 수 있는 지금도 여전히 이 분야에 대한 궁금함이 많은 듯하다.

많은 청소년들과 청년들이 직간접적으로 앞으로 건축을 하고 싶어 하고 그러려면 무엇을 준비해야 하는지, 그리고 졸업 후의 진로에 대해 물어온다. 그런 경우 건축 분야 중 필자가 전공하고 있는 설계 분야는 어느 정도 설명이 가능하지만 건축공학 전체 분야는 일반적으로 생각하는 것보다 훨씬 다양한 분야로 나뉘고 복잡해서 조금 어려울 수 있다.

그래서 이 글에서는 건축 전반에 대해 설계만이 아닌 다른 분야도 함께 소개해 볼까 한다.

우선 우리나라의 경우 법학 전문 대학원이나 의학 전문 대학원 같은 특수 대학원을 제외하고는 대학에 들어갈 때 자신의 전공을 결정한다. 그리고 건축을 전공하려면 대부분 공과대학 안에 있는 건축공학과 혹은 건축학과에 들어가야 한다. 일부 대학은 건축학과나 건축대학으로 전문화된 곳도 있지만 '건축'이라는 전공 분야는 동일하다. 입학 후에는 각 학교마다 조금씩 다른 교육 프로그램에 따라 4년 또는 5년의 기간을 거쳐 자신의 전공 분야를 공부하게 된다.

감기에 걸려서 병원을 가면 청진기나 체온계로 진찰을 하고 처방을 해준다. 눈에 염증이 생겨 안과를 찾아가면 시력과 눈의 상태를 검사하고 처방을 해주는데 두 의사는 전공도 다르고 진찰하는 분야도 다르다. 뼈가 부러지면 안과를 가지 않고 정형외과를 찾아가고 폐렴에 걸리면 성형외과보다는 호흡기 내과를 찾아가야 한다.

이렇게 각기 다른 병을 치료하는 의사도 사실 서로 다른 대학을 나온 것이 아니고 처음에는 같은 의과대학 학생으로 공부를 시작한다. 일반적으로 6년의 의과대학 교육 과정을 끝내면 인턴과 레지던트의 또 다른 교육과 연수를 마치고 나서 전문의가 되는데 우리가 보통 만나는 의사들이 바로 이 과정을 마친 분들이다.

이와 비슷하게 대학의 건축공학과/건축학과도 단순히 설계나 시공만을 가르치지 않고 여러 다른 전문 분야를 가르친다. 그 과정을 끝낸 학생들은 졸업 후에 여러 다른 분야로 나간다. 엑스레이나 초음파가 발명되기 전에는 존재하지 않았던 영상의학과 같은 전문 분야가 새롭게 만들어지듯 건축과 관련된 분야도 아주 다양하고 매일 새로운 분야가 만들어진다. 그럼 각각의 분야에 대해 조금 더 알아보겠다.

시공 분야 안전하고 경제적으로 짓는다

우리나라를 찾아온 외국인들, 그중에서도 건축가들은 매일매일 변하는 우리 도시의 모습에 굉장히 놀란다. 새로운 건물이 몇 년에 한 채 지어지는 유럽의 오래된 도시와 비교하면 여기저기 공사 현장이 있고 올 때마다 새로운 건물이 있는 한국 도시의 변화를 보고 놀라는 게 당연하겠다. 서울의 경우 한국전쟁이 끝난 후의 사진을 지금의 사진과 비교해 보면 그 안에 50년째 살고 있는 필자도 놀라게 된다. 겨우 60년 만에 서울은 그 크기와 내용 면에서 완전히 새로운 도시가 되었고 그 중심에 건축이 있다.

처음에는 외국의 원조와 기술로 겨우 5층 정도의 건물을 짓던 한국의 건설은 이제 100층 이상의 고층 건물이나 공항을 짓는 등 양과 질에서 어디에 견주어도 뒤지지 않을 건설 대국이 되었다. 이러한 기술은 외국에서도 유명해서 국내의 건설회사들이 중동뿐 아니라 싱가포르, 남미 그리고 유럽 등지에서 많은 건물과 플랜트를 짓고 있다.

사실 아주 산속에 살지 않는 이상 매일 건물을 짓는 것을 볼 수 있을 만큼 우리나라는 그동안 많은 건물을 지어왔다. 그럼 건물을 짓는 건설회사에서는 어떤 일을 하는 것일까?

건물은 겉으로는 콘크리트와 유리만 보이지만 사실 자동차나 휴대 전화보다 더 다양한 재료로 만들어진다. 당연히 콘크리트와 철 그리고 유리가 쓰이고 나무와 알루미늄, 플라스틱과 같은 화학물질도 사용된다. 또한 전선과 파이프, 전자기기들도 건물에 포함되어 있다. 이렇게 많은 재료를 조합해서 만드는 건물은 한 공장에서 같은 모양으로 조립되는 자동차와 달리 각각의 현장에서 만들어지고 조립되는 특수성을 가진다.

설계된 건물을 가능한 경제적으로 안전하게 짓는 것을 '시공'이라 하고 그것을 관리하는 것을 '건설 관리'라고 부른다. 작은 집을 짓는 것도 복잡한데 건물이 커지고 많아지면 수많은 자재와 사람을 효율적으로 배분하고 일정을 관리하는 것이 굉장히 어려워진다.

매일매일 누가 와서 무슨 일을 해야 하는지, 어떤 재료가 들어와서 그것을 누가 작업해야 하는지를 계산하고 관리하는 분야이기도 하다. 시공하는 동안 불이 나지 않고 인명 사고가 없어야 하기 때문에 이를 위한 안전관리도 필요하고 건물이 완성된 후에 그 건물의 생애 주기를 관리하는 것도 이 분야에 속한다.

빠르게 변하는 현대 사회의 시공은 그저 건물을 빨리 안전하게 짓는데에서 벗어나, 여러 기술을 동원해서 공사 현장의 문제점과 해결책을 시시각각 관찰하는 쪽으로 진화하고 있다. 위험하거나 사람이 하기 어려운 공사를 로봇을 이용해 작업하거나, 실제로 건물을 짓기 전에 생길 수 있는 문제점들을 컴퓨터를 이용해서 발견하는 방법들도 계속 개발되고 있다. 또 3D 프린팅 기술로 건물을 짓는 것도 시도되고 있어서 미래가 기대되는 분야이다.

구조 분야 안전하고 튼튼한 건물을 계획한다

세계에서 가장 높은 건물은 어디에 있을까? 그리고 얼마나 높을까? 지금까지 지어진 건물 중에는 두바이에 있는 부르즈 칼리파가 830미터로 가장 높고 한국에서는 롯데타워가 555미터로 가장 높다. 지금도 어딘가에는 새로운 건물이 지어지고 있어서 곧 우리나라에서 가장 높은 건물과 세계에서 가장 높은 건물 순위는 변할 것이다.

높은 건물을 짓는다는 것은 그저 높은 전망대를 갖는 것만은 아니다. 주변에 보이는 아파트가 20층이라면 높이가 60미터 정도인 것인데 그 높이의 열 배가 넘는 건물을 설계하는 기술은 생각보다 어렵다.

우선 땅에서 위로 올라갈수록 바람이 아주 강하게 분다. 땅에 꽂힌 긴 막대기 모양인 초고층 건물을 구조적으로 안정되게 설계하는 것은 하이테크에 속한다. 건물을 밖에서 보는 것이 '설계'라면 사람의 뼈와 근육처럼 스스로를 지탱하도록 계획하는 것을 '구조 설계'라고 부른다. 구조 설계는 당연히 안전하게 짓는 것을 목적으로 하지만 안전하게 짓는다고 너무 많은 재료를 쓰거나 건물 설계의 아름다움을 해친다면 좋은 구조 계획이 아니다.

그래서 설계를 할 때 처음부터 건축가와 구조 설계자가 긴밀히 상의해서 결정해야 하다. 우리가 보는 거의 모든 건물은 구조 설계 전문가가 구조 설계를 해야 하기 때문에 이 분야의 중요성은 점차 높아지고 있다. 지진으로부터 안전하다고 믿었던 우리나라에 최근 발생한 경주 지진과 포항 지진으로 내진 설계의 중요성이 부각되고 있다. 지금까지는 규모가 크거나 중요한 건물에만 적용되었던 것이 앞으로 일정 규모 이상의 건물은 반드시 내진 설계를 하도록 의무화될 예정이다.

지진이 나면 모든 건물이 피해를 입는 것으로 생각하지만 사실 지진에 견딜 수 있는 구조 설계를 하면 아무리 커다란 지진이 와도 피해를 입지 않을 수 있다. 최근에는 건물의 구조 내부에 감지기를 넣어서 시간과 바람 그리고 지진 등에 따른 변화를 측정하는 기술도 발전하고 있고 새로운 재료를 개발하여 더 가볍고 견고한 건물을 만들어내는 분야로 변화하고 있다.

이와 같이 지진이나 바람 그리고 다른 여러 상황에서 우리를 지켜주기 위해 계산하고 다자인하는 것을 건축 구조라 부르고, 국가에서 구조기술사라는 전문 자격을 부여해서 건물의 구조를 계산 검토하도록 하고 있다.

건축 환경 분야 환경과의 공생을 추구한다

어떤 보일러 업체의 TV 광고 중 한 초등학생이 "우리 아빠는 지구를 지켜요!"라고 말하니 놀란 선생님이 "아빠가 뭐 하시는데?"라고 묻는 장면을 본 적이 있는가? 건축이야 말로 지금 지구를 지키기 위해 노력하고 있다는 생각을 해본다. 최근 거의 매일 뉴스에서 빠지지 않는 것이 미세먼지, 지구온난화, 도시 열섬현상, 대체 에너지 같은 환경문제일 것이다. 의식주가 어느 정도 해결되고 나면 사람들은 삶의 질과 조금 더 넓은 세상의 문제에 관심을 가지게 된다.

지난 몇십 년간 지구적 스케일의 산업화로 더 많은 사람들이 더 잘 살고, 더 많은 차를 가지고, 더 많은 에너지를 사용한 결과 기후가 변하고 있다고 느끼는데 그 이유로 과학자들은 지구온난화를 꼽는다. 온난화의 원인은 자동차와 공장 등 여러 가지가 있겠지만 건물도 빠질 수 없다. 앞서 말한 대로 사람이 살기 위해 건물은 반드시 있어야 하지만 그것을 짓고 유지하기 위해서는 아주 많은 자원과 에너지가 필요하다.

작은 건물을 지을 때에도 전 세계에서 생산·배송되는 수많은 재료가 필요하다. 또 짓는 과정에서 만들어지는 폐기물을 처리하기 위해 상상을 초월하는 에너지가 사용된다. 완공된 후에도 건물 안에서 생활하기 위해서는 난방과 냉방이 필요하고 엘리베이터와 전등을 위한 전기가 있어야 한다. 무조건 안 쓰면 좋겠지만 편리함과 삶의 질을 중요하게 생각하는 요즘, 엘리베이터나 냉난방이 없는 건물은 상상할 수조차 없다. 이러한 에너지 문제와 삶의 질을 고려하는 것이 바로 '건축 환경'이다.

건축 환경은 건물을 지을 때와 사용할 때 에너지를 줄이는 것만으로 만족하던 것에서 좀 더 넓은 분야로 발전하고 있다. 빗물을 모아 조경수 혹은 다른 목적으로 재사용하고 태양광과 지열을 이용해서 건물 에너지의 일부 또는 전부를 사용하는 여러 방법들이 개발되고 있다. 또한 이를 위해 더 좋은 성능을 가진 단열재와 창호를 개발하고, 시시각각으로 변하는 햇빛에 따라 자동으로 조명을 조절하거나 내부 오염도를 측정해서 자동으로 환기시키는 등의 다양한 기술이 개발되고 있다.

이렇게 컴퓨터와 사물 인터넷 등 다른 분야와 융합해 건축에 적용 가능한 새로운 기술들이 개발되고 있고 최근 급성장하고 있는 추세이다.

설계 분야 건물에 새로운 생각을 담다

보통 '건축'이라고 하면 설계를 떠올리는 사람이 많다. 매일 만나는 수많은 건물들이 누군가에 의해 그려지고 설계되었다는 생각을 하면 한 번쯤 설계를 해보고 싶은 생각이 들기도 할 것이다. 필자도 이런 생각으로 학교에 들어왔고 지금도 그 분야에서 교육하고, 일하고 있다. 사실 건축 설계는 단순히 건물의 외관을 만드는 것보다 복잡한 분야이다.

앞서 말한 구조와 시공 그리고 환경에 대한 지식이 필요하고 조경, 조명, 토목, 설비 등 아주 많은 분야의 전문가들과 같이 협동 작업을 해야 하기 때문이다. 건축 설계는 의사나 변호사처럼 국가에서 전문직으로 관리를 해서 일정한 교육기관(대학이나 대학원)을 졸업하고 일정 기간의 실무 경력과 시험을 거치면 건축사라는 자격을 준다. 누구나 사람을 치료할 수 없듯이 건축사가 설계를 하지 않으면 건물을 지을 수 없게끔 법으로 규정하고 있다.

'건축 설계를 하려면 무슨 재능이 필요한가'라는 질문을 자주 받는다. 오랫동안 학생들을 가르치다 보면 음악에도 음치가 있듯이, 건축에도 건축치가 있다는 생각을 하고 그것이 공간감과 연관되어 있다는 생각도 하게 된다. 다만 내가 지난 20년간 건축치를 거의 본 기억이 없는 걸 보면 아주 드물거나 내 판단이 잘못되어 있을 수도 있다.

오랜 경험에 따르면 설계를 하는 데는 재능보다는 끈기와 사회성이 더 필요한 것 같다. 음악이나 미술과 달리 건축은 젊을 때 돋보이기 어려운 분야이고 혼자서 하는 것이 아니라 다른 사람과의 협동 작업이 대부분을 차지하기 때문이다. 그나마 건축가가 되는 데 꼭 있으면 좋겠다고 생각하는 것은 '호기심'이다.

본인이 사는 집을 한번 생각해 보자. 방이 한 개만 있는 집이 아니라면 그 방들의 크기가 모두 같지 않을 것이다. 물론 감옥이라면 같을 수도 있다.

왜 한 집에 있는 방의 크기가 다를까? 그 생각의 바탕에는 오래전에 만들어진 공간의 중요성과 크기에 대한 인식이 담겨 있다. 안방은 부모님이 사는 곳이니 다른 방보다 커야 한다든가 큰형은 동생보다 큰 방을 써야 한다는 생각 말이다. 처음에 누군가는 의심을 가졌겠지만 시간이 지나 이제는 당연하게 여겨지다 보니 이런 것에 대해서는 누구도 질문하지 않는다.

방의 모양도 그렇다. 원형이나 마름모꼴의 방에서 살아본 적이 있는가? 왜 그런 방을 만들지 않을까? 필자는 네모난 가구를 만드는 가구회사의 음모가 아닌가 하는 생각을 해본 적도 있다.

이렇듯 질문은 정말로 많다. 도서관은 언제부터 조용해야 하는지에서 왜 학교의 교실은 학생 수가 줄어드는데도 그대로 유지되는 것인지까지……. 우리가 사는 세상은 오랫동안 사람들이 어떤 방식으로 살아야겠다는 생각 위에 만들어진 것이다. 우측통행이 그렇고 50분 수업에 10분 휴식이 그렇다.

필자는 이러한 생각이 가장 구체적으로 보이는 곳이 건축이라고 믿는다. 우리가 매일 살아가는 건물은 인간의 생각을 단단한 콘크리트로 구현해낸 것이다. 때문에 호기심을 가지고 보면 그것들이 얼마나 다른 모습을 띨 수 있는지 보인다.

호기심은 더 높은 건물을 만들기도 하고 더 가벼운 건물을 만들어내기도 한다. 또 더 민주적이고 인간적인 관계를 만들어낼 수도 있다. 우리는 건물이 단단하다 보니 '만드는 것'에 더 관심을 가지게 되지만 그 바탕에는 '생각'이란 것이 있다. 우리가 보는 것은 사실 생각이다.

새로운 시대에 맞는 새로운 질문들을 찾다

건축 계열에서 공부한 학생들 중 적지 않은 숫자가 졸업 후에는 위에 말한 분야가 아닌 다른 분야에서 일한다. 의대를 졸업하면 거의 모두 의사가 되는 것이 특수한 예인지도 모르겠다. 기계과를 졸업한 학생들이 모두 자동차 회사에 가지도 않고 영문과를 졸업한 학생들이 모두 그 분야에서 일하지 않는 것을 보면 건축을 전공했다고 꼭 그 분야에서 일하란 법은 없다.

사회는 급속히 변하고 있고 옛날처럼 대학에서 배운 것으로 평생을 사는 세상은 끝나가고 있다. 사실 건축공학과/건축학과부터가 조금 더 유연하게 다양한 분야의 학문을 연구하고, 질문하고, 교육하려 한다.

그 결과 최근 졸업생 중 일부는 부동산 개발이나 도시 분야로 진출하고 있다. 건축을 배우고 경험을 한 법조인도 많이 탄생하고 있고 새로운 기술을 개발하고 재료를 만들며 특허를 받아 현장에 적용하는 경우도 많다. 물론 조경, 조명, 음향, 소방, 토목 설계 등 건축과 관련된 분야에도 활발히 진출한다.

또 어떤 학생은 건축 역사나 이론을 공부하고 책을 쓰거나 교육자가 되려 한다. 이 모든 것들은 새로운 세상과 오래된 전공이 만나는 지점들이다.

필자가 학교를 다닐 때는 건축공학과를 졸업하면 설계를 하거나 시공을 하는 것으로만 알고 있었지만 이제 그 범위가 점차 넓어진 것을 알 수 있다. 그리고 그 바탕에는 새로운 시대에 맞는 새로운 질문들이 있다.

어제 당연하다고 여겼던 생각에 대한 질문들, 오늘의 삶의 방법을 당연하게 여기지 않는 호기심, 그리고 내일의 새로움에 대한 기대가 다른 분야만큼 건축에도 존재하고 그것들이 다른 분야와 융합해 우리의 삶을 바꾸고 있는 것이다.

신기술이 만들어내는
산업의 미래

이영훈
연세대학교 산업공학과 교수

우 리는 지금 4차 산업혁명의 시대에 살고 있다고 말한다. 이에 맞춰 공학의 미래에 대해 예측하기에 분주하다. 그러나 정말 4차 산업혁명이 도래했으며, 어떤 모습을 하고 있는지 정확하게 말할 수 있는가?

다시 한 번 생각해 보자. 사실은 3차 산업혁명이 아직 완성되지 않았으며, 새로운 기술의 등장으로 일어난 많은 변화들이 3차 산업혁명의 연장선상에 있는 것은 아닌가?

한 가지 분명한 점은 현 시대의 이름이 무엇이든, 변화를 주도하고 산업화에 성공하는 신기술들이 산업의 미래를 이끌어가게 된다는 점이다. 이에 따라 앞으로 살아가고 개척할 시대를 준비하기 위해 우리가 할 일은 명확하다. 바로 공학과 산업의 발전이 어떤 형태로 진행되는지, 발전의 핵심 요인이 무엇인지 산업의 역사와 생태계를 동시에 관찰하여 지혜를 얻는 일이다.

정말 4차 산업혁명은 존재하는가?

인류가 1800년대를 맞이하면서 경험한 변화는 1차 산업혁명으로 지칭되는 증기기관, 즉 동력의 개발이다. 그동안 인간사회는 많은 도구를 만들었어도 인간의 완력 이상의 힘을 자동으로 지속적으로 만들어내지는 못했다. 증기기관은 에너지를 이용하여 사람의 힘의 한계를 벗어난 작업을, 그것도 지속적으로 가능하게 한 기술의 개발이었다. 공장과 수송기관과 무기 등이 인간의 규모에서 무한 규모로 확장하게 된 것이다.

사실 1800년대 이전의 선진국이라 함은 대부분 무기의 발달로 힘을 키우고 약자의 재물을 합법적 또는 불법적으로 탈취하는 능력으로 결정되었다. 그동안의 모든 경제는 1차 산업에서 생산되는 재화였으며 이는 대부분 인간의 직접노동으로 가능한 일이고 이를 선제적·강제적으로 탈취하는 일을 수행한 국가들, 따라서 대부분의 식민지를 보유한 나라들이 부유한 선진국이었다. 그러나 동력의 개발로 경제성 재화가 공장에서 만들어지고 그것도 생산성 향상이 지속적으로 이루어진 제조과정을 통하여 부의 창출방식이 바뀌는 사회 변화를 가져왔다.

1900년대에 2차 산업혁명은 전기, 기계, 화학 등 제조업을 산업의 중심에 서게 한 수많은 기술들의 복합체이지만 이를 대표하는 기념비적인 기술은 백열전구이다. 백열전구는 하루를 밤과 낮으로 구분하던 시대에서 '24시간'으로 만들어 주었다. 물론 그 전에도 밤에 불빛을 밝혀 주는 촛불과 가스등 같은 도구가 있었으나 보편적이거나 편리하지 않았다. 백열전구의 발명은 조명산업으로 시작하여 이에 필요한 전력사업을 촉진하였고 전기를 이용하는 수많은 사업이 연쇄적·상호협력적으로 탄생하여 20세기의 제조업 전성시대를 만들어냈다. 이를 우리는 2차 산업혁명이라고 한다. 백열전구는 이와 같이 사회 전반의 틀을 바뀌게 한 대표적 기술이었다. 에디슨이 많은 발명품을 만들어내면서 이로 인한 사회의 변화를 가늠하기는 힘들었을 것이다.

21세기를 맞이하면서 가장 큰 변화를 가져온 기술은 역시 인터넷이다. 컴퓨터의 등장과 이로 인한 정보기술이 산업과 사회 모든 면에서 변화를 가져왔지만 이에 대한 완성을 가져온 인터넷은 1970년대 미국 국방부에서 처음 개발하여 민간에 공개한 아르파넷(ARPANET)으로부터 시작되었다. 처음의 목적은 동서냉전 상황에서 핵전쟁 등의 위기에서도 안정적일 수 있는 네트워킹 기술의 개발이었지만 이 기술이 전 세계 산업의 지형도를 모두 바꾸어 줄 수 있는 엄청난 혁신이 될 줄은 당시는 예측하기 어려웠을 것이다.

앞으로 10년 후 또는 20년 후의 인터넷 환경 아래 우리 삶이 어떻게 변할지 또한 예측하기 어렵다. 인터넷 기술이 가져다 준 가장 큰 변화의 핵심은 공간의 제약을 허물었다는 점이다. 이제는 전 세계 어느 곳과도 소통하고 교류하는 데 큰 어려움이 없다. 정보기술과의 연동으로 지역과 사람에 상관없이 함께 가까이 살고 있다는 공간 공유의 사회 환경이 되었다. 이러한 기술의 혁신이 2000년대 들어 이루어졌다.

현재 우리는 3차 산업혁명의 시대를 보내고 있다. 인간의 물리적 힘의 문제를 해결한 1차 산업혁명과 시간 제약의 문제를 해결한 2차 산업혁명, 공간 제약의 문제를 해결한 3차 산업혁명으로 우리에게는 어디에 있는가, 언제를 살고 있는가가 별로 중요한 문제가 아니게 되었다. 이제 인간의 최대 무기인 지능의 문제를 해결하는 기술로 4차 산업혁명의 시대가 다가온다고 기대하고 있으며 이로 인한 사회와 삶의 변화가 어떻게 이루어지는가에 대한 관심이 높다.

그러나 4차 산업혁명이라는 단어는 현재 극히 일부 국가에서만 사용하고 있다는 점, 또한 산업혁명은 그 변곡점의 시대가 지나야만 알 수 있다는 과거의 경험에 비추어 정확하게 어떤 모습이라고 정의하기에는 다소 이른 감이 있다. 이와 같이 판단하는 가장 큰 근거는 1, 2차 산업혁명이 가져다 준 경제 성장의 진폭이 3차 산업혁명에서는 실제로 미미했다는 점이고 통상적으로 산업혁명의 결과는 혁신 기술이 등장하고 20~30년 후에 나타났다는 과거 경험이 있기 때문이다.

이와 같은 논란을 차치하고서라도 이 시대에 우리가 경험하는 신기술은 놀랍다. 인공지능과 사물 인터넷, 가상현실 및 증강현실, 자율자동차, 스마트 공장 등 신기술과 이를 응용한 제품 등이 쏟아지고 있다. 현재 전 세계적으로 매년 200만 건이 넘는 특허가 출원이 되고 있고 지속적으로 등장하는 많은 기술이 이 시대에만 나타나는 특별한 일은 아니다. 날로 증가 추세는 있으나 과학과 공학의 시대에 살고 있는 지난 세기 내내 지속적으로 경험한 사실이다. 다만 규모와 속도가 점차 커지고 빨라질 뿐이다. 이는 기술과 산업 모두 진화적으로 발전하는 과정에 누적된 정보와 지식이 많아지면 그만큼 가속되는 것이기에 아주 특별한 일이 지금 일어나고 있다고 보기는 힘들다.

1900년대 백 년 동안 이루어진 기술의 발전은 그 이전의 천 년 동안 이루어진 것보다 빠르며 지난 십 년 동안 이루어진 성과 또한 그 이전의 백 년 동안 이루어진 것보다 크다고 볼 수 있다. 다만 이 많은 신기술 중에서 산업화에 성공하고 우리의 생활과 사회 전반에 큰 영향을 주는 부문이 무엇이며 이를 위해 오늘 우리는 무엇에 관심을 갖고 우리의 시간과 노력을 투자해야 현명할 것이냐의 문제가 있다.

기존 기술과의 융합을 통해 발전하는 신기술

1980년대 기업 사무실의 업무 형태를 살펴보면 대부분의 문서는 직접 손으로 작성하거나 타자기로 작성하며 또는 정규 문서화하기 위하여 문서편집기를 사용하였다. 이때의 문서편집기는 아주 초보적인 워드프로세서로 대부분의 사무실 회사원들에게는 익숙하지 않았고 문서편집기를 사용할 수 있는 컴퓨터가 많이 보급되어 있지 않았다. 많은 양의 문서를 만들어내는 연구소와 같은 곳은 문서편집기로 문서를 작성하는 작업을 전담하는 별도의 사무원을 두었다. 매일 또는 매주 마감되는 리포트의 경우는 문서 담당 사무원을 두고 경쟁하는 모습이 일상화되어 있었다.

이러한 시장을 보고 제록스, 엑슨, ITT, AT&T, 올리베티, IBM, 왕(Wang)과 같은 대형 기업들이 워드프로세서 전용기를 생산하기 위하여 대규모로 투자하여 고급 시스템을 개발하고자 하였다. 그러나 시장은 다르게 반응하였다. 사무원들은 문서화 작업의 노예가 되는 게 두려웠고 일반 관리자들은 직접 작성하는 문서작업에 거부감을 느꼈으며 기업은 대규모 투자에 부담을 느꼈다. 이로 인하여 대부분의 투자 기업들이 막대한 손실을 입고 사업을 철수하였고 왕은 이로 인하여 파산하였다. 사무직 근로자는 개인용 컴퓨터가 나오면서 진정으로 사무실에서 필요하였던 것이 무엇인지 깨달았다.

개인용 컴퓨터, PC는 1970년대 말 애플, 코모도, 탠디 등 수십 개의 기업에서 만들고 있었는데 시장을 평정한 것은 애플 II였다. 특히 스프레드시트와 워드프로세서용 소프트웨어가 개발 및 탑재되며 몇 년 동안 수십만 대가 판매되자 하나의 산업으로까지 자리를 잡았다.

이러한 PC산업의 중요한 전환점은 1981년 등장한 IBM PC이며 인텔의 8088 마이크로프로세서 칩을 탑재한 데스크톱이다. 기술적으로는 애플 II보다 우수하다고 할 수는 없었으나 IBM PC는 PC의 표준을 제공하여 모니터, 표준자판, 운영체제, CPU, 하드드라이브 등의 구조는 지금까지도 큰 변함이 없다.

이 표준적인 구조와 공개된 운영체제는 수많은 PC 생산업자의 참여를 유도하여 시장의 규모를 키웠으며 기업과 생활의 모든 환경을 바꾸어 놓을 정도로 큰 변혁을 가져다 주었다. 40여 년 역사의 PC는 이제 스마트폰으로 이어져 전화와 PC가 합쳐진 생활의 필수품이 되었다.

스마트폰으로 통칭되는 개인 모바일 전화는 현재 정보통신 분야의 가장 대표적인 산업 제품군으로서 세계적 기업들의 주력상품이고 각 국마다 수많은 기업들이 제조하고 있다. 스마트폰은 애플의 아이폰 출시로 시작되었다고 생각할 수 있지만 실제로 그 역사를 보면 100년의 궤적을 가지고 있다고 볼 수 있다.

스마트폰은 단순히 전화의 진화물이 아니다. 전화는 음성통신을 통한 소통 도구이지만 스마트폰은 정보를 전달하고 습득하는 전방위적 소통 도구이기 때문이다. 스마트폰의 문자 입력을 위한 자판은 100년 이상의 역사를 가진 타자기에서 출발하였으며 전화 기능, 카메라 기능 또한 이와 비슷한 역사를 가지고 있다. 모바일 통신 기능만이 인터넷의 역사와 비슷하다고 할 수 있다.

스마트폰 자체의 기술은 사실 전혀 새로운 기술이라기보다는 사용자의 필요를 합쳐서 하나로 통합한 것이었다. 기술보다는 사업가의 경영 능력이 오히려 세계적인 성공을 부른 원동력이 된 것이다. 다시 말해, 개별 기술을 통합하고 복합화하는 경영 기술은 산업군을 만들고 번창하게 한다. 하나의 제품이 시장을 지배하는 일이 하나의 생태계를 만들어내는 것이다.

미국이 가장 아끼는 소설가 마크 트웨인은 1874년 보스턴을 방문하여 도시를 산책하던 중 가게 진열장에 비치된 타자기를 125달러에 구입하였다. 레밍턴 1호기는 공식적으로 시장에 공급된 최초의 제품으로, 시장에 큰 충격을 주었고 새로운 시대를 열 것으로 기대되었다.

타자기는 밀워키의 신문 편집인 크리스토퍼 숄즈(Christopher L. Sholes)에 의해 발명되었고 사업가 제임스 던스모어(James Dunsmore)의 투자로 레밍턴의 공장에서 생산되었다. 그 후 수동식 타자기는 숄즈의 특허가 만료되는 시점 이후 수많은 기업들이 경쟁적으로 생산하기 시작했다. 곧 성능이 우수한 제품들이 시장에 쏟아져 나왔고 언더우드 모델 5라는 표준 제품의 등장과 몇 개의 대형기업의 성장을 가져왔다.

컴퓨터 회사의 대명사격인 IBM도 당시에 대표적 전동식 타자기의 제조업체로 성장하게 된다. 그런데 사실 타자기는 정확하게는 첨단 신기술이라기보다는 여러 개별 기술의 복합체였다. 타자 망치는 당시의 피아노 건반으로부터 도입하였으며 글쇠 쇠막대는 전신기 부호 발생장치에서, 운반대 돌림장치는 재봉기 페달에서, 글자 타자 후에 종이를 운반하는 기술은 시계태엽 장치로부터 차용된 기술이었다.

1980년대 PC의 등장과 함께 타자기는 시장을 석권하고 사회를 변화시켰던 비슷한 행로를 거쳐 산업화되었다. 그 당시 채택되었던 타자기의 쿼티(QWERTY) 자판은 글망치의 엉킴을 최대한 방지하기 위한 알파벳 순서일 뿐 타이핑의 효율과는 전혀 무관하지만 140년이 넘는 지금까지도 컴퓨터의 자판에 유산으로 남아 있다.

타자기의 탄생은 기존 기술의 진화 속에서 발생한 것이었다. PC 또한 타자기를 통해 이루어지는 기업의 비즈니스 속에서 등장했으며 그 연장선에서 오늘의 스마트폰도 존재하고 있다.

신기술이 산업으로 진화하는 과정은?

130년의 역사를 가진 자동차산업의 경우 처음 시작되었을 때는 자동차가 '말이 필요 없는 마차'로 알려지면서 수십 개의 기업에서 생산하기 시작하였다. 그러나 당시만 해도 대중적인 교통수단이 될 것으로 예측하기보다는 부유층이 집에 소장하는 장식 품목 정도였고 마차보다 전혀 편리하지도 않았다. 자동차가 하나의 산업으로 성장하게 된 계기는 포드자동차가 포드 생산 방식으로 양산하기 시작한 모델 T를 1908년 일반 자동차의 3분의 1 가격인 825달러에 판매하면서부터이다.

1909년에는 한 해 1만여 대 판매하던 제품이 지속적으로 증가하여 1920년대에는 매년 200만 대 이상 판매되었고 가격도 1925년 260달러까지 내려가 미국의 중산층의 필수품이 되었다. 미국의 자동차산업은 수많은 대기업을 만들어냈고 제조업의 전성시대를 만들어가는 기초가 되었으며 미국이 20세기 최강대국이 되는 출발이었다.

사실 자동차에 대한 기술은 아직도 꾸준히 발전하고 있지만 실상은 50년 전의 자동차나 지금이나 속도, 외형, 가격 측면에서 큰 변화가 있다고 볼 수는 없다. 신기술이 적절한 생산 혁신과 수요와의 공유 협력을 통해 장수하는 견고한 산업으로 자리를 잡은 것이다.

자동차산업에서 포드자동차가 담당했던 지배제품의 공급자 역할을, 20세기 후반부에는 오일쇼크로 인해 경제 상황이 변화하면서 토요타자동차가 담당하였다. 이는 개인용 컴퓨터의 초기 제품 선두주자인 애플이 몇 년 후 개인용 컴퓨터의 지배제품으로 간주되는 IBM PC에 자리를 넘겨준 것과 유사하다.

반도체산업에서 메모리 제품도 초기의 미국과 일본의 많은 기업들이 경쟁하며 시장을 키워왔는데, 실제로 생산성에서 압도적인 성과를 이룬 한국의 기업들이 그 자리를 차지하여 현재도 세계 시장을 석권하고 있다. 스마트폰 시장도 처음 제품을 출시한 IBM이나 노키아의 제품에서 혁신적인 변화를 이끌어낸 애플의 아이폰과 그 후 제조 생산성에서 우위를 점한 삼성의 갤럭시 등이 시장을 주도하고 있다.

시장이 성숙하면 기술이 보편화되어 수많은 기업들이 커진 시장을 분점하게 된다. 이 모든 과정은 신기술이 시장에 등장한 후 일정한 산업으로 성장하기까지 일정한 생태계의 궤적이 형성된다는 의미이다. 신기술의 초기 등장에 수많은 기업들이 참여하여 난립하다가 그중에 독보적인 경쟁력을 가진 기업이 시장을 평정한 후 몇 개의 대표기업으로 재편하게 되고, 생산공정상의 혁신을 거듭하여 수요자의 필요와 가격 사이의 평형을 이루어 세계적인 시장을 형성하고 산업화하여 안정상태를 지속하게 된다.

산업의 발전 양상이 쉽게 예측되고 또한 예측된 대로 이루어진다면 어느 기업이며 어느 국가가 지속적으로 경제 성장을 이루지 못할 것인가? 과거 10년 전에 오늘의 산업 형태와 구조를 예측하지 못하였듯이 오늘의 입장에서 10년 후, 20년 후, 그 이후의 산업의 핵심 구조를 예측하기 어렵다.

산업의 형태는 단순히 새롭게 등장하는 기술이 결정하지 않는다. 과학과 공학에서 개발되고 실현되는 신기술은 새로운 산업을 만들지만 이는 시장, 즉 이 기술을 구매하려는 고객과의 상호협력이 필요하며, 산업이 운영되게 하는 수많은 환경과의 교류가 필요하기 때문이다.

이 과정은 때로는 시간이 필요하고 때로는 기업과 정부라는 거대 조직의 협력이 필요하다. 또한 이러한 기술을 시장에서 활성화시키는 추가 기술의 등장으로 갑자기 번창하기도 한다. 2000년대 초 전 세계 시장은 줄기세포에 대한 신기술이 등장하여 기존의 제조업 이상으로 새로운 경제를 이끌어 갈 것을 기대했으나 아직은 산업화를 이루기에는 많은 시간과 추가 기술 등이 필요하다. 언젠가는 경제활동의 핵심 부문으로 자리를 잡겠지만, 어느 정도 시간이 흘러야 자리 잡을지 또한 수많은 기술이 그렇듯이 다른 기술에 의해 잠식당하거나 역사 속으로 사라질지 누구도 쉽게 판단할 수는 없다.

연결성과 지능화가 미래산업을 이끌어간다

지금을 4차 산업혁명의 시대라고 말하고 있는 가장 큰 이유는 '신기술'이다. 바둑계를 평정한 알파고의 충격으로 인공지능이 조만간 사람의 지능을 능가하는 기계지능 시대가 닥쳐올 것 같은 긴장감을 느끼고, 사물 인터넷, 자율주행 자동차, 드론, 3D 프린터 등 신기술이 산업과 사회에 적용되어가는 현실에 많이 놀란다. 사실 신기술에 놀란다기보다는 신기술이 소개되는 속도와 다양성에 익숙하지 않은 것이다.

나일론이 개발되어 소개되었을 때 또는 컴퓨터가 개발되어 세상에 공개되었을 때도 동일한 놀라움은 있었다. 그러나 다양한 기술이 동시다발적으로 소개되는 현재는 사람들로 하여금 마치 산업혁명과 같은 시대라고 생각하게 만든다.

이러한 기술들이 더욱 의미 있는 것은 기술들이 사용되는 환경이 인터넷을 통해 서로 연결되어 있어 산업화되는 데 있어서 최적의 상황이며, 모든 신기술들이 상호협력적으로 작용하여 부가가치를 창출해낼 수 있을 것으로 기대되기 때문이다.

4차 산업혁명의 가능성을 열어준 중요한 환경은 정보 기술과 인터넷이 가져다 준 '연결성'이다. 그동안 기업의 역할, 크게는 산업의 역할은 단위 프로세스에서의 생산성으로 부가가치를 창출하여 성장하였고, 이를 확장하는 가운데 연결성 또는 통합성의 필요에 따라 정보 기술과 인터넷이 확산되고 3차 산업혁명이 이루어졌다.

산업에서의 기술은 수요와 공급이 서로 상호작용을 통하여 탄생·발전·확산되는 법이다. 정보 기술은 그 자체의 신기술로서 등장하였다고 하더라도 산업에서 이를 필요로 하지 않고 생산성을 창출하지 못한다면 발전하지 못한다. 이러한 과정으로 완성되어 가는 연결된 비즈니스 환경은 복잡성이 크게 증가하였다.

복잡성은 연결고리가 길고 상황의 변화가 무척 빠르다는 특징이 있다. 의류회사는 생산 계획을 잘 세워 최소 비용으로 생산하면 되던 시대에서 원자재의 수급 상황, 더 멀리는 인도의 면화 생산량에서부터 공장에서 시간단위로 변경되는 품목 수, 백화점의 매출에서 재고제품의 할인매장 이송까지 모든 상황을 파악해야 할 만큼 복잡성이 증가하였다.

이에 관련한 의사결정이 기존 패턴으로는 감당되지 않으며 각 연결점마다의 정보가 수시로 파악되어 연결된다 해도 지능적 의사결정이 필요하게 된 것이다. 이러한 필요가 신기술의 개발을 촉진하고 적용 가능한 기술로서 완성되도록 추동하고 있다.

신기술의 홍수 속에서 새롭게 등장할 산업 또는 기존의 산업에 혁신적인 변화를 가져와 새로운 형태로 등장할 산업은 무엇인가? 이제는 새로운 산업이 탄생하기보다는 기존의 산업 형태에 큰 변화를 가져와 새로운 방식으로 운영되고 새로운 부가가치를 창출할 것으로 예측하는 것이 타당하다. 새롭게 등장한 기술들은 그 자체로서 독자 생명력을 가지고 있기보다는 타 산업에 부가되었을 때 혁신적으로 새로운 차원의 가치를 부여할 것으로 보인다.

3차 산업혁명으로 대변되는 정보 기술과 인터넷도 대부분 기존 산업이 새로운 차원으로 성장하게 하는 인프라의 역할을 담당하였고 그 자체로서 하나의 산업군으로 자리 잡은 경우는 일부분에 지나지 않는다. 제조업은 한계에 이르렀고, 서비스업이 번성할 것으로 설명하지만 현재는 제조업과 서비스업의 한계가 불분명하고 서로 연계된 산업이다. 새로운 재화를 만들어내는 것은 모두 제조업이고 그것이 유형이든 무형이든 하나의 산업일 뿐이다.

이러한 관점에서 새롭게 등장하는 산업의 형태는 그동안 지지부진하게 진행되어 왔거나 부분적으로 이루어져 왔던 산업의 '지능화'일 것이다. 사람들은 정보화로 인하여 연결성이 극대화되고 이로 인한 복잡성이 증가함에 따라 이를 효율적으로 관리하는 지능화가 필요하다고 인식하였고, 이 필요가 현재 수많은 신기술의 창조를 만들어내는 것이다.

대표적으로 20세기 부의 창출의 핵심이었던 제조업이 지능화를 추구할 것이다. 그것이 스마트 팩토리라고 명명되는 제조업의 변화이다. 제조업의 변화는 크게 두 가지로 구분될 수 있다.

첫째는 제조과정에서 의사결정의 지능적 자동화이다. 단속적인 제조의 전 과정, 예를 들면 제조를 중심으로 앞 단의 전방 과정과 제조 후 최종 고객에게 전달되는 후방의 모든 과정이 연결되어 전체의 최적화를 위한 실시간 최적 의사결정이 실행되는 지능 제조이며 이를 달성하게 하는 과정이 스마트 팩토리일 것이다.

둘째는 다양한 고객의 수요를 모두 흡수하여 처리할 수 있는 유연한 제조과정이 하나의 장소에서 구현될 수 있는 유연 제조의 실현이며 이를 가능하게 하는 제조 프로세스의 창출일 것이다. 이 과정은 모든 제조업에서 추구하는 목표이고 이를 위한 지능 기술이 지속적으로 개발될 것이다.

제조업이 사양화되고 서비스업이 성장할 것으로 예측한 것도 이러한 제조업의 필요를 담당해 줄 기술에 대한 회의가 있었기 때문이다. 그러나 지능적 제조의 가능성은 제조업의 새로운 시대를 예측하고 있다. 종래의 산업 분류에서 3차 산업으로 분류되는 서비스업은 그런 의미에서 혁신이 상대적으로 쉽게 이루어질 것으로 보았으나, 기본적으로 제품을 창출하는 제조업이 없거나 빈약한 경우에 서비스업은 토대를 잃어버리게 된다. 오히려 제조업과 연계된 서비스업이 부가가치를 만들어낼 수 있다.

제조업에서 생산되는 다양한 물적 제품들이 시장의 수요와 어울려 하나의 서비스 공간을 이룰 때 하나의 연계된 사업으로서 스마트 헬스, 스마트 시티, 스마트 공간 등 다양한 지능화 산업이 성장할 것으로 기대하고 있다.

산업의 생태계를 이해하고 연결하라

변화하는 시대에 우리에게 필요한 것은 무엇일까? 새로운 전공을 만들어서 다시 배우고, 새로운 전문 영역으로 우리가 가지고 있는 전문성을 바꾸어 나가야 하는가? 새로운 산업이 등장하고 이에 필요한 별도의 기술이 필요하다면 당연히 그렇게 해야 할 것이다. 그러나 우리 앞에 등장하는 기술은 필드가 바뀌는 것이 아니라 수준이 바뀌는 것이다. 한마디로 지능화이다.

인공지능은 스스로 하드웨어를 만들 수 없기 때문에, 인공지능이 아무리 발전하여도 그 자체로써 스스로 성장할 수 없다. 생명체 중 인간이 위대한 것은 지능 또는 지식이 지속적으로 발전하면서도 이러한 인간을 다시 재생산하여 영속성을 가지고 있기 때문이라고 한다. 인공지능이 아무리 발전하여도 정해준 틀 안에서 작동하는 기계일 뿐이다. 그러한 지능을 만들어내는 일은 컴퓨터라는 연산기계의 도움을 받아 이루어지는데, 중요한 사실은 지능이 활동할 모형을 만들어내는 것은 사람이라는 점이다. 이를 흔히 모델링이라고 한다.

우리는 알파고에 감탄하지만 바둑이라는 게임은 그 경우의 수가 무한대라 하더라도 게임의 룰과 활동 공간이 명확한 제한된 틀을 가지고 있다. 그 안에서 어떻게 작동하고 연산할지는 사람이 정해준다. 지능화의 과정에서 연산결과보다 더 중요한 것은 연산의 틀(모형)을 만들어내는 일로서 이 과정이 지능화의 전부라고 해도 과언이 아니다.

문제를 문제로 인식하고 하나의 틀 안에 정형화하는 과정이 모든 전문 분야에서 배우고 훈련해야 하는 전문성이다. 이를 크게 보면 창의성이라 하고 정확히 정의하면 모형화라고 할 수 있다.

모형화 연습과 함께 갖추어야 할 내용은 의사결정의 메커니즘이다. 인공지능이 대단하다고 느끼는 것은 판단을 내려주는 의사결정의 부분을 담당하고 있기 때문이다. 정보 기술의 발달로 의사결정에 필요한 정보가 필요 이상으로 많이 수집되고 이를 통하여 의사결정에 도움이 되는 나름대로의 분석이 제공될 수 있었다. 그러나 그동안 최종적인 결정은 사람이 해왔다. 수집된 정보에 대한 분석이 부정확하고 누락된 것도 많았으며 무엇보다 의사결정 과정에서 기계에 대한 신뢰가 없었기 때문이다. 그러나 최근에는 점점 수집된 데이터의 양도 많아지고 이에 대한 분석도 데이터마이닝이라는 기술로 정교해지고 있어 이에 대한 의사결정은 더욱 더 정확하고 합리적으로 되어가고 있다.

기계에 의한 의사결정, 즉 지능화는 이러한 의사결정 과정에 대한 전문성을 가지고 있어야 인공지능이라는 틀 안에 담을 수 있다. 많은 부분을 컴퓨터가 담당한다 하더라도 결정적인 모든 구동의 연결은 사람의 지능에서 나오는 것이다. 인공지능의 모델링과 의사결정 메커니즘은 여전히 그리고 앞으로도 계속 인간이 담당해야 할 영역이며 이를 자동화한다 하여도 자동화하고자 하는 메커니즘조차 사람이 담당해야 하는 영역이다.

4차 산업혁명으로 새로운 시대가 전개될 것으로 기대하고 있다. 이 시대를 사는 우리는 어느 분야에서 전문가가 되어야 할지 고민한다. 공학 전공자들도 어느 분야가 전망이 좋고 어느 분야가 사양 산업이 될지 궁금하다. 어느 정도 예측은 가능하지만 문제는 어느 시기에 그 분야가 성숙하고 전성기를 맞이할지 알기가 쉽지 않다는 것이다.

그러나 한두 가지 확실한 사실은 기존 대부분의 산업이 그렇듯이 몇 가지의 신기술이 합쳐지고 실현되어 시장에 나올 때 시장과 소통하고 협력해야 한다는 점과, 산업 내에서도 서로 최대의 연계성을 가지고 원활한 흐름을 유지하는 산업이 생명력을 가지고 있다는 점이다.

산업은 단순히 개발된 신기술이 성공적으로 자리매김을 하는 것이 아니며 산업 생태계의 특성에 따라 변화하는 과정을 겪는다. 앞으로의 세대는 기존 수많은 기술의 연결고리에서, 그리고 이를 통합적으로 연결해 주는 의사결정 메커니즘을 장착하는 과정에서 산업군의 성공을 손에 쥘 수 있을 것이다.

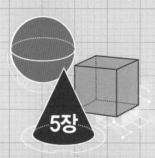

오래된 화두에
새로운 방법으로 화답하다

공학은 문명이 시작됐을 때부터 인간과 함께 해왔다. 즉 인간은 자신의 본능적인 갈망을 언제나 공학적인 방식으로 해결해 왔던 것이다. 물질적으로 더 풍요롭고 심리적으로 더 행복한 삶에 대한 인간의 끝없는 욕망에, 언제나 새롭고 기발한 제품과 혁신적인 생산 및 유통 시스템으로 화답해 왔다. 공학은 낡은 욕망에 대한 새로운 해결책인 것이다.

철의 진화는
아직도 끝나지 않았다

민동준
연세대학교 신소재공학과 교수

철은 인간 문명의 뼈대이자 혈관이다. 시베리아에서 유럽까지 연결하는 가스관과 송유관 그리고 도시의 곳곳을 연결하는 수도관, 통신 케이블, 송전선 등의 주재료는 모두 철이다. 또한 인류가 강이나 바다, 계곡을 건너기 위해 다리를 만들 때도 철은 최고의 소재로 오래전부터 사용됐다. 지역 간 소통, 상업적 교류, 군사 작전 등을 위해 무수한 사람과 막대한 물자를 큰 강 너머로 건넬 수 있게 해주는 다리를 우리는 '철교'라고 부른다.

영국의 콜브룩데일에 있는 세번강에는 세계 최초의 철교인 '아이언 브리지'가 있다. 산업혁명의 기념비적 건축물인 아이언 브리지는 날렵하고 튼튼한 구조와 아름다움을 모두 갖춘 다리이다. 특히 다리의 가운데 부분이 약간 솟아올라 있어 하중을 잘 견디게끔 설계되어 있다.

철강을 소재로 쓰지 않았다면 이런 대담한 설계는 물론이고 제작조차 불가능했을 것이다. 이후 세계 각국에서는 철교 설계 기술 개발은 물론 "보다 크게 보다 길게"라는 초장대교 개념을 철강과 함께 구현함으로써 지구를 보다 좁게 만드는 경쟁이 벌어졌다.

철은 점점 더 많은 사람들이 살아가는 도시의 거대 건축물을 받쳐주고 있다. 땅을 누비는 차량과 기차들, 바다와 강을 누비는 선박들, 하늘을 날아다니는 비행기들도 철이 없다면 만들어질 수 없었을 것이다. 말 그대로 철은 인류 문명의 생명줄을 묵묵히 지켜내고 있다.

별의 먼지로 태어나 지구 생명의 수호자가 된 금속

우리의 몸속에는 별이 함께 호흡하고 있다. 바로 4~5그램 정도의 철이다. 철이 우리의 혈관 속을 흐르기 때문에 우리는 산소를 호흡하여 생명을 이어갈 수 있다. 이처럼 숨을 쉴 수 없다면 우린 채 1분도 되지 않아 생명을 잃게 된다. 철은 곧 '생명, 그 자체'인 셈이다.

생명의 기반이 되는 철의 원자번호는 26번이며, 아이언맨, 강철 같은 의지, 철인경기, 철의 여인, 무쇠 같은 용기 등등 강함의 상징으로서 인류의 곁에 말없이 항상 함께해 왔다. 아니, 인류는 철이 없으면 하루도 살아갈 수 없는 우주적인 운명을 타고났다. 철은 우리 문명의 영원한 파트너라고 할 수 있다.

물질을 구성하는 철을 비롯한 원소가 어떻게 만들어졌을까 하는 질문은 고대 그리스 때부터 인류가 가장 궁금해하던 것 가운데 하나였다.

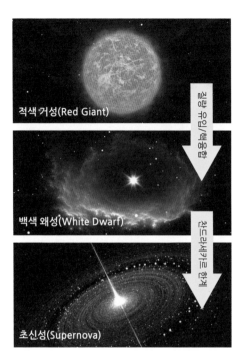

그림 1. 철을 비롯한 각종 원소는 별이라는 '우주의 용광로'에서 만들어진다. 헬륨처럼 가벼운 것은 태양에서도 비교적 간단히 만들어지지만, 철은 태양보다 8~30배 이상 무거운 별에서 무시무시한 힘으로 더 많은 원자들을 무자비하게 짓눌러야만 만들어진다.

철을 비롯하여 물질을 구성하는 원소가 만들어진 과정을 양자역학과 상대성이론 등 과학의 도움으로 이해하게 된 것은 불과 100년 정도밖에 되지 않은 비교적 최근의 일이다. 미국의 과학 저술가인 샘 킨(Sam Kean)은 "원소는 별들의 생애 과정의 산물이며, 철은 별의 자연적 생애에서 마지막 종착역"이라는 시적인 표현으로 철의 우주적 본질을 정리했다.

철은 92종의 원소 중에서 우주에서 가장 풍부한 금속원소로서 지구의 38퍼센트를 차지하고 있는 가장 이상하고 특별한 원소이다. 양자역학의 표준 모형에 따르자면 철 원자를 구성하는 핵의 양성자와 중성자를 묶는 핵력◆이 가장 크다. 이처럼 우주에서 가장 안정돼 있다 보니 우주와 지구에 가장 풍부한 금속으로 살아남아 있다고 할 수 있다.

약 137억 년 전, 빅뱅이라는 우주적 대사건 이후 3분 동안의 냉각에 의해 만들어진 양성자와 전자, 그리고 중성자, 헬륨, 전자파 등이 약 38만 년에 거쳐 3,000도 정도까지 냉각되어 비로소 수소와 헬륨과 같은 원소가 생성되었다. 이 두 원소들이 중력과 핵융합 반응에 의해 태양과 같은 엄청난 온도와 압력을 가진 항성이 되자, 그 내부에서 수소·헬륨으로부터 새로운 원소들이 만들어졌다. 최신 과학 이론에 따르면 철을 만들어낼 수 있는 항성의 크기는 태양의 8~30배 크기 정도라고 한다. 이런 별들이 '연료'가 소진되어 핵융합이 멈춘 뒤에는 약 3000만 년에 걸쳐 중력에 의한 1세대 종말이라는 붕괴 과정으로 들어갔다가 결국 대폭발을 일으킨다.

밤하늘에 갑작스럽게 나타난 새로운 별을 과거에는 초신성이라고 불렀는데, 사실 그것은 철을 융합해낸 무거운 별들이 폭발하여 철과 무수한 금속원소들을 전 우주로 확산시키는 모습을 관찰한 것이다. 철은 별의 유산이자 귀중한 선물인 것이다.

가늠할 수 없는 먼 옛날, 우주 어딘가에서 초신성 폭발과 함께 태어난 철들은 약 90억 년 동안 우주를 여행하여 46억 년 전에 우연히 한

◆ **핵력**: 중력, 전자기력, 약력과 함께 자연계에 존재하는 힘(기본적인 상호작용) 가운데 하나. 두 개 이상의 핵자들 사이에 작용하는 힘으로 양성자와 중성자가 결합하여 원자핵을 형성하는 과정에 관여하기 때문에 이런 이름이 붙었다.

곳에 모였다. 바로 지구라는 행성이다. 무려 38퍼센트의 철로 이루어진, 생명으로 가득 찬 우리의 고향 말이다.

지구는 철로 인해 생명의 터전이 될 수 있었다. 철은 무거운 핵이 되어 회전하면서 발생하는 맨틀과의 마찰력으로 우리가 경험하는 대륙이동과 해양 대류 그리고 화산과 같은 역동적이고 아름다운 지구 생태계를 만들어낸다. 철이 없었다면 지구는 아무런 생명의 변화도 없는 차가운 바다와 바윗덩어리로 가득한 행성이 되어버린다. 마치 화성처럼······.

철의 무거운 핵은 자전과 공전에 의해 남극과 북극의 자기장을 형성하여 지구 대기권에 전리층을 만들어냄으로서 태양과 우주로부터 오는 유해한 우주 방사선으로부터 지구의 생태계를 안전하게 지켜준다.

풍부한 산소를 품은 붉은 피에서 북극 겨울밤을 아름답게 수놓은 오로라까지, 인간의 생명은 문자 그대로 철이 만들어낸 아름답고 경이로운 우주적 작품이라고 하겠다.

반응성이 좋아서 가공하기 쉬운 금속

철은 지구의 38퍼센트나 될 만큼 풍부하면서도 반응성이 아주 좋은 금속이다. 그래서 무수한 지구 생명체들의 혈관을 채운 피의 핵심 성분으로 사용된다. 그뿐만 아니라 철은 환원하기 쉬운 금속이다.

27억 년 전 지구의 바다는 철 이온이 가득한 빨간색 바다였을 것이다. 그런데 시아노박테리아라는 이상한 세균이 광합성으로 산소를 만들어내면서 물속의 철들은 산소와 결합한 산화철이 되어 바닷속으로

침전되어 오늘날의 풍부한 철 자원이 되었다. 인간은 그야말로 또 다른 신의 선물을 받은 셈이다.

자연 상태에서 안정한 광석으로부터 우리가 필요한 금속을 얻기 위해서는 환원이라는 과정을 거쳐야만 한다. 인간에게 필요 없는 불순물을 최대한 제거하고 순수한 금속만을 추출하자면 막대한 에너지를 사용하게 된다. 그런데 매우 다행스럽게도 철광석에서 금속 철로 변화하는 환원 조건은 인간이 자연에서 쉽게 얻을 수 있는 나무, 석탄이 연소하여 생성되는 환원성 가스와 800도 이상이라는 평범한 수준에 불과하다. 쉽게 말하면 철광석과 탄소 그리고 불만 있다면 금속 철을 누구라도 쉽게 만들 수 있다는 뜻이다.

실제로 철이 역사 기록에 본격적으로 등장한 것은 기원전 1274년에 벌어진 카데시 전투에서이다. 상당히 이른 시점이다. 람세스 2세와 히타이트 왕 무와탈리스가 무역 중심지인 시리아 오론테스강 유역의 카데시라는 지역에서 벌인 이 역사적 전투는 풍부한 기록을 남겼으며, 최초의 평화조약을 맺게 된 사건이기도 하다. 그러나 전투에서 주목해야 할 것은 청동기로 무장한 이집트와 철기로 무장한 히타이트 간의 충돌이라는 점이다.

이 전투의 승패에 큰 영향을 미친 것은 기동력과 공격력을 갖춘 전차였다. 히타이트는 철기로 만들어진 강력한 바퀴와 축을 바탕으로 3명이 승차한 중무장 전차를 구현함으로서 청동으로 만들어진 2인승 전차보다 높은 기동력과 공격력으로 이집트를 압도했다. 소재가 싸움의 승패를 가른 역사적 전투인 것이다.

강력한 철기는 아주 오래전부터 전쟁만이 아니라 농업을 비롯한 인류 생활 전반을 크게 변화시키게 된다. 철이 춘추전국 시대의 농업혁명의 핵심이었다는 사실은 그리 널리 알려져 있지 않다. 강한 철기는 나무와 같은 다른 소재에 비해 훨씬 땅을 깊게 갈 수 있었고, 자갈이 많거나 거친 땅도 보다 쉽게 개간할 수 있게 해주었다. 덕분에 농사 수확 효율을 2배 이상 높여서 풍요하고 여유로운 삶의 기반이 조성됐고, 예술과 인문 사상이 발전하는 토대가 마련됐다.

무수한 사상가들이 몰려들어 서로 학식과 학설을 뽐내며 자유롭게 토론했던 백가쟁명(百家爭鳴)도 철기의 사용에 따른 농업 생산 능력의 급격한 향상 덕분에 가능했다. 춘추전국 시대의 제나라는 사방에서 몰려드는 학자와 인재들이 수백, 수천에 달했다고 하는데 그들을 저택에 모아놓고 먹여 살릴 수 있었다고 하니, 철기의 위력이 어느 정도인지 간접적으로나마 짐작해 볼 수 있겠다. 그야말로 철은 인간다운 정신세계인 휴머니즘을 가능하게 한 것이다.

철은 그 자체로 예술품이 되기도 했다. 특히 구석기 때부터 빨간색을 내는 염료로 산화철이 많이 사용되었다. 도자기의 기본 원료인 고령토에 소량 잔류하는 철을 비롯한 금속 성분은 구워지는 온도에 따라 빛깔이 변하게 된다. 도자기가 고온에서 가열되면 남아 있는 철분은 산화 분위기에서는 빨간색의 적철광으로 발현되는 반면, 약산화성 분위기에서는 자철광의 검은색이 나오게 된다. 환원성 분위기에서 구워지면 푸른색이 구현된다.

철은 산소와 결합 정도에 따라 다양한 색을 말없이 발현하는 예술의 혼이며, 우리 선조들은 이러한 철의 기묘한 성질을 잘 이용하여 세계 최고의 도자기라는 아름다움을 만들어내었다.

철의 진정한 비밀, 고온 수축

철은 고온 수축이라는 놀라운 비밀을 갖고 있다. 모든 물질들은 엔트로피 법칙♦에 따라 온도가 올라가면 부피가 증가하게 되는데 오직 철만이 982도 근처에서 원자들이 조밀하게 오그라드는 이상한 고온 수축 현상을 나타낸다.

철만이 가지는 고온 수축 현상 덕분에 우리는 탄소와의 합금과 온도 조절만으로 철의 원자배열을 자유자재로 바꿔 강한 철, 부드럽고 잘 늘어나는 철, 녹이 슬지 않는 철, 아름다운 색을 구현하는 철, 항균성 철, 자석에 붙지 않는 철 등 갖가지 특성을 구현할 수 있다. 가히 신의 소재라 할 수 있다.

인류는 산업혁명기에 접어들면서 철의 이런 특성을 자유자재로 활용하여 진정한 의미의 철기 문명을 꽃피우고 있다. 18세기 중엽에 영국에서 시작된 산업혁명은 동력 에너지를 바탕으로 모든 분야를 변화시킨 기술 혁명이었다. 특히 철 생산량의 비약적인 증가로, 강력한 증기 보일러와 엔진 혁명에 이어 철로 만든 길, 철도, 기관차와 함께 물류 혁명이 일어났으며, 미개척지였던 신대륙 아메리카와 미국 서부 지역의 개발을 가능케 했다.

철의 혁명은 1851년 런던 하이드 파크에서 개최된 제1회 만국박람회

♦ **엔트로피 법칙**: 엔트로피란 독일의 물리학자 루돌프 클라우지우스가 도입한 개념으로, 에너지의 전환 과정에서 유용하게 쓸 수 없게 된 에너지의 양을 표현한다. 엔트로피는 일반적으로 보존되지 않고, 열역학 제2법칙에 따라 시간이 흐르면 증가한다.

에서 엔지니어였던 조셉 팩스턴 (Joseph Paxton)이 철과 유리로 이루어진 1851피트(563미터) 길이의 주철골조로 설계된 거대한 수정궁을 선보이면서 증명되었다. 수정궁의 뒤를 이어 무수한 강구조 건축물이 발전을 거듭하였다. 1930년대에는 뛰어난 내구성을 지닌 경량철강재를 이용하여 자유로운 설계가 가능해지면서 오늘날과 같은 반영구적인 스틸 하우스와 거대한 철골조 건축물 공간이 창출되었다.

1885년에 고안된 험프리 데이비(Humphry Davy)의 아크열 용접법은 제1차 세계대전 중 용접을 이용한 선박 개발에 적용되었다. 이러한 용접 기술은 영국 최초의 용접선인 풀에이저 (Fullager) 호에 적용되었으며 작

그림 2. 철을 이용한 근대의 거대 건축 구조물들
① 아이언 브리지(1779년)
② 제1회 런던 만국박람회 수정궁(1851년)
③ 제3회 파리 만국박람회 에펠탑(1889년)
©shutterstock

은 크기의 철강 소재를 자르고, 연결하고, 이어 붙여 형상과 크기를 자유롭게 함으로서 건축, 교량, 자동차 등등 거의 모든 부분에 철강을 사용 가능케 하였다.

1889년에는 제3회 파리 만국박람회에서는 전기라는 새로운 동력에너지와 함께 파리의 상징인 에펠탑이 건립되었다. 귀스타브 에펠 (Gustave Eiffel)이 설계 제작한 에펠탑은 높이 300미터, 7,000톤의 철제로 만들어진 철탑으로 지금도 프랑스 문화의 상징으로 주목받고 있다. 300미터 높이의 철탑을 만들어내기 위해 새로운 철강 소재가 개발되었고, 응력설계와 연결기법 등 새로운 기술이 총동원되었다.

특히 최초로 설치된 엘리베이터를 움직이는 데 사용된 강선이라는 철강 소재는 당시에 개발된 이후 오늘날까지도 엘리베이터를 이동시키는 데 사용되고 있다. 당시로서는 최첨단 기술들이 지금은 익숙한 소재가 되어 기술의 혜택을 누리고 있는 것이다.

철의 미래는 이제부터 시작이다

초신성 폭발로 생성된 우주의 철은 지구의 생태계를 만들고 지키며, 풍부한 철광석과 탄소는 고온 수축 현상이라는 특성과 함께 거의 모든 소재 성능을 만들어내는 인류 문명의 동반자였다. 앞으로도 철은 우리들의 상상력과 함께 신의 선물로서 곁에 있을 것이다. 5000년 동안 인류 문명을 지지하는 큰 힘이 되었던 철은 앞으로 어떤 모습으로 우리에게 다가올까?

현재 철은 1,000메가파스칼 정도의 강도, 스테인리스강 정도의 내부식성, 그리고 600도 정도에서 사용할 수 있는 내열강 등이 일반적으로 사용되고 있다. 그러나 이제 우리는 아무도 경험하지 못했던 기후변화,

에너지 부족, 도시화와 물 부족 등과 같은 위기에 직면해 있다. 결국 철강도 새로운 모습으로 진화해야 한다.

우리는 철의 특성을 높이기 위해 소재의 기본 단위인 결정립의 미세화, 여러 가지 상들을 혼합하는 다상화, 가공에 의한 가공강화, 합금에 의한 고용강화, 나노 석출물에 의한 강화 등 다양한 방법을 사용하고 있으나, 현재 구현되고 있는 1,000메가파스칼(약 1기가파스칼)의 성능은 철이 가지고 있는 잠재적인 이론 강도 1,800메가파스칼의 약 60퍼센트 정도에 불과하다.

최근에는 TWIP(Twin Induced Plasticity) 강화기구라는 새로운 기술을 통하여 −180도 영역에서도 1,200메가파스칼 정도의 높은 강도와 약 70퍼센트의 연신율을 구현하거나, 1,400퍼센트 정도까지 늘어나는 초소성강과 자성을 띠지 않는 비자성강 등이 개발되고 있다. 이러한 소재들은 소음을 흡수하는 내진성을 통한 내진성 강구조물과 교량, 아파트의 층간 소음 등을 해결함으로서 우리들의 삶의 질을 풍요롭게 할 것이다.

또한 −180도에서도 높은 강도와 가공성을 구현함으로서 초경량 천연가스 운반선을 통한 이산화탄소 배출을 최소화한 새로운 하이브리드 선박도 가능케 함으로써 지구 생태계도 지켜낼 것이다.

또한 최근 개발 중인, 표면에 치밀한 산화철을 생성시킨 내후성강은 페인트를 사용하지 않는 상태에서 녹이 슬지 않고 100년을 견뎌낼 수 있는 기능을 부여함으로서 페인트에 의한 환경오염도 획기적으로 줄일 수 있게 할 것이다. 표면의 박테리아를 죽이는 항균성강, 그리고 최근에는 비누를 대체할 수 있는 철 비누(Steel Soap)도 만들어졌다.

철의 진화는 계속될 것이다. 진화의 한계는 알 수 없다. 90억 년 전, 초신성 폭발로 시작된 철의 여정은 생명으로 가득 찬 지구 행성의 역동성 그리고 인류 문명과 함께한다. 철은 인류가 사용하는 금속 소재의 90퍼센트인 15억 톤 정도로서 그중 약 35퍼센트 정도는 리사이클링하여 만든다. 현재 철은 다른 금속보다 높은 90퍼센트 이상의 자원 순환성을 바탕으로 인류가 요구하는 엄청난 양의 철강을 생산하고 있다. 철강들은 앞으로 2배 이상의 성능과 수명을 구현함으로써 미래에도 우리 곁에 함께할 것이다.

화학공정의 예술,
화학의 축복을 더 많은 사람들에게

문일
연세대학교 화공생명공학과 교수

이광희
연세대학교 화공생명공학과 박사과정

화학공학이라고 하면 가장 먼저 드는 생각이 무엇일까? 실험실에서 알코올 램프나 비커를 들고 실험하는 모습? 혹은 여러 가지 화학물질을 새로운 물질로 합성하는 모습? 이러한 것들도 물론 화학공학이라 할 수 있겠지만 사실 화학공학의 실제 모습은 이보다 훨씬 크고 넓다.

대규모 화학공장 산업단지의 모습을 본 적 있는가? 산업단지의 공장은 우리의 삶을 풍요롭게 하기 위한 생산물, 그리고 우리가 사용하는 에너지 생산을 위하여 쉬지 않고 가동되고 있다. 화학공장은 다양한 공정을 포함하여 설계되며 원료로부터 특정 제품과 에너지를 대규모로 생산한다.

화학공학에서 다루는 대표적인 분야는 물리화학, 유기화학, 분석화학, 반응공학, 유체역학, 열역학, 열 전달, 공정제어, 고분자공학, 이동현상 등이 있다. 화학공학은 이러한 기초지식을 바탕으로 어떻게 하면 원료 물질로부터 값비싼 제품과 더 많은 에너지를 얻을 수 있을지에 대해서 연구하는 학문이라 할 수 있다.

여기서 잠깐 나의 전공 분야인 공정시스템공학에 대해 설명하려고 한다. 이 분야는 화학공학 내에서 가장 역사가 짧지만 미래에 각광받는 분야이기도 하다.

1989년 〈심시티〉라는 도시건설 시뮬레이션 게임이 출시되었다. 게임을 즐기는 사람이 그 도시의 시장이 되어 주어진 기본 자금과 황무지를 이용하여 도시를 건설하고 운영하는 게임으로 유명하다. 우리가 주로 즐기는 일반적인 게임에 비해 현실감이 있으며 시장과 도심·주택가·공업지대·상업지대 조성, 도로를 통한 원활한 교통시설 구축, 수질 및 대기오염 관리 등 도시를 구성하는 모든 요소를 갖추어야만 시민들의 불만 없이 도시를 운영할 수 있다. 현실감이 높다는 이유로 지속적으로 시리즈를 출시하며 지금까지도 인기를 끌고 있는 게임이다.

화학공학에 대한 이야기를 하면서 갑자기 왜 도시건설 게임을 이야기하는가 하는 의문을 가질 수 있겠지만, 화학공학 분야에서도 이 게임과 같은 연구를 진행하는 분야가 있다. 그것이 바로 공정시스템공학이다.

공정시스템공학은 앞서 말한 게임과 비슷하게 화학공장을 가상으로 건설하는 학문이라 할 수 있다. 화학공학의 역사가 깊다 보니 낡은 분야로 오해하기 쉽지만, 게임과 같이 증강현실, 인공지능, 사물 인터넷, 빅데이터 등 미래 기술과 융합하여 발전하고 연구되고 있다. 그때문에 필자는, 1970년대의 눈부신 산업화 과정에서 가난했던 우리나라를 선진국 반열에 올려놓은 발판이 되었던 것처럼, 공정시스템공학이 앞으로도 오랜 시간 동안 성장동력이 되어줄 것이라 믿는다.

물론 화학에 대한 보통 사람들의 시선은 썩 호의적이지 않다. 그리고 거대한 화학공장이나 단지를 연구하고 관리하는 공정시스템공학에 대해서도 비슷한 눈으로 바라보고 있다. 그래서 필자는 본고를 통해 화학과 공정시스템공학의 '미래 가능성'을 논해보고자 한다.

폭발적인 인구증가를 이끈 암모니아 공정의 발명

화학공학에 대해 조금 더 살펴보자. 앞서 이야기한 것처럼 화학공학은 우리 생활 곳곳에 쓰이지 않는 곳이 없을 정도로 여러 분야에서 인간의 풍요로운 삶을 위해 이용되고 있다. 그러나 화학공학의 수많은 업적 중 가장 큰 부분은 인구증가로 인한 식량부족 문제를 해결해낸 것이다. 19세기 말 세계 인구가 15억 명으로 기하급수적으로 증가하였지만 식량은 산술급수적으로 증가함에 따라 식량부족 문제가 대두되었다.

경작지의 면적은 한정적이었기 때문에 더 많은 농작물을 수확하기 위해서는 농작 수확률을 높이는 획기적인 방법이 필요했다. 이것을 가능하게 한 것이 바로 하버-보슈◆의 화학비료의 발명이었다. 식물이 성

◆ 하버-보슈: 프리츠 하버는 독일의 천재 화학자로 1918년에 공중질소고정법을 개발한 공로를 인정받아 노벨화학상을 수상했다. 그는 인류를 식량 위기에서 구원했지만 동시에 독가스라는 대량살상무기도 개발한 아이러니한 인물이다. 카를 보슈 역시 독일의 화학자로서 1931년에 노벨상을 수상했다. 국수주의자였던 하버와 달리 히틀러에게 매우 비판적이었으며 나치 독일의 몰락을 예견했다고 한다.

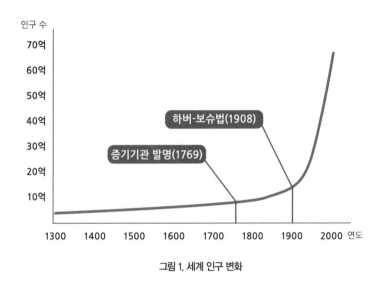

인구 수

그림 1. 세계 인구 변화

장하기 위해서는 탄소, 수소, 산소, 질소, 인, 칼륨 등의 원소가 필요하다. 탄소는 공기 속의 이산화탄소로, 수소와 산소는 물의 형태로 가능했지만 비료의 3요소인 질소, 인, 칼륨은 토양을 통해서만 얻어졌기 때문에 매번 거두어들여지는 수확물에 흡수되어 토양 속의 양분은 점차 부족해졌다.

비료의 3요소 중 가장 크게 문제가 되었던 것은 바로 질소였다. 인산비료와 칼륨비료는 비교적 쉽게 확보가 가능했지만 질소는 이를 고정하는 방법이 어려워 수급이 어려웠던 것이다. 당시의 과학자들은 공기 중 78퍼센트를 차지하는 질소와 물을 전기 분해하여 얻을 수 있는 수소를 합성해 암모니아 비료를 개발하기 위해 노력하였다.

$$N_2 + 3H_2 \rightarrow 2NH_3$$

*기체 질소 분자 1개와 수소 분자 3개가 만나 암모니아 분자 2개를 만든다.

질소 분자를 구성하는 두 원자는 매우 강한 화학결합을 하고 있었기 때문에 암모니아를 다량 합성할 수 있을 정도로 질소 분자를 분리하는 것이 관건이었다. 이에 대한 연구 끝에 프리츠 하버(Fritz Haber)는 550도, 175기압의 조건에서 오스뮴이라는 촉매를 사용함으로써 암모니아의 수율을 높일 수 있음을 알아냈다.

이후 독일의 가장 규모가 큰 화학업체였던 바스프(BASF)에서는 수석 화학자였던 카를 보슈(Carl Bosch)를 중심으로 암모니아 대량생산을 위한 추가 연구가 이루어졌고, 구하기 힘든 오스뮴 촉매를 산화알루미늄이 소량 함유되어 있는 산화철 촉매로 대체함으로써 암모니아 생산을 하루 20톤 규모로 증가시켰다.

이때 사용된 공정을 '하버-보슈 공정(Haber-Bosch Process)'으로 부르며 현재까지도 암모니아를 합성하는 가장 저렴하고 효율적인 방법으로 남아 있다. 이 공정의 발명으로 인하여 인류는 식량부족 문제에서 자유로워질 수 있었고, 이제 대부분의 국가에서는 배고픔에 대한 걱정 없이 풍족하게 생활하고 있다.

우리 일상을 구성하는 석유화학제품

우리의 생활에서 석유화학제품이 없는 곳은 단언컨대 존재하지 않는다. 이 책을 읽고 지금 당장 석유화학제품이 사라진다고 상상을 해보자. 모두가 각각 다른 공간, 다른 자세, 다른 옷을 입고 있겠지만 길을 가던 자동차가 멈추고 (모시, 삼배 등의 천연 섬유 옷을 입고 있는 경우가 아니라면) 실오라기 하나 걸치지 않은 맨몸으로 맨바닥에 있게 될 것이라는 결과는 모두 동일하다. 심지어 이 책마저도 손에 없을 것이다.

이처럼 석유화학제품은 우리의 의식주에 필요한 거의 모든 생활용품에 포함되어 있다. 앞서 기술한, 농산품의 대량생산을 가능하게 하여 식량문제로부터 인류를 구해준 화학비료, 아플 때 먹는 약품들, 자동차 부품들, 컴퓨터·스마트폰에 필요한 액정 및 반도체 등 인간의 삶을 편리하고 풍요롭게 해주는 어느 분야에도 빠지지 않고 모두 포함되어 있다.

석유는 지하에서 천연적으로 생산되는 액체 탄화수소 또는 이를 정제한 것을 말한다. 석유는 산지에 따라 성분의 구성 비율에 차이가 다소 있으나 주로 탄소와 수소의 다양한 조합과 배열로 결합된 탄화수소들의 혼합물이다. 탄화수소는 결합하는 탄소(C)와 수소(H)의 비, 결합 방식, 모양 등에 따라 구분될 수 있다. 또한 이에 따라 탄화수소의 성질이 달라지는데 이 점을 이용한 정제기술을 통해 혼합물을 분류하고, 용도에 맞게 개질하여 석유화학공업의 원료로 사용한다.

석유를 분류하는 가장 일반적인 방법은 탄화수소의 끓는점 차이를 이용한 분별증류이다. 가열된 원유를 증류탑에 넣으면 위쪽으로 상승하게 되는데, 이때 탄소수가 적은 탄화수소는 끓는점과 무게가 낮아 증류탑의 상부로 상승하게 되고, 반대로 탄소수가 많은 탄화수소는 끓는점과 무게가 높아 비교적 덜 상승하게 된다.

각 기체들의 무게에 따라 각각의 높이에 따른 분류가 이루어지며 증류탑을 냉각시키면 액체로 응축된다. 높이별로 액체를 모으면 원유를 석유가스, 나프타, 가솔린, 경유, 등유, 중유 등으로 분리할 수 있다. 이

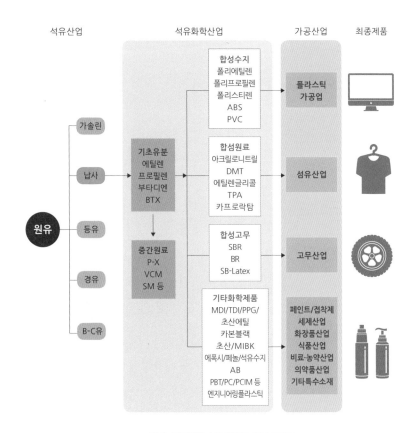

석유산업　　　　　　　　석유화학산업　　　　　가공산업　　　최종제품

합성수지
폴리에틸렌
폴리프로필렌
폴리스티렌
ABS
PVC

**플라스틱
가공업**

가솔린

기초유분
에틸렌
프로필렌
부타디엔
BTX

합섬원료
아크릴로니트릴
DMT
에틸렌글리콜
TPA
카프로락탐

섬유산업

납사

원유

등유

중간원료
P-X
VCM
SM 등

합성고무
SBR
BR
SB-Latex

고무산업

경유

기타화학제품
MDI/TDI/PPG/
초산에틸
카본블랙
초산/MIBK
에폭시/페놀/석유수지
AB
PBT/PC/PCIM 등
엔지니어링플라스틱

**페인트/접착제
세제산업
화장품산업
식품산업
비료·농약산업
의약품산업
기타특수소재**

B-C유

그림 2. 석유화학 수요산업의 생산계통도

렇게 분리된 탄화수소는 주로 필요에 따른 에너지원으로 사용되고, 열과 촉매를 이용한 크래킹 또는 리포밍 등으로 개질하여 새로운 물질로 만들어 사용한다.

이러한 탄화수소 중 가장 화학적으로 이용 및 응용이 많이 되는 물질은 무엇일까? 바로 불포화탄화수소 중 알켄으로 분류되는 물질 중 가장 분자량이 작은 에틸렌이다. 에틸렌은 우리가 입고 있는 옷, 음료수

병으로 사용되는 페트병 등 다른 유기화합물을 제조하는 데 출발 원료로 사용되어 화학공업의 꽃이라고 할 수 있다.

석유가 얼마나 중요한지는 1973~1974년, 1978~1980년 총 2차례에 걸쳐 발생한 석유파동 사례를 통해서도 알 수 있다. 당시 아랍석유수출국기구(OAPEC)와 석유수출국기구(OPEC)의 원유 가격인상과 원유 생산 제한으로 인해 세계 각국에서 경제적 혼란이 일어났다. 아랍의 이슬람 국가들과 이스라엘 사이에서 발생한 전쟁으로 인해 아랍 지역의 여러 산유국들이 석유생산을 줄이고 원유의 가격을 인상시킴으로써 석유에 의존하는 국가들이 인플레이션과 불황을 겪게 되었다.

우리나라 역시 예외 없이 극심한 혼란에 빠졌으며 국가파산까지 염려할 정도로 심각한 영향을 받았다. 이처럼 석유는 그 쓰임의 범위가 넓고 중요하기 때문에 단순히 원료, 연료의 가치를 뛰어넘어 국가의 경쟁력으로 작용하기도 한다. 따라서 현재 매장량이 유한한 석유를 보다 효율적으로 이용하는 방법에 대한 연구가 진행 중이며 화학공학 분야에서 꼭 해결해야 하는 숙제라 할 수 있다.

화학공정시스템, 최적의 조건을 찾아내 공정 효율을 높이다

인간의 식량부족 문제를 해결하기 위해 암모니아 비료가 필요했듯이 인간이 생활을 계속 영유하기 위해서는 반드시 다량으로 필요한 생산물들이 있기 마련이다. 암모니아 비료의 대량생산을 위해 하버-보슈 공정이 발명된 것처럼 지금 이 시간에도 새로운, 더 효율적인 공정 개발을 위한 노력이 이루어지고 있다. 에너지난이 있었을 때 석유, 천연가스 등 지하자원을 보다 효율적으로 정제하고, 활용하는 공정이 계속해서 발명된 것이 그 예이다.

그렇다면 효율적인 공정이란 무엇일까? 쉽게 설명하면 적은 돈을 들여 더 많은 에너지를 얻어내는 것이다. 작은 생산물을 얻기 위해 고안되는 공정이라 할지라도 우리의 상상 이상으로 복잡한 공정으로 구성되어 있다. 공정을 디자인하는 과정에서는 같은 수의 장치를 이용하여 같은 목적으로 공정을 만들지라도 그 배치에 따라 공정 효율이 달라질 수 있다. 9개의 장치를 사용하여 10개의 장치를 사용했을 때보다 더 큰 효율을 내는 연구가 진행되고 있다.

이처럼 목적에 따른 최적의 공정조건을 찾아내고 설계에 반영하도록 하는 연구가 바로 화학공학 내에서도 중요한 공정시스템공학이다. 공정시스템공학은 요즘과 같이 공학이 다양화되고 융합 연구되는 상황에서 어느 곳에도 빠지지 않는 분야라 할 수 있다. 공정시스템공학의 연구가 진행되기 전에는 수많은 시행착오를 거쳐 최선이라고 생각되는 공정을 찾아 공장을 가동했지만 그만큼 많은 돈과 시간을 필요로 했다.

요즘은 과거에 비해서 공장의 규모가 커지고 복잡해져, 원하는 효율을 얻을 때까지 반복적으로 짓고 부수는 것이 사실상 불가능하다. 또한 공정을 수정하기 위해 가동되는 공정을 중단시킬 경우 천문학적인 비용 손실이 발생하게 된다. 이러한 문제를 극복하기 위해서 컴퓨터 프로그램을 이용하여 가상으로 공정을 만들어 보고 가동시켜봄으로써 그 효율을 계산해내고 있다.

또한 공정 전체뿐만 아니라 반응기와 같은 장치 안에 흐르고 있는 물질의 움직임 역시 프로그램을 이용하여 알 수 있다. 장치 내부를 모사하여 장치 내에 지나치게 온도와 압력이 상승한 곳을 찾아내 균열이 발생할 가능성이 높은 곳을 사전에 파악하고 미리 예측할 수 있다. 추가적인 안전장비를 설치하거나 더 철저한 관리를 통해 사고를 미연에 방지하여 사고로 인한 손실을 막을 수 있다. 이처럼 공정시스템공학은 생산 효율, 에너지 효율, 미연의 사고 방지를 통하여 국가 경제에 큰 이득을 가져다 주는 중요한 연구 분야라 할 수 있다.

공정 개발의 필수 고려 요소, 안전

앞서 기술한 바와 같이 산업의 규모가 복잡해지고 커짐에 따라 보다 효율적인 공정이 요구되고 그에 따른 연구가 활발히 진행되고 있지만, 사실 그 연구보다 더 우선하여 고려해야 하는 요소가 바로 화학공정안전 분야이다. 공정 규모가 확대됨에 따라 그만큼 많은 양의 화학물질을 취급하고 가동해야 하기 때문에 사고가 발생할 경우 그 규모 역시 커지게 된다.

화학공장은 인화성액체, 가연성가스, 독성물질을 다량으로 취급 및 관리하므로 사고에 대한 위험성이 매우 높다. 또한 예측이 어렵고 피해가 광범위하며 잔류물질들이 지속적으로 피해를 발생시키기 때문에 공정설계 시에 안전을 반드시 고려해야 한다. 위험성 평가는 '대상 공정 선정 및 위험요인 파악', '발생 빈도 및 사고 영향 분석을 통한 위험도 평가', '판단 및 이행'의 단계로 이루어진다.

공정의 안전성을 파악하기 위한 기법에는, 위험 요소를 파악하고 도출하며 안전 체크리스트 만들기 등의 정성적으로 안전성을 평가하는 방법과 통계자료와 사고결과 정도를 수치화하여 숫자로 위험도를 평가하는 정량적 평가가 있다.

우리나라의 경우 2012년 발생한 구미 불화수소 누출사고 이후 지속적인 화학사고 관리를 통하여 산업재해로 인한 사망자 수가 2003년 2,701명에서 2015년 1,810명으로 감소했으나 더 많은 개선이 필요하다. 그뿐만 아니라 화학공정에서의 사고는 작업자의 부주의와 순간의 편의를 위한 안전규칙 미이행 등이 큰 부분을 차지한다. 이러한 안전불감증과 안전에 대한 의식 부족을 극복하기 위하여 공정안전에 대한 연구뿐만 아니라 안전문화 구축을 위한 노력 역시 함께 진행되어야 한다.

미래사회를 선도하는 화학공정시스템

이처럼 화학공학 분야는 국가 기간산업으로서 가난했던 시절부터 우리나라의 경제 성장을 이끌어 왔으며 이는 미래에도 마찬가지일 것이다. 한국연구재단에서 발표한 12대 미래유망 기술에는 신체 증강 휴먼, 웰니스(개인) 맞춤형 관리, 인공 장기 바이오, 뇌기능 향상 기술, 극한환경 적응형 4D 소재, 차세대 자동차용 초비강도 소재, 차세대 로봇, 미래 초연결 지능통신, 미래교통 시스템, 재난 감지 및 대응 기술, 에너지 저장 기술, 스마트 하우스가 있다. 이러한 유망 기술들 곳곳에도 화학공학의 역할이 모두 포함되어 있다.

산업화가 지속적으로 진행되면서 최근의 가장 중요한 화두는 바로 새로운 소재의 개발, 에너지 문제 해결, 환경문제 해결, 안전한 공정 설계 등이다. 산업이 그동안 개발에만 중점을 두고 발전하다 보니 자원의 고갈, 지구온난화와 같은 기후변화, 부산물로 인한 환경오염 등의 부작용을 낳았다. 이러한 문제를 해결하기 위하여 화학공학에서도 다양한 연구가 계속 진행되고 있다.

새로운 소재 개발의 경우 단순히 필요의 목적으로 생산해냈던 소재에서 벗어나 사용자의 안전과 편의성까지 고려하는 소재를 개발하고 있다. 현재 우주항공 분야의 재료로 사용되고 있으며 특정한 환경이 되었을 때 색상이나 모양이 바뀌는 스마트 소재들이 그 예라고 할 수 있다.

석유, 석탄, 천연가스 등 지하자원의 경우 그 매장량이 한정되어 있어 언제 자원이 고갈될지 알 수 없다. 자원 고갈로 인한 에너지난과 마주하기 전 에너지 문제를 해결하기 위한 노력 역시 화학공학의 몫이다. 보다 효율적인 배터리 개발, 고갈의 염려가 없는 물·해·바람 등을 이용하여 에너지를 발생시키는 신재생 에너지, 핵융합 반응을 통해 엄청난 양의 에너지를 발생시키는 원자력 에너지 및 인공태양 개발 등 새로운 에너지 개발 역시 활발한 연구가 진행 중이다.

또한 화학산업의 경우 원료를 태우거나 가공할 때 발생하는 오염물질로 인한 수질오염, 토양오염을 방지하기 위한 청정 기술, 전처리 기술들에 대한 연구가 진행되어 왔고 그 효율을 높이기 위한 연구가 활발히 진행 중이다. 화학산업은 연소하며 발생하는 이산화탄소로 인한 지구온난화, 온실효과로 인한 이상기후변화 등의 주요 원인이기도 하다. 이산화탄소의 배출을 억제하기 위하여 이산화탄소 포집 및 저장 기술 역시 연구되고 있다.

안전을 고려한 화학공정 연구는 다른 학문과의 융합 연구의 중심으로서 미래 기술을 선도할 것이다. 가장 쉽게 상상할 수 있는 화학공학의 미래 모습은 사람 없이 가동되는 화학공장이다. 공장의 규모는 점차 커지고 있는 반면에 공장관리자, 노동자 등 공장을 가동하는 사람은 점점 줄어들고 있다. '공정제어'를 통해 사람 없이도 최적의 공정상태를 유지하고 최상 품질의 생산품을 대량으로 생산이 가능해질 것이다.

미래의 안전한 화학공정을 위한 또 다른 형태는 다른 기술과의 융합이다. 최근 국가적으로 화학물질 안전에 각별히 주의를 기울이는 분위기에 따라 화학물질 데이터 및 사고 통계자료의 데이터가 생성 및 저장되고 있으며, SNS의 발달로 화학물질 관리자뿐만 아니라 취급자의 실제 경험을 통한 데이터 구축이 가능해졌다.

이렇게 화학물질의 물성뿐만 아니라 사고이력 및 위험성에 대한 통계자료를 데이터화함으로써 구축된 정보는 빅데이터 기술과 접목하여 화학물질 관리를 통한 예방 능력뿐만 아니라 사고 발생 시 대응능력을 향상시킬 수 있을 것이다.

〈포켓몬 고〉로 익숙해진 증강현실 기술 분야에서는 공장 속을 들여다보는 기술 및 화학사고 시 효율적인 대응을 위한 연구가 이미 이루어지고 있다. 추후 적용범위가 더 확대되어 직접 겪어보지 않더라도 현실과 비슷한 가상의 환경에서 간접적으로 경험해 봄으로써 화학공장 사고의 예방, 대비 대응, 복구 4단계의 효율을 높일 수 있을 것이다.

이처럼 화학공정 연구는 그 자체로도 큰 의미를 갖지만 앞으로 다양한 방향으로 미래 기술과 융합되어 그 중심에서 국가 경제 발전을 견인할 것이며 전도가 유망하다고 할 수 있다.

화학을 위한 '변명'

우리가 그동안 가지고 있는 화학에 대한 인식은 어떠할까? '화학제품', '화학소재'라는 말을 듣고 건강함, 깨끗함, 친환경과 같이 긍정적인 이미지를 떠올리는 사람은 많지 않을 것이다. 화학비료, 화학약품 등 일단 '화학'이라는 말이 붙으면 인체에 해롭고, 환경을 파괴할 것이라는 생각에 꺼리게 된다.

우리는 화학물질 없이는 단 하루도 살 수 없을 만큼 일상생활의 모든 것을 화학에 의존하고 있다고 해도 과언이 아니다. 우리가 단 하루도 화학제품, 화학소재로부터 벗어날 수 없고 이 덕분에 배부르고 편하게 지내고 있는 것을 생각해 보면 화학의 입장에서는 참 서운할 만하다.

1950~60년대 중화학 기업이 일으켰던 오염사태와 최근 잇따라 발생하는 화학사고를 각종 미디어를 통해 접하게 되면서 화학은 부정적인 이미지가 지나치게 부각되고 있다. 그러나 화학의 진짜 얼굴은 우리가 떠올리는 것처럼 사납고 무서운 얼굴이 아니라 우리 삶의 질을 높이기 위해 노력하는 따뜻하고 온화한 얼굴일 것이다.

세상 대부분의 것들은 두 얼굴을 하고 있다. 각종 냉매로 사용되었던 프레온가스가 삶의 질을 높여주었지만 결국 오존층 파괴의 주범으로 밝혀지며 서로 상반된 얼굴을 보여주었고, 토목이나 건설을 위해 사용되던 다이너마이트는 군사 및 전쟁을 위해 사용되기 시작되면서 많은 비극을 낳았다.

이처럼 화학은 어떻게 사용되느냐에 따라 천사의 얼굴을 하기도, 악마의 얼굴을 하기도 한다. 화학을 올바르고 좋은 영향을 주는 방향으로 활용함으로써 화학이 위험하고, 해로운 것이 아니라 편리하고 안전하다고 인식할 수 있는 날이 오기를 기대한다.

걷는 사람들의 공간으로
스마트한 도시를 만들다

이제선
연세대학교 도시공학과 교수

도시의 모습은, 그곳에 살고 있는 사람들의 의식과 추구하는 가치 및 기술 변화에 따라 진화되어 왔다. 문명학자들은 인류의 발전이 사람들의 두 발 걷기와 함께 시작되었다는데, 지금은 자동차의 속도와 편리함이 현대 도시의 모습을 결정하고 있다.

그렇다면 도시 공간에서 걷기의 매력은 사라진 것일까? 현대 도시 공간의 상징처럼 여겨지는 뉴욕 맨해튼의 사례를 보면 섣부르게 단정할 수는 없을 것 같다. 20세기 초반, 미국의 포드가 주도한 자동차의 대량 보급은 현대 도시를 자동차 중심의 공간으로 변화시키는 계기가 되었다. 뉴욕 맨해튼의 타임스퀘어도 이런 시대적 흐름을 타고 자동차가 지배하는 공간으로 변화했다.

그림 1. 뉴욕 맨해튼 타임스퀘어의 시대적 변화. 1930년대까지는 보행자 중심이었다가, 1950년대부터는 자동차 중심이 되고, 2000년대 이후부터는 다시 보행자 중심으로 변모했다.

2016년 사진 ©Jon Chica/Shutterstock.com

그러나 21세기에 들어 영화나 드라마에서 보이는 모습은 사뭇 다르다. 실제로 그곳은 걸어 다니는 보행자 위주의 공간으로 바뀌었기 때문이다. 도시화의 첨단을 걷는 뉴욕은 왜 그런 선택을 했을까? 서울 연세대학교

부근에서 행해진 작은 실험이 그 해답을 암시해 줄지도 모르겠다.

우연히 걷기의 미학을 발견하다

2013년 12월까지 연세대학교를 목적지로 하여 지하철을 이용하는 사람들의 경우, 대부분은 신촌 전철역에서 내려 연세로를 통해 학교로 걸어가거나 택시 또는 버스를 이용하였다. 당시의 연세로는 여느 도시 공간처럼 복잡하고 혼잡해서 어떤 교통수단을 선택하건 목적지를 향해 간다는 것이 유쾌하지 않았다.

결국 필자는 상황이 아주 나쁜 날에는 다른 이동 경로를 선택해서 학교에 가곤 했다. 가까운 신촌역에서 내리는 것이 아니라 한두 정거장 전인 이대역 또는 아현역에서 내려 학교까지 걸어갔다. 그런데 지루한 기다림을 피하고 어떻게든 빨리 목적지에 도착하려고 울며 겨자 먹기로 선택한 '걷기'가 필자의 생각을 뒤바꿔버렸다. 걷기의 매력에 빠져든 것이다.

우선 거리를 걷다 보니 몰랐거나 관심을 갖지 않았던 도시 곳곳을 속속들이 살피고 이해할 수 있게 됐다. 필자의 다리가 자동차보다 뛰어난 교통수단이라는 생각마저 들었다. 나의 몸을 이용해 가고자 하는 곳에 가는 기쁨, 그렇게 걷다가 낯선 사람 또는 지인들을 만나는 즐거움은 자동차로는 누릴 수 없는 것이었다. 자동차가 이끄는 현대 문명의 빠른 속도에 휩쓸려다니며 무심코 지나쳤던 것들을 눈에 담고, 멍하니 들여다보기만 했던 휴대 전화로 사진을 찍으며 그 장소와 좀 더 친밀해질 수도 있었다.

걷기의 또 다른 매력은 건강 증진이다. 필자 역시 대부분의 도시 사람들처럼 자동차 의존적인 생활패턴, 폭식과 야식 등의 식습관 및 신체활동 부족 등으로 인해 〈월-E〉라는 애니메이션 영화에서 풍자한, 이동 장치에 실려다니는 인간들과 본질적으로 별다를 것이 없었다.

현대 공중보건 분야는 약물 복용과 병원 중심의 보건 정책을 넘어 잘 먹고 잘 쉬는 것은 물론 스트레스를 덜 받으며 꾸준히 운동하라고 현대인들에게 요청한다.

자전거 또는 걷기와 같이 일상에서 이루어지는 신체활동을 통한 운동을 30분 이상 지속적으로 해도 건강 증진에 효과가 있다고 한다. 이는 곧, 도시인들의 일상 속에서 걷기와 같은 신체활동이 출퇴근 시간에 이루어지기만 해도 건강이 좋아질 수 있다는 의미다. 만약 도시의 다양한 물리적 환경이 이를 뒷받침하도록 개선된다면 현대인이 건강한 삶을 살 수 있다는 말이기도 하다.

결국 필자는 '걷기'가 침체된 도시 공간을 활성화시키는 원동력이 될 수 있다는 결론에 도달했다. 국내외 많은 사람들이 찾아오고 시장이 활성화되어 있다고 하는 곳들이 가진 공통적 특징은 무엇일까? 사람들이 끊임없이 걷고, 쉬고, 구경할 수 있는 요소들이 가득 차 있다는 것이다. 이런 곳에서 걷다 보면, 자동차로는 갈 수 없는 미로같이 연결된 골목들, 아기자기한 가게들을 가볼 수 있다. 그곳에 존재하는 것들을 새삼 인식하게 되고, 또한 걸어 다니면서 차창 안에서는 볼 수 없는 세세한 것들을 볼 수 있고, 커피 향과 음식 냄새도 맡을 수 있다. 이런 것들을 느끼고 즐기러 오는 사람들로 인해 거리는 북적거리고 매상도

그림 2. 걷기의 미학을 보여주는 세계의 거리들
① 터키 이스탄불, 이스틱클락 거리 ② 스페인 바르셀로나, 람블라스 거리
③ 덴마크 코펜하겐, 스트라세 거리 ④ 노르웨이 오슬로, 카를 요한슨 거리

올라가게 된다.

사람들의 걷기를 촉진시키다 보면 먹거리나 상품 등에 대한 구매활동이 일어나게 되고, 그러면 보행상권이 형성되면서 낙후된 상권도 결국 살아나는 선순환 체계가 만들어지는 것이다.

이후로 필자는 유명한 보행 중심 도시 공간인 터키의 이스틱클락 거리, 스페인 람블라스 거리, 덴마크 스트라세 거리, 노르웨이의 카를 요한슨 거리 등을 직접 걸어보며 걷기의 미학에 대해 확신할 수 있었다. 도시를 가장 잘 이해할 수 있는 수단, 건강 증진의 전략, 상권 활성화의 비밀은 결국 걷기였다는 사실을 말이다.

시민의 생각이 도시의 공간을 변화시킨다

필자는 앞서 이야기한 것처럼 보행이 가지고 있는 매력을 느끼면서 복잡하고 혼잡했던 연세로를, 다양한 매력들이 가득한 걷기의 공간으로 만들 방법은 없을까 생각하게 되었다. 다행스럽게도 2011년 3월에 연세로를 중심으로 신촌 주변을 변화시키려는 서울시의 프로젝트에 참여할 수 있는 기회가 주어졌다.

이 과정에서 연세로를 우리나라에서는 처음으로 보행이 중심이 되는 보행자 전용 공간으로 만들려는 생각을 계획에 담고 추진했다. 비록 현실적 여건과 사정으로 완벽한 보행자 전용 공간은 아니지만 2014년 1월 6일 마침내 지금과 같은 대중교통 전용지구로 탄생하게 되었다.

[그림 3]의 왼쪽은 사업하기 전에 차량으로 혼잡했던 모습이고, 오른쪽은 대중교통과 보행자가 원활하게 연세로를 공유하는 활기찬 모습이다. 사업이 완료된 이후 평일에는 하루종일 대중교통만 다니고(단, 택시는 새벽에만) 주말에는 보행자 전용으로 사용된다. 사진에서 보는 것과 같이 혼잡했던 차도는 축소되고 보행로는 4~11미터로 대폭 확장되었으며, 걷는 데 방해가 되는 장해물들은 최소화하였다.

진정한 보행 중심의 공간이란 사람들이 차량으로부터 방해받지 않고 하루종일 머무를 수 있고, 유모차들도 쉽게 와서 이리저리 다닐 수 있어야 하며, 어린이들과 노인들을 비롯한 각 세대가 도시 공간을 공유하며 누구든지 언제나 이용할 수 있어야 한다. 연세로처럼 365일 내내, 보행이 중심이 되는 도시 공간이 많이 만들어진다면 현재의 도시가 풀어야 하는 많은 문제들이 해결될 것이라고 본다.

출처 : 서대문구 홍보자료, 2014

그림 3. 보행자 중심으로 바뀐 연세로
왼쪽은 사업 전, 오른 쪽은 사업 후의 모습이다.

그렇다면 도시인이 걷기의 매력을 즐기고 느끼면서 건강하게 살아가
도록 하기 위해 우리는 어떤 노력을 해야 할까?

먼저, 걷기의 미학에 대한 가치를 함께 공유하는 것이 필요하다. 도시
의 모습은 그곳에 사는 사람들의 의식 및 추구하는 가치와 밀접하게 관
계가 있기 때문이다. 걷는 것을 좋아하는 사람들이 있어야 도시도 그렇
게 바뀌는 것이다. 따라서 공동의 가치가 형성된 후에 현대인들이 편리
하고 즐겁게 걸을 수 있는 도시 모습으로 바꾸려는 노력을 시도해야 한
다. 달리는 속도가 걷기의 즐거움을 대신하지 않고 걷기를 위한 즐거움
이 가득한 도시가 바로 건강하고 스마트한 미래 도시이며, 그것은 그런
도시의 모습을 원하는 시민들이 만들 수 있다.

사람의 속도는 어떻게 도시 경관과 건물 디자인을 바꿀까?

삶의 속도는 도시의 모습을 바꾸는 중요한 변수였다. 1900년대에는 자동차가 도시 모습을 급격하게 변화시켰듯이, 2000년대에 들어와서는 걷기가 우리가 살고 있는 도시의 모습을 천천히 바꾸어가고 있다. 이처럼 걷기가 서서히 변화시키는 도시의 작은 변화들을 살펴보자.

사람들의 평균 보행 속도는 시간당 5킬로미터, 대략 1초에 1.3미터 남짓이다. 그래서 횡단보도의 보행 신호는 1초에 1.0미터의 보행 속도를 기준으로 하고 있다. 반면 시내를 주행하는 자동차의 평균 속도는 시간당 30~60킬로미터이다. 달리는 자동차와 걷는 사람의 속도는 5배에서 최대 10배까지 차이가 난다. 그런데 사람들의 이동속도에 따라 간판의 크기 구성이 달라진다는 것을 아는가?

도시의 길을 걷다 보면 간판들이 많이 매달린 모습을 쉽게 볼 수 있다. 간판의 목적이 매장 정보를 알리는 것이기에 매장 주인들은 아무래도 간판과 글씨의 크기를 키우고 싶어할 것이다. 그러나 지나치게 무질서한 간판들은 도시 미관을 해치고 시각 공해까지 일으키며 사람들의 눈과 마음을 피곤하게 만들고 있다. 이런 간판들의 무한 경쟁 구도를 매장 주인들의 책임으로만 돌릴 수는 없다. 사실 빠른 속도로 지나가는 차량 내부의 운전자와 동승자에게 정보를 전달하려면 간판과 글자 크기가 커져야 하기 때문이다.

홍콩처럼 간판들의 조성이 복잡해도 예쁘고 명물로 소문이 나는 도시도 있다. 그러나 자동차의 속도에 맞춰진 대부분의 도시는 미국의 라스베이거스 대로에서 보듯 건물도 크고 간판도 매우 크다는 것을 알 수 있다.

그런데 1초에 1미터 정도로 걸어가는 보행자에게는 불편하기만 하다. 그것을 쳐다보느라 목도 아프고 한눈에 들어오지도 않기 때문이다.

이와 달리 보행자 위주의 거리에 있는 건물들의 간판은 크기와 글자가 적당하고 그만큼 디자인도 멋지다. 크기가 작아도 보행자에게 충분히 정보를 제공할 수 있기 때문이다. '걷기'라는 이동수단이 부활하면 차량 이용자들의 시선을 붙잡느라 크고 자극적인 경쟁에 매몰됐던 간판들의 조성이 아름답고 차분하게 바뀔 것이다.

이뿐만 아니라, 걷기는 건물 디자인과 업종을 변화시키기도 한다. 우리는 때때로 특정 상업 및 근린생활 가로(街路)를 가리켜 매우 번화하거나 활성화되었다고 말한다. 그렇게 평가하는 기준 가운데 하나는 아마도 밀집의 정도일 것이다. 여기에 이동속도라는 변수를 집어넣어보자. 자동차들이 밀집되어 있는 경우와 사람들이 밀집되어 있는 경우 중에서 실제로 지역상권의 소비에 바람직한 밀집은 어느 쪽일까?

당연하게도 사람이다. 왜냐하면 소비의 주체는 사람이기 때문이다. 물론 좋은 자동차를 타고 온 사람은 소비력이 있어 매장의 수입을 극대화해 줄 수도 있겠지만, 대부분의 가로변 상가는 자동차가 아닌 걷는 보행인들로 밀집되어 있을 때 소비가 많이 일어난다.

그렇다면 잠재적 소비자인 보행자를 위해 매장은 어떻게 바뀌어야 할까? 가로변 상가 내 소매업종 계획에 따르면, 매장 전면의 권장 폭은 약 6미터 내외이므로 보행자가 그 앞을 지나가려면 대략 8초 정도가 소요된다. 그 사이에 고객을 끌어당길 수 있는 매력요소가 없다면, 보행자는 그 점포에서 소비를 하지 않는다. 이것이 '8초의 법칙(8 second rule)'이다.

보행자들을 매장으로 끌어들여 소비를 촉발하려면, 자동차의 10배

이하로 느리게 움직이는 보행자의 눈에 맞춰 상점 외부 및 내부 디자인, 조명 등을 섬세하게 바꿔주어야 한다. 자연히 상업가로에 위치한 건물의 디자인 품질은 매우 높아지고 업종 구성도 보행자에게 매력적인 것으로 바뀌게 된다.

예전에는 상업가로 공간의 1층은 매우 높은 임대료 때문에 은행점포나 사무소가 주로 입점해 있었다. 최근에는 커피숍, 휴대 전화 판매점 등 보행 친화적인 매장들이 1층을 대신하고 있다. 여유롭게 걷는 사람들은 딱딱한 은행이나 일반 사무실보다는 미관이 아름답거나, 역사가 있거나, 독특한 매장에서 소비를 많기 때문이다.

뚜벅이들, 침체된 신촌을 부활시키다

쇠퇴한 상업가로를 활성화시키기 위해서는, 소비 주체이며 SNS를 통해 홍보대사 역할을 기꺼이 해주는 걷기의 주역인 '뚜벅이'들이 많이 모일 수 있게 해야 한다. 잠재적 소비자인 뚜벅이들이 많이 걷고 머물게 하려면 어떻게 해야 할까?

그동안 우리는 자동차가 많으면 가로가 활성화된다고 생각했고, 자동차를 위해 차로를 많이 만들었다. 그만큼 공간 이용의 주체인 사람들의 보행로는 좁아질 수밖에 없었다. 이제는 인식이 바뀌어 가로의 대부분을 차지하는 차로를 줄이고 보행자 중심의 가로 공간으로 바꾸는 보행 환경 개선사업이 국내외적으로 이루어지고 있다. 가로 및 보행 환경 개선사업은 가로의 주인이 자동차가 아닌 사람이 되도록 하는 사업으로 우리 실생활에 깊숙이 박힌 차량 중심의 교통 환경과 인식을 사람 중심으로 바꾸려는 의지를 엿볼 수 있는 사례이다.

활성화된 도시 공간을 유지하기 위해서는 생활가로를 가득 채우는 뚜벅이들이 지속적으로 방문토록 해야 한다. 이를 위해서는 보행자들에게 재미를 주는 이벤트가 개최되어야 하고, 더 나아가 정기적인 행사를 마련하는 노력이 필요하게 된다.

서울 신촌의 연세로에서는 7월에 신촌 물총축제 및 맥주축제, 8월 워터슬라이드와 12월 크리스마스 축제 등이 개최되고 있다. 이러한 행사를 통해 모든 세대가 함께 참여하는 진정한 세대 공감형 도시 공간으로 탈바꿈하는 것이다.

또한 버스커들이 보행 중심 공간에서 그들의 음악적 재능을 뽐내기 때문에 저녁에도 많은 사람들의 발걸음을 멈추게 한다. 넓어진 보행로는 성탄트리 점등식, 지역주민 바자회 등 다양한 행사를 개최하는 문화 장소로 활용되고 있고, 이러한 지역 축제를 지역 상인과 같이 기획하고 추진하면서 지역 공동체 의식이 강화되는 효과도 가져오고 있다.

마지막으로 길거리 범죄는 사람이 많을 때와 적을 때 중 언제 많이 일어날까? 실제로 사람들이 거리에 많이 오고갈 때 길거리 범죄가 줄어든다고 한다. 범죄는 보는 사람이 많으면 발생하기 어렵기 때문이다. 도시의 안전은 국민주권 또는 국민의 복지로까지 평가되고 있다. 그만큼 '범죄'가 심각한 도시문제로 대두되고 있다는 반증이다.

국내에서도 어두운 공간에서 일어나는 범죄를 줄이고자 노력하고 있다. 공동주택 또는 상업시설의 주차장 조명과 바닥이 밝아졌고 비상벨도 설치되어 있으며, 안전한 마을길 또는 안전한 통학로 조성사업 등이 곳곳에서 펼쳐지고 있다.

미국의 유명한 도시사회학자인 제인 제이콥스(Jane Jacobs)는 바로 이러한 맥락에서 거리의 눈에 주목하며 가로 공간의 활성화를 강조하였다. '환경설계를 통한 범죄예방 이론'도 거리에 보행자가 많으면 자연적인 감시(Natural Surveillance)가 이루어져 안전한 도시환경이 조성될 수 있다는 사실에 기인한다. 즉, 거리에 사람이 많이 다니면 잠재적 범죄자들이 범죄를 일으킬 수 있는 기회가 줄어들기 때문이다.

걷는 것이 즐거울 때 도시는 살아난다

2016년을 기준으로 우리나라 인구의 약 91퍼센트인 4,729만여 명이 도시 지역에 거주하고 있다. 도시에 살고 있는 시민들이 행복해지려면 걷기가 가진 이런 매력과 이에 따라 변화되는 도시 공간의 미학을 같이 느끼고 즐길 수 있어야 한다. 그러자면 걷는 사람의 안전이 최우선으로 고려되어야 한다.

몇 년 전 자전거 이용자의 증가를 예상하며 차로를 줄여서 자전거도로를 만들었더니 이용자가 적어 자전거도로의 무용론을 재기하는 사람들이 많이 나타났다. 그러나 원인은 다른 데 있었다. 자전거도로가 많이 늘어났지만 이용자의 안전에 대한 고려가 미흡해서 자전거 이용자들이 전용도로를 적극적으로 사용하지 않았던 것이다.

동일한 원리가 걷기의 미학에도 적용된다고 본다. 이용하고자 하는 대상들에게 편하고, 즐겁고, 안전한 환경이 조성되어야 활동이 적극적으로 일어날 수 있다. 즉, 달리는 속도가 걷기의 즐거움을 대신하지 않는, 걷기를 위한 즐거움이 가득한 도시 공간이 되어야 된다.

현대 도시는 휴대 전화와 인터넷에 시선이 고정되고, 사람들은 서로 경쟁하느라 치열하고, 휴식조차 돈을 주고 사야 하는 세상이 되어버렸다. 속도가 빨라진 만큼 우리 삶의 질도 나아졌는가?

걷기와 같은 어수룩하고, 때로는 느리고 심심한 것들의 가치가 저평가되는 그런 사회가 되었다. 도시는 도시 공간을 걸어다니는 사람이 적을수록 외롭고 활기가 없는 곳이 되며, 사람들이 머무는 시간이 적을수록 낯설고 두려운 대상이 될 수 있다.

사람들이 살 만한 도시를 만들기 위해서는 오랜 시간 편하고 안전하게 걸어 다닐 수 있는 그러한 곳으로 변화되어야 한다. 여전히 차량 위주로 돌아가는 지금의 도시는, 우리가 원하는 그리고 우리의 미래 세대들이 살아가기를 원하는 이상적인 미래 도시는 아닐 것이다.

현재 우리나라는 저출산으로 인한 인구증가율 감소와 저성장 시대를 맞이하고 있다. 2031년에 5,300만 명에서 2065년에는 4,300만 명으로 인구가 줄어든다고 한다. 이러한 변화는 도시 공간에 많은 영향을 미치게 될 것이다. 과거 고성장 시대에는 도시 기능을 외곽에 넓게 분산 배치하고 자가용에 의존하는 확장된 도시 형태를 가졌다.

그러나 인구 감소와 저성장 시대를 맞이하는 미래는, 세수 감소와 도시의 유지 및 관리비용을 최소화하기 위해 도시 기능을 기성 시가지로 다시 모으고 인구를 도심으로 집중시키는 모습으로 변화될 것이다.

즉, 미래 도시는 도시 기능의 양적 팽창보다는 질적 성장을 추구하게 될 것이다. 이러한 과정 속에서 도시는 대중교통 및 보행권을 중심으로 미래 기술과 함께 스마트한 도시의 모습으로 변화될 것이다.

미래 세대와 함께 살아가야 할 도시는, 사람이 주인이 되고 걸으면서 즐길 수 있는 공간으로 스마트하게 재생되어야 한다. 이러한 변화를 촉진시키기 위해서 우리는 무엇을 해야 할까? 그것은 우리 모두가 걷기에 대한 인식과 마음을 바꾸면 가능한다. 그러다 보면 건강하고 안전하며 활기찬 사람 중심의 스마트한 미래 도시에서 우리 모두가 행복하게 살아갈 수 있지 않을까.

초연결 사회,
도시 물 관리의 혁신을 모색하다

박준홍
연세대학교 건설환경공학과 교수

사람들은 본능적으로 희귀한 것에 대해 관심을 갖는다. 가령 비행기 사고는 도로상의 교통사고에 비할 수도 없을 만큼 드물지만, 사람들의 관심은 압도적으로 비행기 사고에 쏠린다. 물도 마찬가지다. 물이나 공기나 주변에서 쉽게 접할 수 있지만, 최근 미세먼지로 공기에 대한 관심이 예전보다 훨씬 높아진 데 비해 물에는 여전히 무관심하다.

물은 그저 흔하고 빤하게 취급할 것은 아니다. 미국의 의학자들은 인류 역사에서 인간의 수명 증가에 가장 큰 기여를 한 것이 무엇이냐는 질문에, 암 치료제나 백신이 아니라 먹는 물을 공급하는 위생공학을 1위로 선정했다. 한국 역사에서도 위생적인 물 공급의 중요성이 입증되었다([그림 1] 참조).

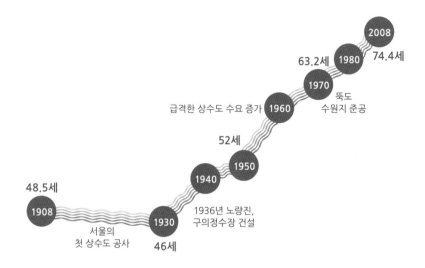

그림 1. 국내의 상수도 시설의 역사와 평균 수명 간의 상관성

사실 21세기에 들어 학자들이나 투자자들은 물에 대해 이전보다 훨씬 깊고 진지하게 생각하기 시작했다.

가령 2008년 누구도 생각하지 못한 미국의 초대형 금융위기를 예측한 덕분에 막대한 수익을 올린 투자자 마이클 버리(Michael Burry)는 하버드 대학교와 함께 캘리포니아의 물 자원에 집요하게 투자하고 있다. 캘리포니아 대학교의 데이비드 세드락(David Sadlok) 교수는 인더스트리 4.0을 모사해서 워터 4.0(Water 4.0)이라는 표현을 사용하면서 4차 산업혁명 시대의 물 관리에 대한 관심과 논의를 촉발시켰다.

대체 왜 '물'일까? 단순히 돈 많은 갑부들이 독점을 통한 자원 통제를 시도하는 것 아닌가? 물 관리가 인공지능이나 분자생물학처럼 대단한 혁신을 이뤄낼 여지가 있기는 한가? 필자는 이런 의문을 풀어갈 약간의 실마리를 제공하려 한다. 결론부터 말하자면, 물 관리의 혁신은 가능하며 혁명적인 가능성을 갖고 있다.

역사에서 배우는 물 관리의 중요성

먼저 인류 역사 속에 나타난 물 관리의 진화 과정을 살펴보자.

'워터 1.0'은 로마제국 시대의 물 관리라고 볼 수 있다. 해외 여행지들 중 황제격인 로마를 방문하는 이라면 반드시 사진을 찍는 명소가 트레비 분수일 것이다. 작은 광장이지만 웅장한 조각들에서 굉장한 소리와 더불어 쏟아지는 물들이 관광으로 지친 몸과 마음을 시원하게 해줄 뿐 아니라 압도되는 느낌을 준다. 그러한 이유로 많은 관광객들뿐 아니라 세계의 언론들도 트레비 분수대를 사랑한다. 트레비 분수는 로마제국의 물 관리 기술의 상징이다.

인구가 많았던 로마는 먹는 물을 공급하기 위해서 원거리의 수원에서 물을 공급하는 교량과 같은 거대 토목 구조물을 건설하였고, 귀족들의 집이나 대형 목욕탕에 물을 공급하기 위한 도시 상수관거를 설치 운영하였다. 또한 도시 오수들을 강으로 신속히 배출하는 위생적인 하수 시설을 보유하고 있었다. 귀족들의 집에는 수세식 화장실과 분수대가 있었고, 다량의 물을 사용하는 연극무대나 시민들과 귀족들을 즐겁게 해주는 문화 및 레저 활동들도 기록에서 볼 수 있는 것을 보면 로마 시대의 물 관리가 매우 높은 수준에 있었음을 알 수 있다.

로마의 귀족들은 물을 공급받기 위해, 공무원들에게 뇌물을 주고 납으로 만들어진 관에 구멍을 내어 물을 자기 집으로 유도해 수세식 화장실 혹은 분수를 즐겼다고 한다. 납으로 만든 관을 통해서 얻은 물을 음용하였기 때문에 납 중독에 의한 인체 유해성의 문제도 있었던 것 같다. 그럼에도 로마제국의 물 관리 서비스는 귀족과 시민들에 매우 인기가 좋았던 모양이다.

한국의 경우 수돗물 음용률이 전 세계에서 최하위 수준으로 낮다는 점이나 도시의 물 관리에 대해 시민들의 관심이 높지 않다는 점을 생각한다면 물 관리 전문가 입장에서 로마 시대의 물 관리에 대해 보인 시민들의 높은 관심과 인기는 마냥 부럽기만 하다.

도시의 물길과 관로 등은 대형 토목 공사를 요구하기에 많은 비용이 든다. 또한 관로는 땅 밑에 있으므로 보이지 않기 때문에 시민들에게 잊히기 쉽다. 높은 비용이 필요한 물 관리 시설에 대해서 시민들이 관심이 없으면 시설 설치와 유지를 위한 세수 확보가 힘들 것이다. 사실 이것이 현대 도시들이 겪고 있는 문제이다. 놀랍게도 로마 시대의 지도자들은 이 점을 매우 잘 파악하고 있었다. 시민들의 관심을 유도하기 위해서 로마 중심부의 사람들이 모이는 광장들에 웅장한 분수대를 적극 설치한 것을 보면 알 수 있다.

이러한 분수대의 물리적인 기능은 고지대에서 낙차로 떨어진 물이 용천수처럼 솟아나도록 해서 물을 도시에 공급하는 것이다. 헌데 여기를 멋진 조각으로 장식하고 사람들이 많이 모이는 광장 중심에 두어서 만남과 경제활동의 장소로 활용하게 하였다. 그 의도는 물이 바로 황제의 시민이 누리는 특혜라는 것을 보여주는 것이었다. 로마 시민들은 이러한 분수대를 보면서 끝없는 자부심과 더불어 로마의 위용과 문화를 칭송하였을 것이고 그 결과 거액의 세금을 내는 것에 주저하지 않았을 것이다.

오늘날 뉴욕, 샌프란시스코, 파리, 런던, 서울 등 세계의 주요 대도시들이 그 화려한 번영 속에서도 노후화된 상수관거와 하수관거 개선을 위한 재정 마련이 어려운 것을 생각해 보자. 물 관리의 중요성을 시민들에게 인지시키는 것이 국가 통치에 크게 도움이 된다는 것을 파악하고 있던 로마제국 시대의 지도자들의 현명함에 감탄을 금치 못하게 된다.

'워터 2.0'은 위생적인 먹는 물 공급 기술이라고 할 수 있다. 지하수 혹은 지표수를 처리해서 먹을 수 있는 물로 만들고 이를 도시로 공급하는 관거 시스템이 기술의 핵심이다. 사실 로마 시대의 물 공급 시스템과 별반 다르지 않다. 오히려 중세 시대를 지나면서 유럽의 물 관리 수준은 로마 시대보다 떨어진다.

봉건 시대의 성 중심의 도시에서 화장실 부산물이 농업의 비료 자원으로 사용되면서 식량 생산이 증가하고 인구가 증가하였으나, 토양으로 스며든 화장실 부산물이 지하수를 오염시키고 주변 지표 수질을 악화시켰다. 그 결과 오염된 지하수 혹은 지표수를 마시면서 병원성 세균에 감염되어서 사망하는 사례가 많았다. 인도에서 시작된 흑사병이 전 유럽을 강타해서 유럽 인구를 현격하게 감소한 역사적 사태가 그 대표적인 사례이다. 20세기에 와서야 현재의 정수 처리 및 공급 시스템 기술이 개발되고 이로 인해서 유럽과 북미 지역의 인류 평균 수명이 증가하기 시작한 것이다.

'워터 3.0'은 현재 우리가 누리고 있는 대도시의 물 순환 관리 기술이다. 상수도와 하수도의 인공 물 관리 시스템과 빗물 혹은 침투에 의한 자연 물 관리 시스템이 연계되어서 홍수나 가뭄 등의 물에 의한 재해를 방지하면서 이수와 치수를 가능하게 하였다. 수천만 명의 대규모 인구를 수용하는 도시로 규모가 커진 점과 현대식 재료(콘크리트, 스테인리스강 등) 혹은 처리 공정(응집침전, 여과, 필터, 활성슬러지 하수처리 공정 등)을 이용한 점들을 제외하고는 로마 시대의 물 관리 유전자의 흔적을 확연하게 볼 수 있다.

그러나 현대의 도시 물 관리 인프라 시스템 기술은 그 한계를 보이고 있다. 초기에는 이러한 도시 물 관리 인프라 공급에 의해서 뉴욕이나 보스턴 등 세계적인 명품 도시들이 탄생하였다. 서울도 한강을 정비하면서 현대 도시 물 관리 인프라를 건설하고 세계적인 대도시 반열에 오를 수 있었다. 물 관리 인프라를 설치하면 더 많은 사람들이 도시로 몰리고, 시장과 경제가 성장하게 된다.

그러나 오래된 도시들의 물 관리 시설 노후화로 발생하는 수질 악화, 악취 등의 문제가 대두되고 있다. 또한 기후변화의 속도가 빨라지면서, 예기치 않았던 폭우 혹은 태풍에 의한 재해가 발생하여 인명이 손실되기도 한다. 개발도상국 도시의 이야기가 아니라 세계 첨단 도시들의 이야기이다.

더 심각한 문제는 이 노후화된 시설을 개선하기 위한 재정적 여유가 없다는 점이다. 건강한 물에 대한 시민들의 수요는 그 어느 때보다 높지만, 물 관리에 필요한 세금이나 요금 인상에는 매우 부정적인 반응을 보인다. 이로 인해 도시 물 관리 서비스를 공급하는 직업군은, 인간 생존에 필수인 물을 공급한다는 명백한 사회 기여도에도 불구하고, 점점 열악한 일자리로 퇴락하고 있는 실정이다.

물 관리 기술, 어디까지 발전할 것인가?

물 관리 역사의 큰 맥락에서 보면 워터 2.0 시대와 워터 3.0 시대의 물 관리 수준은 로마 시대의 연장선이거나 기술적인 보완의 수준으로 보인다. 역사적으로 인간의 생활에 큰 영향을 준 다른 기술들이 비행기나 반도체, 나노 기술 등에서 보이듯 혁명적으로 도약했음에 비해, 물 관리 기술은 로마 시대 이후 차원을 달리하는 기술적 도약을 하지 못했다. 재료/도구 기술, 교통수단 기술, 전자정보통신 기술이 민간과 시장 주도로 개발되고 진화해 온 반면 물 관리 기술은 공공성 때문에 국가 및 지역 정부 주도로 진행됐던 것이 원인이 아닐까 한다.

시장 주도형 기술 개발에서는 더 좋은 기술의 개발이 자본의 축적을 가능하게 하고, 축적된 자본은 더 좋은 기술 개발에 투자되는 선순환이 이루어진다. 반면, 공공성을 중시하는 정부 주도형 기술 개발은 개발된 기술의 적용에 대한 규제적인 요소들이 강하다 보니 좋은 기술이 개발되어도 이를 적용하는 데 시간이 오래 걸린다. 또한 시장 주도형 기술 개발은 작은 기업이라도 좋은 기술을 시장에 내어놓으면 수익을 낼 수 있지만, 공공성 기술은 다양한 이해당사자들을 만족하는 의사결정이 되지 않으면 아무리 좋은 기술이라도 현장에 적용할 수 없다.

다시 말해, 시장 주도형 기술은 적은 자본이라도 시장 수요에 대응할 수 있는 기술력만 있으면 사업성이 높지만, 정부 주도형 공공성 기술을 다루는 건설 및 환경 산업 분야의 기업은 기술력 이외의 정치사회적 불확실성이 사업성에 미치는 영향이 크기 때문에 혁신적이기보다는 보수적인 경향이 높다. 이러한 건설 및 환경 산업 분야의 특성이 물 관리

기술의 발전을 더디게 한 주요 원인이라는 진단이 가능하다.

그러면 워터 4.0 시대의 물 관리 기술은 어떨 것인가? 아직까지 그 실체에 대해서는 학자들 간에 의견이 분분하다. 그럼에도 공통적으로 제시되고 있는 사항들이 있는데, 기후변화의 가속화, 물 관리 시설의 노후화 등에 의한 불확실성이 증가하는 것이고, 이를 대처하면서 유지·관리하는 기술에 대한 수요가 늘고 있다는 점이다.

또한 물이라는 자원을 절약 및 재활용하고, 오폐수를 처리해야 할 대상에서 자원회수의 대상으로 여기는 경향이 높아지고 있다. 도시에서 발생하는 하수나 음식 폐기물 폐수 등은 물 환경에 오염 부하를 주는 오염원인 동시에 대체 수자원, 유기성 유용 자원(메탄가스, 열 생산), 비료 자원 등으로 재활용이 가능한 자원이기도 하다.

현재 오폐수 처리시설은 혐오시설로 여겨지고 있다. 또한 대규모 시설을 만들어 오폐수 처리만을 목적으로 한 경우에는 소규모 시설보다 경제성이 좋다. 그러한 이유로 재생된 물, 에너지 자원, 비료 자원을 사용할 수 있는 주요 사용처인 주거지는 오폐수 처리시설에서 먼 것이 일반적이다. 그러다 보니 오폐수 처리시설에서 회수된 에너지 자원이나 비료 자원을 사용처로 이송하는 데 별도의 비용이 발생하고, 차량으로 이동 시에는 화석연료 사용으로 이산화탄소 배출이 증가하기도 한다.

에너지 자원의 경우는 전기나 열의 형태로 원거리 이송이 가능하지만 전기 및 열 생산 과정에서 발생하는 폐열까지 사용하려면 사용처가 오폐수 처리시설에서 가까워야 한다. 이러한 기술적 모순들을 해결하려면 오폐수 처리시설들을 분산화시켜서 주거지 등의 자원 활용처와 가깝게 있어야 한다.

최근에는 오폐수 처리의 개념이 기존의 오염정화 중심에서 자원순환으로 이동하여 환경오염 부하 감소 및 에너지 및 비료 자원 회수와 연계하는 '물-에너지-식량 연계(Water-Energy-Food Nexus)'가 국제적인 패러다임으로 대두되고 있다. 이는 도시 내에 분산화된 오폐수 처리시설, 즉 물 재생 및 자원 회수 시설이 융합되는 도시 재생을 의미한다. 분산화된 물 재생 및 자원 회수 시설은 중앙집중 방식으로는 물과 에너지 공급이 취약했던 지역에서 이를 안정적으로 제공하는 역할도 할 것으로 기대된다. 이러한 이유로 물 재생 및 자원 회수 시설의 분산화가 미래 도시의 방향이 될 것이라 생각한다.

이렇듯 지역 맞춤형 분산화 인프라를 스마트하게 유지·관리하기 위해서는 새로운 개념의 기술이 필요해 보인다. 또한 물 관리만을 독립적으로 보는 현재의 시각으로는 효과적인 개선이 힘들고, 도심 재생 차원에서 총체적인 접근과 기술이 필요하다. 기술적으로 보면 가능한데, 현실적인 문제는 공공기반의 물 관리 인프라의 혁신을 위한 재정적 지원이 부족하고, 더불어 혐오시설에 대한 민원이다.

이러한 현실적인 이슈를 극복하기 위해서 최근에는 시민이 참여하고 시민과 소통하는 스마트 시티 사업에서 물 관리를 에너지, 거버넌스 등과 수평적으로 펼쳐서 해결하려는 시도들이 유럽, 미국, 중국 등지에서 진행되고 있다.

물 관리 기술에 대한 역사적 고찰은 두 가지를 시사한다. 첫째는 재료 기술, 공정/기계 기술, 전자정보통신 기술 분야에서 진행된 혁신은 복합 응용의 특성을 지닌 건설 환경 기술 분야의 혁신을 유도할 것이다. 두 번째는 국제화·민주화·개방화의 역사적 흐름은 공공성을 다루는 기술 분야의 개발을 정부 주도에서 시장 주도로 전환시키고자 유도하고 있다.

4차 산업혁명 기술의 특성이 복합 응용이라는 점에서 스마트 건설 환경 산업 분야가 4차 산업혁명 기술의 주요 시장이 될 전망이다. 최근의 '스마트' 시장이 추구하는 공유·개방에 대한 요구가 현재 정부 주도의 공공 분야의 지역 분산화와 시장 확대로 전환될 것이다. 이러한 관점에서 워터 4.0 시대의 물 관리 기술은 이전 시대에 비해서 완전히 다른 '단절적 도약'을 요구받고 있다.

한국은 어떻게 물 관리를 하고 있을까?

한국의 물 관리 역사를 간단히 살펴보면, 빠른 산업화와 더불어 공공기반 시설로서 상수원 확보를 위한 댐 설치와 상하수도시설 보급이 국가 주도로 단기간에 계획적으로 이루었다. 한국전쟁을 기억하는 많은 외국인들이 '한강의 기적'에 경이로워 하는 것도 선진국에서 수백 년에 걸쳐서 이룬 물 관리를 한국에서는 수 십년 만에 이뤘기 때문이다.

한국의 물 관리는 개발도상국들에게 정책적·기술적으로도 모범이되는 성공 사례이다. 선진국의 물 관리 기술과 정책 중 우리 현실에 맞는 것들을 우선적으로 도입하고, 국가 차원의 대규모 사업을 통해서 시설 투자 비용을 최소화하는 실용적 정책이 성공의 원인이었다.

그러나 대한민국의 물 관리 역사는 어두운 면도 분명 있었다. 산업화 과정에서 경제 성장을 우선으로 하는 환경 정책과 정부 주도의 대규모

물 관리 사업의 추진 과정에서 의사결정 과정의 불투명성으로, 현재 한국의 물 관리에 대해서는 그동안의 공에도 불구하고 국민들의 신뢰가 높지 않다. 전 세계에서 수돗물 음용률이 가장 낮다는 점이 국민들이 국가/지자체가 공급하는 상수공급 서비스에 대해서 믿지 못한다는 점을 시사한다. 현재의 관료적인 한국형 행정 체제하에서 상수원 지역의 개발 인허가라든지 정부/지자체 발주 대형 건설 사업 수주에 관련해 많은 국민들이 정계, 관료, 기업의 결탁을 의심하기도 한다.

환경부에서 제시하는 국내 물 관리에 관련한 주요 문제를 보면 ① 4대강 녹조 발생 및 수질문제, ② 지방 상수도시설의 노후화, ③ 도시 하수도시설의 노후화(하수 악취, 싱크홀 포함), ④ 왜곡된 도시 물 순환 및 기후변화에 따른 홍수와 가뭄 피해 등이다. 각각의 주요 현안에 대해 간략히 살펴보자.

4대강의 하천 수질에 대한 진실은 무엇일까? 많은 시민이 한강 주변의 자전거도로를 즐기면서 한강의 수질 관리가 잘되고 있다고 생각할지도 모른다. 집중호우 기간에 서울에서 발생하는 하수는 도로에서 유출된 우수와 섞여서 대부분이 한강으로 바로 유입되는데, 이때 평소 하수처리장에 유입되는 것보다 훨씬 많은 오염물질이 한강으로 유입된다는 점을 모를 것이다.

서울, 부산, 인천 등과 같은 오래된 대도시는 우수와 하수가 혼합되는 합류식이다. 비가 많이 와서 하수처리장의 처리 용량보다 크면 어쩔 수 없이 하천으로 직방류해야 한다. 공공하수 처리시설이 많이 설치되고 하수관거도 전국적으로 보급되어 있지만 아직도 오래된 도시의 물 관리 인프라의 한계 특성상 우리의 하천은 호우기에 녹조와 같은 수질 악화 문제가 발생하고 이는 우리의 상수원 수질이 우려되는 이유이다. 또한 농업 지역과 일부 영세 산업 지역에서 발생하는 폐수 등이 지표나 지하수를 통해서 하천으로 유입되어서 하천 수질의 위협이 되기도 한다.

대형 댐에서 확보된 상수원에서 수돗물을 공급하는 현재의 광역 상수공급 체계는 인구밀도가 높은 대도시에 공급될 때 경제성이 높으므로 공급시설의 유지·관리 재정이 안정적이다. 그러나 인구가 적은 지방의 상수공급시설은 노후화되어도 개선할 재정 마련이 어려워서 공급되는 수돗물의 수질이 대도시보다 나쁜 것이 현실이다. 이러한 기술적·재정적인 이슈가 공론화되면서 지역 간 불균형이라는 사회적 이슈가 제기되고 이는 지역 간 분쟁과 불신으로 이어져 국가의 사회적 비용 증대라는 손실로 다가오고 있다.

서울을 포함한 오래된 대도시의 하수관거는 노후화가 심하다. 노후화된 하수관거는 구조적으로 불안정하다. 지하철이나 큰 건물 주변에서는 안전성 차원에서 지하수를 양수하고 있는데 그 과정에서 노후 하수관거 주변에 도심 싱크홀이 발생한다. 서울 도심에 있는 싱크홀의 많은 원인이 노후화된 하수관거에서 시작되는 것이다.

또한 서울은 하수 악취에 대한 시민들의 민원이 많다. 현재의 하수관 시설이 설치되기 전에 가정별로 분뇨를 저장하는 정화조가 설치되었는데, 이에 의한 악취 발생에 대한 면밀한 고려 없이 급히 도시의 하수관거망을 설치하는 과정에서 발생한 구조적인 문제이다. 정화조에서 발생하는 하수 악취 물질이 합류식으로 연결된 우수 유입구를 통해서 도로나 보도로 쉽게 배출되기 때문에 시민에게 높은 불쾌감을 준다.

이 문제를 해결하기 위해서는 하수관거를 우수관거와 분리해 하수처리시설에 직결하고, 보도나 도로에서 유입되는 유출강우는 우수관거로만 이동하게 하는 분류식 관거 시스템으로 전환해야 한다. 그러나 서울과 같은 대도시의 높은 부동산 가격으로 인해서 지하 구조물인 하수관거 개량 사업의 재정 마련이 어려운 것이 현실이다.

한반도의 기후는 급격하게 변화하고 있다. 이제는 많은 국민들이 이를 체감하고 있다. 태풍이나 폭우에 의한 도시 침수 사례가 증가하고 있고, 동시에 극심한 가뭄과 폭염으로 농축산업뿐 아니라 도시 시민들의 건강이 위협받기도 한다. 하천의 수질은 지속적으로 나빠지고 있다. 이는 상수원의 수질 악화와 연결되어서 우리 물 안보적인 측면에서도 우려된다.

최근 정부는 이수, 치수, 물 환경 관리 등의 다목적 기능을 유역 단위로 통합 관리한다는 취지에서 물 관리 일원화를 시작하였다. 국토부의 수량에 대한 기능을 환경부로 이전해서 통합 관리하는 것이다. 이 과정에서 기존에 국가 중심, 공급 중심 정책에서 유역 중심, 수요 중심 정책에서 변화할 것이 예상된다. 권리(수리권, 개발권 등)와 책임(수질 관리, 재해 관리 등)을 유역의 이해당사자들의 협의에 의해서 의사결정하는 시스템으로 전환해, 지역 구성원들의 참여를 확대하고 기존의 국가 중심 물 관리에 대한 국민의 불신을 저감하려 하고 있다.

또한 현재의 정부/지자체 관료들에 의한 공급 중심의 정책을 현장의 수요 중심으로 전환해서 인구가 감소되는 지역에 재정적으로 지속가능한 물 관리 공급 계획을 새로이 수립하게 될 것이다.

이러한 통합 물 관리가 성공하려면 국가주의와 지역주의 간에 상생할 수 있는 통합 시스템이 필요하다. 정책적·기술적인 시스템뿐만 아니라 다양한 이해당사자들이 의사결정을 합리적이고 신속하게 할 수 있는 소통과 협치 체계의 마련이 시급하다. 이해당사자 간의 신뢰를 위해 물관리에 관련된 정보 공유 활성화와 함께 이에 따른 국가 안보와 개인 정보 및 자산의 침해가 없는 스마트한 방법이 필요해 보인다.

4차 산업혁명 시대 물 관리의 미래 도전들

4차 산업혁명 기술을 요약하면 세 가지로 분류할 수 있다. 첫째, 빅데이터, 인공지능, 사물 인터넷으로 대변되는 기술이 가장 대표적인 분야이다. 그 다음으로 가상현실 혹은 증강현실 기술이다. 눈으로 보고 간접 체험하게 만들어서 전문가 교육에 혁신적이다. 마지막으로 초연결성이다. 사물 인터넷의 센서들이 많아지면서 사물 간의 교신이 초연결화되고 있고, SNS의 발달로 사람과 사람 간의 초연결성이 증가되고 있다.

상수도 전문가들이나 하수도 전문가들은 모두 '분산화'를 미래 방향으로 설정하고 있다. 분산화가 되면 유역이나 지역에 맞는 서비스를 제공할 수 있고 불확실성에 대한 유연한 대응이 가능해진다. 그러나 분산화는 중앙집중형 방식보다 유지·관리가 어렵다. 상수도 전문가들은 이를 원활하게 하기 위해 센서가 탑재된 사물 인터넷을 활용한 스마트워터그리드나 스마트워터 시스템 같은 기술 개발이 필요하다고 제안하고 있다. [그림 2]와 유사한 개념의 스마트 기술이 도시 하수 관리에도 적용될 수 있다.

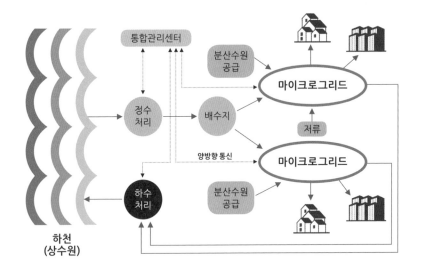

전 세계적으로 도시의 물, 에너지, 환경, 안전, 건강을 총체적으로 보려는 추세에 있다. 도시의 데이터를 공개하고 이를 통해서 공유 자원 활용을 확대하고 지역의 경제를 활성화하며 확보된 재정으로 노후 인프라를 개선해 지속가능한 도시를 만들고자 하는 움직임들이 '스마트 시티'라는 개념으로 민관 분야에서 추진되고 있다. 국내의 도심 재생 사업이나 스마트 시티 사업들이 이에 해당한다.

스마트 시티 개념에서 가장 혁신적인 것은, 데이터 공유를 통해 투명성이 강조되고 공공기반 인프라 사업에서 항시 문제가 되는 불신이 감소되는 것이다. 시민들의 수요를 파악해서 이를 만족시키는 인프라와 서비스를 제공한다면 투자자들은 지갑을 더 열 것이고, 시민들도 도심 재생 혹은 스마트 시티 사업 초반부터 참여할 것이다. 결국은 시민과의

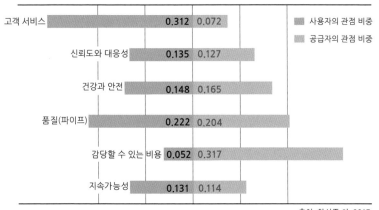

고객 서비스		0.312	0.072	■ 사용자의 관점 비중
신뢰도와 대응성		0.135	0.127	■ 공급자의 관점 비중
건강과 안전		0.148	0.165	
품질(파이프)		0.222	0.204	
감당할 수 있는 비용		0.052	0.317	
지속가능성		0.131	0.114	

출처: 한상종 외, 2015

그림 3. 국내 상수도시설 서비스 공급자와 사용자 간의 견해 차이

소통이 중요하다.

[그림 3]에서는 공공기반 시설의 자산관리 차원에서 서비스 공급자가 중요하게 고려하는 사항들과 사용자(시민)의 관점이 현재 어떻게 다른지를 보여주고 있다. 수돗물 가격에 대해서 서비스 공급자들이 더 민감하고, 막상 시민들은 비용을 더 지불할 의사가 있다고 본다. 또한 사용자들은 수돗물에 대해서 궁금한 것이 있으면 전화하거나 민원을 호소할 수 있는 통로를 중요하게 생각하는데, 서비스 공급자는 이에 대한 고려는 매우 부족하다.

그동안 공급 중심으로 진행되어 온 물 관리 인프라 사업들이 시민들과 불통하고 있음을 보여주는 좋은 사례이다. 이러한 수요자의 의견을 알았다면, 즉 시민들의 불만을 들어주는 서비스에 조금 더 투자했다면 수돗물 요금 상승은 오히려 쉽게 되었을 수도 있었을지 모른다.

현재 물 관리 인프라 시장은 왜곡되어 있다. 시민들이 낸 세금으로 그들이 원하는 것을 제공해 주는 것이 공공기반 서비스이다. 정부는 이러한 시민들의 수요를 정확히 파악해서 예산을 마련하고, 전문 기업들이 사업을 추진하게 하면 된다. 전문가들은 정부가 시민 수요를 정확히 파악하게 도와주거나, 기업들이 기술적으로 잘 대응하게 자문 및 지원을 해주면 된다. 헌데 정부의 공무원들과 전문가들은 시민들의 의견보다는 정치인들의 의견 수렴에 총력을 기울이고 있는 것이 안타까운 현실이다. 그러다 보니 시민들은 건설 환경 전공 전문가들을 불신하고 있다. 시민들이 전문가들과 직통하게 되면 공공기반 인프라에 어떤 것이 필요한지 투명하게 제시되고 시민의 수요에 맞는 기술적 해결책을 찾게 될 것이다.

이러한 해결책 마련의 일환으로 블록체인(Block Chain)을 이용해서 물 관리에 관련된 정보를 분산 관리하는 아이디어들이 미국과 호주에서 제안되고 있다. 블록체인으로 컴퓨터 네트워크와 인공지능을 통해 물 관리 정보를 관리함으로써 정부-지자체-지역주민-전문가-사업자 등에게 정보를 개방하고 물 관리에 대한 신뢰가 제고가 될 것이다. 이는 물 관리 시설 유지·관리를 위한 민간 투자 유치를 유도하는 데 사용될 수 있을 것이다. 또한 지자체의 물 관리 시설 유지·관리 성과에 대한 평가가 보다 더 투명하게 이루어져서 결국은 최종 사용자에게 공급되는 물 관리 서비스가 개선될 것이다.

이러한 관점에서 4차 산업혁명 시대에 물 산업 진흥을 위해서 가장 필요한 요소가 초연결성을 이용한 시민 참여 협치 거버넌스 구축이라고 생각된다. 전문가의 다양한 아이디어와 의견들이 시민들이 이해하기 쉬운 내용으로 전환되어서 소통된다면, 시민들은 지역사회를 위해서

옳은 선택을 할 것이다. 이러한 판단을 지원해 주는 새로운 방식의 빅데이터 인공지능 기술 개발이 요구된다.

이 과정에서 물 순환을 지향해야 하는 물 관리 분야의 산업과 일자리 제고도 기대해 본다. 물론 이러한 새로운 혁신의 과정에서 전통적인 물 관리 일자리는 많이 사라질 것이고 새로운 일자리가 창출될 것이다. 이러한 티핑 포인트를 예측하고 어떠한 일자리가 만들어질 것인지, 그리고 어떤 방향의 변화가 발생할 것인지에 대해 심도 있는 연구가 필요하다. 그리고 그 방향이 결정이 되면 티핑 포인트가 오기 전에 국가적 차원에서 준비해야 한다고 생각한다.

그중에서 대학의 건설·환경 분야의 교육 혁신안 마련도 필히 포함되어야 한다. 혁신적인 몸부림이 없다면 다가오는 큰 변화 속에서 건설·환경 분야가 미래 도시와 사회에서 설자리가 없을 수도 있다. 반면 이 기회를 잘 살리면 사람을 배려하고 사회에 유익한 일을 하면서도 개인의 성장과 경제적 부유함은 물론 일을 즐길 수 있는 행복한 삶을 누리게 될 수도 있을 것이다.

4차 산업혁명을
어떻게 맞이할 것인가?

박희준
연세대학교 산업공학과 교수

$\mathbb{Z}$|난 대선 기간 중에 대선 주자들은 너나없이 본인이
다가오는 4차 산업혁명 시대에 적합한 리더임을 강조
하며 4차 산업혁명과 관련된 설익은 공약들을 쏟아냈다. 그뿐만 아니라
관료들은 4차 산업혁명과 관련된 정책을 개발해 차기 정권에서도 자리
를 유지하기 위해 노심초사하고 있다.

그러나 4차 산업혁명에 대한 충분한 이해와 진지한 고민은 보이지
않는다. 4차 산업혁명을 통해 초연결 시대로 진입하고 있는 상황에서
부처이기주의에 매몰되어 4차 산업혁명을 놓고 밥그릇 싸움을 하고 있
는 관련 부처들의 모순된 모습을 보고 있으면, 2차 산업혁명의 틀 속에
서 4차 산업혁명을 이야기하고 있는 듯한 느낌을 지울 수 없다.

세계경제포럼(WEF) 회장인 클라우스 슈밥(Klaus Schwab)이 2016년

1월에 열린 다보스포럼*에서 4차 산업혁명을 정의하고 이것이 만들어 낼 사회 각 영역의 변화를 언급한 이후, 우리 사회는 4차 산업혁명이 저 성장의 늪에 빠진 우리 경제에 활력을 불어넣어줄 것이라 믿으며 4차 산 업혁명의 광신도가 되었다. 그리고 2016년 3월 인공지능 알파고가 이세 돌 9단과의 바둑 대국에서 거둔 완승은 우리의 믿음을 더욱 부추겼다.

4차 산업혁명에 대한 짝사랑

18세기 후반에 증기기관의 발명으로 시작되어 한 세기 동안 진행된 1차 산업혁명은 공장식 생산체제를 만들었고, 20세기를 전후해서 반세 기 동안 진행된 2차 산업혁명은 전기동력을 기반으로 대량생산 체제를 만들어냄으로써 인류 역사상 경험해 보지 못한 경제 성장과 인구증가 의 원인을 제공했다.

식민지 무역으로 축적된 자본과 계몽주의 사상으로 꽃피운 기술을 기반으로 만들어진 1, 2차 산업혁명은 정치, 경제, 사회, 문화 등 모든 영역에서 혁명적인 변화를 만들어내고 난 후 수십 년이 지나서야 정의 되었다. 그리고 20세기 후반부터 시작된 3차 산업혁명은 컴퓨팅 기술 기반의 자동화된 생산체제를 선보였으며, 인터넷과 모바일 기기를 통해

◆**다보스포럼**: 세계무역기구(WTO) 등에 막강한 영향력을 행사하는 세계경제포럼의 별칭. 경제학자 클라우스 슈밥이 창설한 '유럽경영포럼(European Management Forum)'이 세계적인 규모로 확대 개편한 것으로 1981년부터 매년 1월에서 2월 사이 스위스의 휴양 도시인 다보스에서 정기 행사가 열리는 관계로 '다보스포럼'으로도 불린다.

서 우리의 삶을 송두리째 바꾸어 놓았고, 여전히 진행 중이다.

사물 인터넷, 빅데이터, 인공지능 등으로 요약되는 4차 산업혁명 기반 기술도 실은 3차 산업혁명의 기반인 컴퓨팅 기술의 갈래일 뿐이다. 그리고 3차 산업혁명의 자동화된 생산체제와 4차 산업혁명의 자율화된 생산체제의 구분도 모호하다. 그래서 좀 더 기술의 진보와 그것이 만들어내는 변화를 경험하고 4차 산업을 정의해도 늦지 않을 듯하다.

물론 시장에 소개되는 신기술이 만들어내고 있는 사회 각 영역의 변화를 간과하자는 것은 아니다. 그리고 저성장 기조에서 새로운 성장동력을 찾기 위한 몸부림을 이해 못하는 것도 아니다. 다만 진행되고 있는 변화의 본질을 이해하지 못한 채 지금처럼 홍보성 정책을 쏟아내고, 기업들은 문제 해결을 통해 경쟁우위를 확보하기 위한 투자가 아닌 경쟁열위를 피하기 위한 묻지마식 투자를 이어간다면 다가올 변화에 체계적으로 대응하기도, 경쟁력을 확보하기도 어려울 것이다.

3차 산업혁명의 물결을 타고 정보화 시대가 열리면서 우리는 지난 10여 년간 시장 곳곳에서 전자(electronic)와 유비쿼터스 컴퓨팅(ubiquitous computing)의 첫 글자를 딴 이씨(e-)와 유(u-)씨 성을 가진 수많은 정책과 상품을 질리도록 봐왔다. 통신 인프라에 대한 정부 주도의 과감한 투자로 인터넷 강국이 되었지만, 관련 시장을 육성해서 보다 많은 부가가치를 만들어내는 데는 실패했으며 국제 경쟁력을 갖춘 인터넷 기반의 기업은 하나도 키워내지 못했다.

제대로 정의도 되지 않은 4차 산업혁명을 마케팅적으로 활용하는 데 열을 올리기보다는 편의점 열거식 사고를 버리고 뚜렷한 방향성을 가진 정책과 투자를 만들어가길 바란다. 4차 산업혁명을 준비하려면 2차 산업혁명 관점의 사고로부터 벗어나야 한다.

2차 산업혁명의 틀을 깨야 4차 산업혁명이 보인다

온 사회가 4차 산업혁명의 소용돌이에 빠져들고 있다. 4차 산업혁명과 마주한 우리는 재도약과 퇴보의 기로에 서 있는 듯하다. 그러나 4차 산업혁명의 본질과 그것이 시장과 사회에 만들어낼 구조적 변화를 제대로 이해하지 못한 채, 여전히 2차 산업혁명의 틀 속에 갇혀 미래를 준비하고 있다는 느낌을 지울 수 없다.

4차 산업혁명이 진행되면서 신기술을 개발하고 적용하는 과정에서 새로운 일자리는 만들어지겠지만 기계에 의해 대체되어 사라지는 일자리보다 많지는 않을 것이다. 또한, 이미 과잉공급 시대에 접어든 시장에서 지속적으로 공급을 늘려 성장을 도모하고 일자리를 만들어내기도 쉽지 않다. 과잉공급의 시장에서 기업들은 경쟁우위를 확보하기 위해 원가절감을 위한 노력을 할 것이고, 그 과정에서 오히려 많은 일자리는 자연스럽게 기계에 의해 대체될 것이다.

이러한 상황에서 사회적 압력을 통해 기업이 일자리를 만들어내도록 유도하는 것도, 지속적인 국가 재정 적자를 감수하고 공공영역의 일자리를 만들어가는 것도, 근본적인 해결책이 될 수는 없다.

지금까지의 현상을 이해하고 문제를 해결하기 위해 우리가 가지고 있던 관점 자체를 이제는 바꾸어야 한다. 닷새 일하고 이틀 쉬는 구조가 아닌 이틀 일하고 닷새를 쉬는 구조를 염두에 두고 일자리 문제의 해법을 찾아야 한다. 이제는 일자리를 늘리기보다는 노동 시간을 줄이면서 일자리를 나누고 소득을 보존할 수 있는 해법을 찾아야 한다. 그리고 그 해법을 빅데이터, 사물 인터넷, 인공지능, 로봇 등의 활용에서 찾아야 할 것이다.

자율주행차가 상용화되고 차량 공유 서비스가 활성화되면 개인의 자동차 소유가 줄어들면서 교통체계가 대중교통화될 가능성이 높다. 그리고 많은 버스기사와 택시기사들은 자율주행으로 인해 일자리를 잃게 될 것이다. 그 과정에서 사회적 압력을 통해 버스나 택시 운수회사가 운전기사들의 일자리를 유지하도록 하는 접근이나 공적자금을 운수회사에 투입하여 운전기사들의 일자리를 유지하려는 노력은 근본적인 해답이 될 수 없다.

오히려 대중교통화되는 교통체계 속에서 일부 공유되는 자율주행차를 일정 자격을 갖춘 버스기사나 택시기사가 소유하도록 하고 조합 형태로 차량 공유 서비스를 운영한다면 버스기사나 택시기사에게 노동 시간을 줄이면서도 수익을 보존할 수 있는 기회를 제공할 수 있을 것이다. 그러나 공유되는 자율주행차들을 소수의 기업이 모두 소유한다면 운전기사들은 일자리를 잃게 될 것이다.

장기적인 관점에서 4차 산업혁명이 만들어내는 효익을 일부 기업이나 자본가들이 독점하지 않고 사회 구성원들이 골고루 나누어 가질 수 있는 길을 찾아 일자리 문제를 해결해야 한다. 물론 그 과정에서 반시장적 규제들로 기업가들의 의욕을 꺾는 우는 범하지 말아야 할 것이다.

하루하루를 힘겹게 버티며 삶을 이어가는 다수 서민들에게 4차 산업혁명은 공허한 구호일 뿐이다. 4차 산업혁명을 준비하기 위한 장기적인 관점에서의 투자보다, 오늘의 삶을 위한 일자리가 필요하고 보다 낮은 가격에 생필품을 구입할 수 있는 기회가 절실할 뿐이다. 직면한 문제의 해결 따로, 4차 산업혁명을 위한 준비 따로가 아니라 4차 산업혁명의 기반이 되는 기술을 통해서 우리가 직면한 문제를 해결하려는 접근이 필요하다.

손에 잡히는 성과가 만들어질 때 4차 산업혁명에 대한 투자와 준비가 동력을 얻을 수 있다. 올해부터 생산가능 인구의 감소를 경험하고 있는 우리 사회의 지속적인 성장을 위해 여성 인구와 고령 인구의 노동시장 진입은 필수적이다. 4차 산업혁명 관련 기술을 활용하여 고령 인구의 쇠퇴하는 지각 및 사고능력과 근력을 보완해 주고 직장일과 육아를 병행해야 하는 여성 인구들이 보다 효율적으로 시간을 활용할 수 있는 방안을 찾아 주어야 한다.

숫자 놀음 그만하고 대학도 4차 산업혁명에 대비해야

"○○일보 대학평가 ○위"
"서비스품질 교육 부문 ○년 연속 ○위"
"사법고시 ○명 합격"
"행정고시 ○명 합격"

대학 정문에 내걸린 현수막에 적혀 있는 내용들이다. 우리는 언제부터인가 우리의 역량과 성과, 행복 등을 숫자로 표현하고 순위를 매기는 데 익숙해졌다. 숫자로 표현되고 순위가 매겨지지 않으면 가치를 두지 않는다. 문제는 우리 사회에 존재하는 뿌리 깊은 불신일 것이다. 어떠한 잣대로든 성과를 측정하고 평가하여 관리하지 않으면 부패와 도덕적 해이가 만연할 것이라는 불안감 때문이다.

그래서 모든 평가 대상에게 적용될 수 있고 계량화될 수 있는 평가 기준을 찾다 보니, 그 과정에서 평가 대상이 가지고 있는 가치관과 계량화하기 힘든 역량, 성과, 기여 등은 무시되고 마는 것이다. 우리는 초등학교 운동회에서 달리기를 하기 위해 출발선에 서는 그 순간부터 원하든 원치 않든 평생을 순위에 얽매여 살아간다.

대학 사회도 예외는 아니다. 과학인용색인(SCI)과 사회과학인용색인(SSCI)에 등재된 학술지에 논문을 몇 편이나 게재했는지, 연구과제를 얼마나 수주했는지를 기준으로 교수를 평가한다. 그들이 저술한 책과 논문이 어떤 의미를 갖는지, 멘토로서 학생들의 인생에 어떤 영향을 미치는지, 지식인으로서 신문과 잡지에 기고한 글과 방송에서 인터뷰한 내용이 사회에 어떤 영향을 미치는지에 대해서는 아무도 관심이 없다. 국내외 언론에서 매년 발표되는 대학 평가에서 몇 단계라도 순위가 하락하는 날에는 학교 전체가 초상 분위기다. 그리고 대학은 서둘러 교수들의 인사 기준이 되는 논문 편 수와 과제 수주액의 기준을 높여 다음해의 순위 상승을 꾀한다.

모든 대학들은 4차 산업혁명의 소용돌이 속에서 생존과 성장을 위해 몸부림치고 있다. 그러나 대학들이 제시하는 해결책을 보면 여전히 2차 산업혁명의 틀 속에 갇혀 있는 듯하다. 인위적인 교과과정 개편, 교원 인사 요건 강화 등을 통해서 보다 적은 비용으로 짧은 기간 동안 대학 평가에서 순위를 올리기 위해 노력하고 있다.

2차 산업혁명의 틀 속에서 만들어진 대학 평가 기제 속에서 더 나은 평가를 받는 것이 4차 산업혁명 시대에 경쟁력을 확보하는 길이 아님을 깨달아야 한다. 논문 몇 편을 더 게재하고 연구비 수주액 몇 푼을 더 늘리는 것보다 과감히 대학 평가의 굴레에서 벗어나 교육의 틀을 바꾸고자 하는 시도가 필요하다.

2차 산업혁명 이후, 분업화된 각 영역에서 필요로 하는 전문인력을 대량으로 배출하기 위해 만들어진 오늘날의 교육 기제는 더 이상 4차 산업혁명 시대에 어울리지 않는다. 40~50년 전의 대학 성적표와 오늘날의 대학 성적표를 비교해 보면 전공명도 과목명도 크게 바뀐 것이 없다. 대학 순위도 마찬가지다.

세상에서 변화의 속도가 가장 느린 영역이 대학 사회가 아닐까? 대학의 운영 주체들도 이 사실을 알고 있지만, 보직 임기 중에 대학 평가에서 순위가 하락하는 것을 감수하고 새로운 틀을 마련할 용기가 없는 것은 아닐까? 4차 산업혁명의 소용돌이 속에서 우리 대학들은 패스트 팔로(추격자)가 아닌 퍼스트 무버(선도자)로 거듭나야 한다.

대학 평가의 목적은 평가 체계를 기반으로 대학 발전의 방향을 제시하고 학계의 건강한 경쟁을 유도하여 교육과 연구의 질을 높이기 위함일 것이다. 대학을 평가하고 결과를 발표하는 언론들도 4차 산업혁명에 걸맞는 미래 지향적인 평가 체계를 제시하지 못하면 평가를 접어야 한다. 대학들이 추구하는 자율적인 특성화에 더 이상 걸림돌이 되지 말아야 한다.

권력화된 각종 교육 프로그램 인증제도도 마찬가지다. 모두가 한 방향으로 뛰면 1등은 한 명이지만 360도 모두 다른 방향으로 뛰면 360명이 1등을 할 수 있다. 4차 산업혁명 시대에 더 많은 1등을 키워내는 대학이 되기를 기대해 본다.

다가오는 공유 경제, 그늘도 살피며 큰 그림을 그려야 한다

지속되는 불황으로 구매력이 감소하면서 구매와 소유가 아닌 '공유'를 통해서 필요한 제품과 서비스를 사용하고자 하는 이들이 늘어나고 있다. 특히 구매하고 소유하는 데 많은 비용이 들거나 일 년에 한두 번 간헐적으로 사용하는 제품과 서비스를 중심으로 이러한 현상은 심화되고 있다. 유휴자원의 활용도를 높여 경제의 효율성을 높이려는 시장 주체들의 노력으로 이해할 수 있을 것이다. 숙박 공유 업체인 에어비앤비와 차량 공유 업체인 우버와 같은 기업들의 급속한 성장에서 볼 수 있듯이, 물건을 사고파는 시장에서 쓰고 남은 물건을 빌려주고 빌려쓰는 시장으로 꾸준히 성장하고 있다.

공유 경제는 인류의 역사와 함께 시작되었으나 공유의 범위는 근거리 지역으로 제한되어 왔다. 그러나 최근 정보통신 기술의 발달로 유휴자원의 공급자와 사용자가 공간적·물리적 제약을 극복하고 쉽게 만날 수 있는 장이 모바일 공간에 만들어지면서 공유 경제의 성장은 가속화되고 있다. 또한 시장에서 판매되는 제품과 서비스를 중심으로 만들어진 대중소비를 지양하고 다양한 경험을 추구하는 개성 강한 소비자들의 적극적인 참여도 공유 경제의 성장에 한몫하고 있다.

공유 경제의 시장 규모가 커지면서 참여 주체도 개인에서 기업으로 확대되고 있다. 개인 간의 거래를 넘어서 개인과 기업 간 그리고 기업과 기업 간의 거래로 공유 경제는 영역을 확대해 가고 있다. 최근 기업들도 잉여 설비와 인력의 공유를 통해서 생산 활동을 하는 사례가 증가하고 있다. 4차 산업혁명과 함께 생산 기술이 평준화되면 기업 간의 공유에 의한 생산 활동은 더욱 증가할 것이다.

일부 미래학자들은 지속적으로 성장하는 공유 경제에 의해서 지난 산업 사회에서의 '소유' 개념은 사라지고 '접속' 개념이 그 자리를 대체하게 될 것이라고 예측하고 있다. 필요한 것을 얼마만큼 소유하고 있는가보다, 필요한 것을 빌려줄 수 있는 누군가에게 접속할 수 있는지가 더 중요한 사회가 될 것이라는 예측이다.

저성장 기조에 접어든 우리 경제는 공유 경제를 통한 거래 활성화를 기반으로 또 다른 성장을 그리고 있다. 기업들은 앞다투어 공유 경제를 위한 플랫폼 사업에 뛰어들고 있으며 정부도 공유 경제와 관련된 창업 지원에 적극적이다. 여전히 기존 사업자들의 권익을 보호하기 위한 각종 규제와 사회 구성원 간의 낮은 신뢰 수준으로 인해 공유 경제의 성장 속도는 미국과 유럽에 비해 더딘 편이지만, 신 서비스업의 성장에 초점을 맞춘 정부와 유관기관의 보고서를 살펴보면 공유 경제에 대한 장미빛 전망 일색이다.

그러나 신 서비스업의 성장과 함께 우리가 주목해야 할 것은 우리 경제에서 더 큰 비중을 차지하고 있는 제조업의 변화다. 자동차 업계를 예로 들어 공유 경제의 성장과 함께 제조업이 겪을 변화를 짐작해 보고 공유 경제의 건강한 성장을 위해 장기적인 관점에서 어떤한 준비가 필요한지 고민해 보고자 한다.

스마트폰과 같은 단말기를 활용해서 원하는 시간에 원하는 장소에서 원하는 장소로 손쉽게 이동할 수 있는 교통수단을 이용할 수 있다면, 대중교통의 불편함 때문에 자동차를 소유하는 대부분의 운전자들은 굳이 값비싼 소유 및 유지 비용을 지불하며 자동차를 소유할 필요가 없어질 것이다. 자율주행차가 상용화되고 자율주행차 기반의 차량 공유 서비스가 현실화되면 자율주행차 한 대는 열여섯 대의 자가용 승용차를 대체함으로써 자동차의 개인 소유와 생산량은 현격히 줄어들 것이라는 국제교통포럼의 연구결과도 있다.

또한 현재는 자동차 운행 중에 발생하는 사고에 대해서 운전자가 대부분의 책임을 지지만, 앞으로 자율주행차 기반의 차량 공유 시대가 도래하면 완성차 제조업체와 자율주행차의 운영을 위한 인프라를 구축하고 운영하는 주체가 책임을 나누어질 가능성이 높다. 자동차의 소유 감소로 인한 생산량 감소, 판매 이후 발생하는 사고에 대한 책임 분담 등으로 수익성이 악화되는 상황에서 자동차 업계는 수익구조를 자동차의 판매가 아닌 자동차의 생명주기 관리로 바꾸어 새로운 활로를 모색해야 할지도 모른다.

그뿐만 아니라, 현재 자가 소유의 자동차는 주차장에 주차되어 있는 시간이 하루 중 90퍼센트 이상을 차지하지만 자율주행차 기반의 차량 공유 서비스가 현실화되면 차량의 하루 평균 운행 시간이 늘어나면서, 자동차의 수명 연장에 대한 시장의 요구와 내구성 향상을 위한 투자가 늘어날 것이다.

이러한 자동차 업계의 변화는 완성차 업체를 가장 큰 고객으로 둔

철강 업계에도 적지 않은 영향을 미칠 것이다. 강판에 대한 수요가 줄어들어 매출은 감소할 것이며, 자동차의 내구성과 안전성 향상을 위해 강판의 강도를 높이고 무게를 줄이기 위한 연구개발에 더 많은 투자가 요구될 것이다.

자동차 업계도 철강 업계도 악화되는 수익성을 개선하기 위해 생산하는 제품에 다양한 서비스를 결합하여 수익구조를 다각화하고자 노력하겠지만, 우선적으로 로봇 기반의 공정 자동화를 통해 인건비를 줄이는 노력을 할 것이다. 결국 공유 경제의 성장은 제조업계의 일자리 감소로 이어질 수 있다. 물론 모바일 기반의 플랫폼 사업에서 새로운 일자리가 창출되겠지만 서비스업은 제조업에 비해 일자리 창출 능력이 떨어질 뿐만 아니라 양질의 일자리 창출에도 한계가 있다. 삼성전자보다 시가총액이 높은 페이스북의 직원 수는 삼성전자의 5분의 1에 지나지 않음을 기억해야 한다.

정부는 공유 경제에 대한 장밋빛 전망을 내놓으며 관련 창업 지원에만 초점을 맞출 것이 아니라 제대로 된 창업이 이루어질 수 있도록 불필요한 규제를 걷어내는 노력부터 해야 한다. 기술 진보의 흐름을 거스르는 규제를 걷어내지 않고는 우버나 에어비앤비 같은 기업의 창업과 성장을 기대하기 힘들다.

관련 업계의 기존 사업자들도 기술 진보의 흐름 속에서 경쟁력을 갖추고 함께 성장하는 길을 찾아야 한다. 또한 사업구조 전반에 대한 장기적인 관점에서의 고민 없이 단기적인 반짝 성과에 함몰되어 관련 지원 정책을 만들어내다 보면 우리 경제의 뿌리인 제조업의 경쟁력마저 흔들릴 수 있음을 잊지 말아야 한다.

기술의 진보 속에 편협함을 경계하라

하루 일과를 마치고 지친 몸으로 집에 들어서면 로봇이 우리의 표정과 말투를 살펴 기분을 파악하고, 상황에 어울리는 음악을 취향에 맞추어 틀어준다. 그리고 피로를 풀어주기 위해 취향에 따라 따뜻한 목욕물을 받아주기도 하고 시원한 맥주 한 잔을 가져다 주기도 한다. 물론 목욕물의 온도도 맥주의 브랜드도 로봇이 학습한 우리의 습관에 맞추어 취향대로 서비스한다.

머지않은 미래에 우리가 로봇과 함께할 경험 중 일부분이다. 앞서 소개한 미래의 모습까지는 아니지만 지금도 인공지능과 빅데이터 기반의 맞춤식 서비스를 통해서 우리의 취향에 맞는 제품과 서비스를 손쉽게 선택할 수 있다.

정보도 마찬가지다. SNS나 포털의 개인화된 맞춤식 서비스를 통해서 나와 같은 견해를 가진 이들과 친구를 맺고 그들이 생산하고 공유하는 정보만을 접하며, 나와 같은 관점으로 현상을 해석하고 전달하는 뉴스만을 취한다. 넘쳐나는 다양한 정보 속에 살아가고 있지만 제한적인 경로를 통해서 제한적인 정보를 접하던 시절보다 더 편협하고 경직된 삶을 살아가는 이유일지도 모른다.

라디오로 음악을 듣던 시절, 원하는 한두 곡을 듣기 위해 몇 시간을 기다리며 내 취향이 아닌 곡들도 들어야 했다. 불편하기는 했지만 그러한 과정을 통해서 다양한 장르의 다양한 곡들을 접하며 음악에 대한 이해의 폭을 넓힐 수 있었다. 9시 뉴스와 신문이 세상의 소식을 접할 수 있는 주요 통로였던 시절, 채널을 9시 뉴스에 고정시킨 채로 관심이 없는 뉴스도 들어야 했고 신문 지면을 살펴보면서 때로는 읽기 싫은 글들도 접해야 했다. 그러한 과정을 통해서 우리는 다양한 관점으로 세상을 대할 수 있었다.

그러나 이제는 자신의 입맛에 맞는 음악만 듣고 정보만을 취하며 자신과 같은 견해를 가진 이들과만 소통하면서 우리는 점점 편협해지고 있다. 스스로의 제한적인 경험을 통해 알고 있는 것이 세상의 진리이며 전부라고 믿는다. 서로가 다름을 인정하지 못하고 그 다름을 틀렸다고 치부한다.

다가오는 4차 산업혁명과 함께 인간의 노동은 많은 개별 영역에서 점차 기계에 의해 대체될 것이다. 어쩌면 인간이 기계로부터 지켜낼 수 있는 마지막 영역은 한 분야의 전문 지식도 숙련된 기술도 아닌 통찰력, 즉 개별적인 사실이나 현상을 보고 그와 관련된 전반적인 실태나 본질을 꿰뚫어 보는 능력을 요구하는 영역일 것이다.

그러나 선호하는 일부 매체를 통해서 보고 싶은 것만 보고, 듣고 싶은 것만 듣는 우리는 오히려 하나를 알고서 열, 백을 알고 있다는 착각에 빠지기 쉽다. 선입견과 편견을 걷어내고 열린 마음으로 다양한 정보를 접하고 주변의 현상을 다양한 관점에서 해석하려는 노력이 필요하다. 그래야 하나를 알고도 열, 백을 헤아리는 통찰력을 키울 수 있다.

때로는 불편함을 감수하고 거슬리는 것들도 보고 들어야 한다. 나와 다른 취향과 견해를 가진 이들과도 어울리며 그들의 관점을 이해하고자 노력해야 한다. 나락의 길을 걷지 않기 위해 우리의 삶에서도, 관계에서도 균형을 찾아가야 한다. 우리는 여전히 함께 살아가야 할 가족이고, 친구이며, 여전히 대한민국 사회의 시민이기 때문이다.

건강한 부자를 만들어내는 4차 산업혁명이 되기를

끼니를 걱정하던 시대를 살아온 우리는 궁핍하지 않은 삶을 꿈꾸었고, 하나가 되어 그 꿈을 이루었다. 지난 어느 시절과도 비교할 수 없을 만큼 부유한 시대를 살고 있음에도, 궁핍했던 지난 시절을 그리워하며 절망감을 느끼는 이들이 많다. 궁핍했지만 누구나 꿈을 꿀 수 있었고 노력하면 꿈을 이룰 수 있었다고 많은 이들은 지난 시절을 회상한다. 그러나 그 시절, 꿈을 꿀 수 있는 기회는 극히 소수에게만 주어졌으며, 대부분은 자신이 처한 상황을 운명이라 여기며 힘겨운 삶을 살아내야 했다. 세월이 흐르면서 희미한 기억은 지나치게 미화되고, 우리는 답답한 현실에서 미화된 과거로 도피하고자 한다.

행복의 기준은 우리가 무엇을 얼마나 가지고 누리는지의 문제가 아니라, 다른 이들이 자신보다 무엇을 얼마나 더 가지고 누리는지의 문제일지도 모르겠다. 배고픈 건 참아도 배 아픈 건 참기 힘들다는 우스갯소리가 떠오른다. 불볕더위에 선풍기를 켜놓고 식구들과 수박을 먹으며 더위를 식히면서 행복함을 느끼다가도 해외 유명 휴양지에서 호화로운 휴가를 즐기는 누군가의 사진을 SNS를 통해서 접하는 순간, 내 모습은 마냥 초라하게 느껴질 수 있다.

많은 이들이 유명 휴양지에서 호화로운 여름휴가를 보내고 싶어 하지만 정작 유명 휴양지에서 호화롭게 여름휴가를 보내는 이들에게는 반감을 갖는다. 그들이 누리는 모든 것을 얻는 과정에서 자신은 접할 수 없었던 기회가 그들에게는 주어졌다고 여기며 불합리한 사회 구조를 탓하곤 한다. 모두가 부자가 되기를 원하면서도 부자들을 존경하지 않는, 아니 부자들을 증오하는 사회에 우리는 살고 있다. 분명한 모순이다. 증오하는 대상이 되고자 우리는 노력하기 때문이다.

스스로가 축적한 부는 자신의 노력에 의한 결과라 믿으면서도 다른 이가 축적한 부는 부적절한 분배를 낳은 사회의 부조리와 부를 축적한 이들의 기회주의적이고 반사회적인 행동에 의한 결과라고 치부한다. 선진 사회에는 존경받는 부자들이 많다. 그러나 우리 사회에는 존경받는 부자가 쉽게 떠오르지 않는다. 부자들의 도덕성이 낮아서일까? 일부 그러한 면을 부정할 수는 없다. 부를 축적할 수 있었던 기회가 자신에게 주어진 것에 대한 고마움과 가지지 못한 이들을 긍휼히 여기며 절제된 삶을 살아가는 부자들이 많아 보이지는 않는다. 오히려 가진 것 이상을 드러내고 자랑하며 가지지 못한 이들을 자극하면서 우월감을 느끼는 부자들을 자주 접한다. 최근 SNS를 통해서 증폭되는 가진 자들의 과시욕은 가지지 못한 이들에게 더욱 큰 절망감을 안겨준다.

가진 자들도 사회 구성원으로서의 사회적 책임을 다하고, 부적절한 분배를 낳는 불합리한 사회 구조도 뜯어 고쳐야겠지만, 자존감이 결여된 채 늘 타인과 자신을 비교하며, 스스로의 노력으로 성공을 만들어 가는 것은 우리 사회에서 더 이상 불가능하다고 믿는 자세 또한 문제가 아닐까?

앞선 1, 2차 산업혁명이 만들어낸 기회는 지난 시절에 비해 줄어들었을지 모르지만, 4차 산업혁명의 흐름 속에서 지난 시절과 비교할 수 없을 만큼의 수많은 새로운 기회가 다가오고 있다. 삼성전자와 같은 글로벌 제조기업을 만들어내는 것도, 대기업에 취업하여 임원이 되는 것도 과거보다 쉽지 않겠지만, 삼성전자가 50년 간 이룬 성과를 10년 만에 이루어낸 페이스북과 같은 기업을 창업하기는 이전보다 훨씬 수월해졌다. 창의적인 아이디어만 있으면 부를 축적할 수 있는 기회가 주어지고 있다. 그러나 우리나라에는 페이스북과 같은 기업이 드물다.

4차 산업혁명과 함께 다가오는 기회가 성과로 이어질 수 있도록 4차 산업혁명의 틀 속에서 불필요한 규제들을 걷어내야 한다. 그리고 우리도 부자를 증오하지 말고 부자가 되어 건강한 사회와 문화를 만들기 위해 노력하자.

공학의 눈으로 미래를 설계하라

초판 1쇄 2019년 3월 22일
초판 15쇄 2024년 4월 10일

지은이 | 연세대학교 공과대학
펴낸이 | 송영석

주간 | 이혜진
편집장 | 박신애 **기획편집** | 최예은 · 조아혜 · 정엄지
디자인 | 박윤정 · 유보람
마케팅 | 김유종 · 한승민
관리 | 송우석 · 전지연 · 채경민

펴낸곳 | (株)해냄출판사
등록번호 | 제10-229호
등록일자 | 1988년 5월 11일(설립일자 | 1983년 6월 24일)

04042 서울시 마포구 잔다리로 30 해냄빌딩 5 · 6층
대표전화 | 326-1600 **팩스** | 326-1624
홈페이지 | www.hainaim.com

ISBN 978-89-6574-679-9

파본은 본사나 구입하신 서점에서 교환하여 드립니다.